京津冀生态服务盈亏格局、空间流转与生态补偿机制研究

陈艳梅 等 著

科 学 出 版 社

北 京

内 容 简 介

本书在总结国内外生态服务与生态补偿相关理论方法、研究成果的基础上，开展实践探索。第一，明确生态区域、风域、生态介质等新概念，阐述生态格局-过程-功能三位一体理论、地-地与人-地双耦合理论的新内涵，构建生态服务盈亏格局、空间流转与生态补偿机制研究等方法体系。第二，以京津冀地区为研究区，测评生态服务供需价值量盈亏格局，识别生态服务主要供体区与受体区。第三，从流域和风域视角分析研究区内生态服务供体区与受体区生态联系。第四，从生态服务供需关系与区域整体性角度提出生态补偿机制建设的框架和建议。本书可为京津冀区域尺度生态补偿机制形成和生态环境协同共建提供理论方法与科学依据。

本书可供生态学、地理科学、环境科学等相关领域研究人员和高校师生参考。

审图号：GS（2021）4229 号

图书在版编目(CIP)数据

京津冀生态服务盈亏格局、空间流转与生态补偿机制研究／陈艳梅等著. —北京：科学出版社，2021. 8

ISBN 978-7-03-067870-6

Ⅰ. ①京…　Ⅱ. ①陈…　Ⅲ. ①生态环境-补偿机制-研究-华北地区　Ⅳ. ①X321. 2

中国版本图书馆 CIP 数据核字（2020）第 271861 号

责任编辑：张　菊／责任校对：樊雅琼

责任印制：赵　博／封面设计：无极书装

科学出版社 出版

北京东黄城根北街 16 号

邮政编码：100717

http://www. sciencep. com

涿州市般润文化传播有限公司印刷

科学出版社发行　各地新华书店经销

*

2021 年 8 月第　一　版　开本：720×1000　1/16

2025 年 1 月第二次印刷　印张：14 1/4

字数：300 000

定价：168. 00 元

（如有印装质量问题，我社负责调换）

序

京津冀地区西部和北部为太行山、燕山山脉，东临大海，南接中原，是连接三北地区和中原地区的关键地带。同时，京津冀三地山水相依，具有地理与生态的相对一致性和封闭性，是开展区域生态学研究的理想区域。

陈艳梅长期从事区域生态学研究，带领团队一直坚持在科研第一线，在区域生态方面进行了深入的理论与实践探索。得知她承担国家社会科学基金项目，专题研究区域尺度生态服务盈亏格局、空间流转与生态补偿机制，并被评为优秀完成项目，很是高兴，值得庆贺。相信该成果的付梓，将对京津冀生态保护和修复、产业结构优化调整、人居环境建设以及区域协同发展提供重要技术支撑。

在我看来，该书是陈艳梅与她团队多年研究成果的结晶，有两个突出特点。一是学科交叉融合明显。当前研究生态服务与生态补偿的文献较丰富，自然科学领域研究方法相对成熟，但对经济社会要素重视不足；而社会科学对生态补偿理论分析到位，但在空间定量化表达和补偿标准科学依据方面存在弱项。该书的研究基于区域整体性，将自然生态服务供给能力和经济社会系统需求进行耦合，同时考虑自然要素和人文要素对生态服务空间流转的综合影响，融合了地理、生态、经济、社会等多学科理论方法，从而弥补了以上缺陷。二是应用价值突出。该书的研究以解决京津冀三地日益严峻的生态环境问题为出发点，构建了一套科学有效的生态服务盈亏格局与空间流转评估方法体系，提出了符合研究区实际的生态补偿机制建设对策建议，有利于提升区域生态建设的积极性、提高区域生态补偿的有效性。

科研之路艰辛而又充满乐趣，在这条路上走得快些慢些都无妨，关键是要一直坚持下去，不忘初心，砥砺前行。相信陈艳梅团队能在这条路上遇到更多更美的风景。

读后随想而感，是为序。

2020年12月

前　言

京津冀协同发展属于重大国家战略，三地的生态环境共建是协同发展的重点内容之一。然而，区域内水资源危机、雾霾、城市病等问题依然严峻，资源环境问题约束着区域的协同发展。生态服务也称生态系统服务（ecosystem services），是人类直接或间接从生态系统中获得的产品或服务，是区域健康发展的资源与环境基础。生态服务具有典型的外部性特征，提供生态服务的生态环境良好区，承担主要的生态保护和建设任务，一般经济基础较差，而享受生态服务产品区多是经济相对发达的下游区与城市集中区，却没有形成生态付费的意识和觉悟，导致出现区域生态建设积极性不高、生态建设资金不足、发展机会不公平等问题。生态补偿机制建设是调节区域内相关利益方关系的重要途径，能有效弥补生态服务供需过程中的空间错位与发展机会不均衡现象。以京津冀区域为例，开展生态服务供需盈亏格局、空间流转与生态补偿机制建设研究，有助于拓展和丰富区域生态学与生态补偿理论，有利于促进区域生态公平，增强生态屏障区生态建设积极性，便于统筹解决京津冀三地日益严峻的生态压力和环境问题，为实现京津冀协同发展目标提供科学依据。

本书在总结前人研究的基础上，主要从四个方面开展相关理论与实践探索。第一，进行相关理论方法探索。明确生态区域、风域、生态介质、生态供体区、生态受体区、生态服务盈亏格局等相关概念，阐述生态格局-过程-功能三位一体理论、地-地与人-地双耦合理论的新内涵，构建生态服务盈亏格局、空间流转与生态补偿机制等研究方法体系。第二，测评京津冀地区生态服务盈亏格局。基于多年遥感影像、基础地理数据及社会经济统计资料等，利用所构建的研究方法体系，测算京津冀区域涵养水源、水土保持、固碳释氧、防风固沙和净化空气五类生态服务供给量的空间格局，分析京津冀经济社会系统对水资源、排碳耗氧、干净空气等生态服务的需求量的空间格局。将生态服务供需物质量或功能量进行价值化，然后在栅格尺度上，利用生态服务供给价值量减去生态服务需求价值量，得到研究区生态服务盈亏格局，识别出生态服务主要生态供体区与生态受体区。第三，从流域和风域视角阐明研究区生态供体区与受体区的生态联系。流域内以水为生态介质，基于流域生态服务流转连通性评测模型，测算研究区内滦河及冀东沿海诸河、北三河、永定河、大清河、子牙河、黑龙港及运东诸河等流域生态过程连通性特征，从水资源供需角度按诸子流域明确生态供体区与受体区之间的生态关系；风域内以风为生态介质，基于风域视角最小累计阻力模型和生态服务流转连通性评测模型，识别风域视角京津冀生态廊道空间格局，评估风环境下生态服务流转连通性特征，从大气环境质量改善视角明确生态供体区与受体区之间的生态关系。第四，探索区域生态补偿机制建设框架与思路。以生态服务供求关系为依据，按照“受益者补偿，保护者获益”和“区域共建共享”等理念，遵循“因地制宜循序渐进”与“政府主导、市场配合”等原则，充分体现生态补偿的本质和目的，架构区域生态补偿机制建设框架体系。

通过上述生态服务供需盈亏格局、空间流转与生态补偿机制研究，主要阐述以下几个观点：第一，生态补偿实质是通过人文干扰影响生态格局与生态过程，促进自然、经济和社会关系协调。自然、经济和社会属于一个整体系统，自然生态系统为人类经济社会系统的发展提供重要基础与支撑，经济和社会的发展会对自然生态系统产生干扰或压力，生态补偿可以通过为生态保护与生态建设提供支持和帮助，改善生态格局与过程，从而使生态系统更好地为人类提供生态服务与产品，促进自然、经济和社会关系协调。第二，地-地之间关系协调是人-地关系协调的基础。区域生态供体区一般是生态涵养区或生态屏障区，这些区域生态建设成果的主要享受者是下游或下风向生态受体区的居民。如果生态供体区民众生态保护与建设积极性高，生态受体区能自觉自愿为生态服务与产品付费，则有助于地-地之间关系协调，区域上下游发展机会均衡，区域生态公平目标得以实现，人-地关系也会逐步进入良性循环。第三，京津冀区域自然生态系统的生态服务供应能力不能满足本区域经济社会系统发展的需求。京津冀区域生态服务盈余区面积小于亏损区面积，且盈余区单位面积生态服务供应能力不足，亏损区生态服务需求量极大，区域生态服务供应总价值量小于需求总价值量。生态服务盈余区应该加强生态保护与建设工作，亏损区应充分重视对盈余区的生态补偿工作，京津冀三地应共同努力，提高生态服务与产品供应能力。第四，流域视角京津冀地区生态服务流转连通性差异较大，风域视角生态服务流转连通性季节变化明显。京津冀区域内滦河及冀东沿海诸河流域生态服务流转连通性最好，黑龙港及运东诸河流域生态服务流转连通性最差，北三河流域、永定河流域、大清河流域、子牙河流域等生态服务流转连通性一般。京津冀区域风向和风速的变化使风域视角的生态关系复杂，风域内生态服务流转不能满足地-地之间的精确对应关系，根据风向频率和长时段风向相对稳定性，能够确定上风向区域为下风向区域提供生态服务概率的大小。第五，根据京津冀地区实际与上述研究结果，提出对策和建议。应从流域与风域两种视角确定生态补偿主体区和客体区地理范围，区域生态补偿标准的确定应参考净生态服务价值量与生态建设成本，应采用直接补偿和间接补偿相结合、政府补偿为主导市场补偿配合的模式。建议树立区域整体理念，共建国家级生态合作试点区，探索实施造血式补偿方式，建立政府主导市场配合的生态补偿机制，完善区域生态补偿综合管理体制，健全和完善相关法律法规，加快出台京津冀区域性生态补偿政策法规。

本书的研究主要是在国家社会科学基金项目“京津冀生态服务盈亏格局、空间流转与生态补偿机制研究”（15BJY026）资助下完成的，后期得到国家重点研发计划课题“雄安新区生态安全格局构建和保障对策”（2018YFC0506905）协同资助。全国哲学社会科学工作办公室对于本书研究成果高度认可，成果鉴定为“优秀”等级，这是我们研究团队共同努力的结果，我们颇感欣慰，深受鼓舞。

研究过程持续了四年有余，河北师范大学资源与环境科学学院、河北省环境变化遥感识别技术创新中心、河北省环境演变与生态建设实验室的多位教师和研究生参与其中。其中，第 1 章主要由陈艳梅完成，第 2 章由翟月鹏完成，第 3 章 3.1 节由翟月鹏完成，第 3 章 3.2 节由尤春赫、田玲娣完成，第 3 章 3.3 节由尤春赫完成，第 4 章由马心宇、胡引翠完成，第 5 章主要由年蔚、张欣完成，第 6 章主要由陈艳梅、胡引翠完成。此外，翟月鹏、尤春赫、李鑫负责编辑图件，李涵聪、刘亚楠负责参考文献校对和编辑。全书由陈艳梅统稿。

书稿成稿过程中，广东南方数码科技股份有限公司负责相关地图绘制与审核，我的同事丁疆辉、石晓丽等给出了建设性修改意见，书中引用了我的导师高吉喜先生的许多思想观点，参考了大量国内外学者的学术文献和成果，在此表示衷心感谢。

由于作者水平有限，书中难免有疏漏之处，敬请各位专家和读者批评指正！

作　者

2020 年 12 月

目　　录

序
前言
第1章　生态服务与生态补偿研究进展 …… 1
1.1　研究背景与意义 …… 1
1.2　相关概念辨析 …… 5
1.3　相关研究进展 …… 21
1.4　研究方法综述 …… 38
1.5　研究趋势分析 …… 43
1.6　本研究的理论基础 …… 47
1.7　本研究的框架体系 …… 54
本章小结 …… 55
第2章　京津冀地区自然地理与社会经济概况 …… 57
2.1　自然地理概况 …… 57
2.2　经济社会概况 …… 66
2.3　生态定位与主要生态环境问题 …… 67
本章小结 …… 71
第3章　京津冀生态服务供需评价与盈亏格局 …… 72
3.1　生态服务供给能力评估 …… 72
3.2　生态服务需求量评估结果 …… 89
3.3　生态服务盈亏格局 …… 102
本章小结 …… 112
第4章　流域视角京津冀生态服务空间流转过程分析 …… 114
4.1　流域生态单元 …… 114
4.2　京津冀流域生态单元划分 …… 118
4.3　流域生态服务流转连通性评估方法 …… 121
4.4　京津冀流域生态服务流转的连通性研究结果 …… 132
4.5　流域视角京津冀生态服务空间流转特征 …… 135
本章小结 …… 138

第 5 章　风域视角京津冀生态服务空间流转过程分析 …… 140
5. 1　风域生态单元 …… 140
5. 2　京津冀风环境特征 …… 144
5. 3　风域生态廊道识别与生态服务流转连通性评测方法 …… 152
5. 4　京津冀风域内生态服务流转的主要通道 …… 160
5. 5　风域视角京津冀生态服务空间流转特征 …… 167
本章小结 …… 171
第 6 章　京津冀生态补偿机制 …… 172
6. 1　生态补偿机制建设应遵循的基本原则 …… 172
6. 2　京津冀生态补偿主体与客体 …… 173
6. 3　京津冀生态补偿标准 …… 176
6. 4　京津冀生态补偿的主要方式 …… 184
6. 5　京津冀生态补偿机制建设的主要对策 …… 188
本章小结 …… 191
主要参考文献 …… 193

第1章 生态服务与生态补偿研究进展

1.1 研究背景与意义

1.1.1 研究背景

全球经济社会快速发展，工业化和城市化进程加快，人类对生态系统的干预和侵占日益增加，给自然环境带来巨大压力与破坏。耕地锐减、水资源短缺、土地沙化、草场退化、生物多样性受到威胁，地球上的湿地、森林、草原、河流和海岸等自然生态系统所提供的生态服务类型中，约60%正在退化或处于不可持续利用状态（Millennium Ecosystem Assessment，2005）。自然环境及其生态功能日益衰退，大自然对经济和社会的支撑能力受到威胁，不仅影响当代人的利益，更危及人类后代的福祉。

严峻的生态环境形势下，生态功能和生态服务研究备受关注，一系列国际相关研究计划出台。2001年6月，联合国启动了全球尺度的“生态系统服务与人类福祉”的千年生态系统评估（Millennium Ecosystem Assessment，MA）计划，针对全球各类生态系统，评估了其24项生态服务能力，全球95个国家1360名科学家参加了该项评估工作（杨丽，2017）。2005年9月，国际地圈-生物圈计划（IGBP）与国际全球环境变化人文因素计划（IHDP）共同提出全球土地计划（GLP），核心目标是从人类-社会-生态耦合系统的角度测量、模拟和理解土地系统的利用与变化，提出了3个相互衔接的研究目标，其目标之一就是评估土地利用及覆被变化对生态服务能力的影响。随后，英国生态学会（BES）和美国生态学会（ESA）均将生态服务和生态系统管理列为其研究重点内容。2010年10月，联合国环境规划署（UNEP）完成生态系统与生物多样性经济学研究报告，倡议建立生物多样性和生态服务价值评估、示范及政策应用的综合方法体系，推动生物多样性保护、管理和可持续利用（邓兵，2016）。2012年4月，在联合国环境规划署（UNEP）积极倡导下，生物多样性和生态系统服务政府间科学政策平台（IPBES）正式建立，该平台属于一个科学界和政府之间的互动系统，旨在提高各级政府运用科学研究成果进行决策的能力，该平台承担的四项职能之一，是针对生物多样性保护和生态服务状况在全球和区域层面开展定期评估。在全球尺度生态环境评估项目和国际组织的推动下，人类活动与生态服务之间的相互关系，已成为生态学及相关学科研究领域的核心命题之一，相关研究内容也逐渐深入，由生态服务价值评估逐渐扩展到生态服务空间异质性、生态服务空间流转、生态补偿以及人类福祉等诸多方面。

在国家层面上，中国生态压力和环境问题更是突出，生态文明和美丽中国建设已经被提上日程。在中国，生态系统复杂而脆弱，经济高速增长，人口规模巨大，各种生态环境问题引人关注，如大气污染形势严峻，区域性雾霾频发；水资源短缺，仅为世界平均水平的1/4；荒漠化土地已占国土陆地面积的27.3%，自中华人民共和国成立以来因水土流失损失的耕地总量近270万hm^2；中国自然保护区建设压力巨大，破坏生物多样性的现象依然存在。面对环境污染、资源约束、生态退化等严峻形势，中国政府转变发展理念，提出生态文明新思想。十七大报告将“建设生态文明”确立为国家重大战略，十八大报告将其纳入建设中国特色社会主义事业总体布局，十九大报告更是将其作为中华民族永续发展的千年大计。作为生态文明建设的抓手，中国开展了一系列美丽中国建设实践和科学研究，国家和区域尺度生态修复工程、生态保护红线划定与生态安全格局构建等国家推动的项目，有效提升和恢复了自然生态系统提供优质生态服务与产品的能力，人民群众呼吸洁净空气和饮用放心水源的需求将逐步得以满足。目前，保护“山水林田湖草”等自然生态系统，已经成为国家层面生态保护和建设活动的核心内容，不同区域生态服务供需矛盾及生态补偿等研究已成为中国生态科学研究领域的热点。

在区域层面上，京津冀区域自然禀赋与发展基础存在差异，区域内部发展不均衡与生态不公现象明显。京津冀三地山水相连，冀北山地、坝上高原和太行山山地从北、西北、西环绕京津和河北地区平原腹地，构成天然生态屏障，为京津和广大平原区防风固沙、涵养水源、保持水土等，是区域生态服务与产品主要供应区。为了保护这里的自然生态环境，维护其生态系统功能，保障其持续提供生态服务的能力，这些区域实施了严格的产业准入政策，在一定程度上限制了当地社会经济发展。生态屏障区提供的生态服务与产品具有很强的外部性，但不能在市场上进行自由买卖，导致该区域投入的大量生态建设资金以及限制发展所损失的机会成本不能回收（张淼，2018），陷入所谓的“资源诅咒”。在本研究区范围内，围绕京津的环形贫困带，包含32个贫困县，3798个贫困村（刘玉海等，2012）。

河北生态屏障区在贫困线上挣扎，京津与河北平原地区环境问题突出，区域整体陷入生态环境困局。目前，京津冀三地政府之间的协同发展机制还不完善，地方政府的生态建设、修复与治理还存在各自为政现象，已开展的国家级生态工程取得了一些成绩，但可持续性没有保障，生态建设与治理的效果无法持续。加之区域生态环境自身的敏感性和脆弱性，京津冀地区已成为中国东部地区人与自然关系最紧张、资源环境问题最尖锐的地方之一。中央政府和京津冀三地出台了一系列政策，试图从根本上解决目前区域性生态环境困局，但效果还不太理想。

在京津冀区域一体化和协调发展战略大背景下，综合考虑三地之间生态建设成本与经济收益的对等性，分析区域自然环境提供生态服务和产品格局、空间流转特征，基于生态服务与产品来测算生态补偿标准，确定补偿主客体的地理范围，构建京津冀区域生态补偿机制，不仅有助于提高各级政府参与区域生态环境建设的积极性，破解当前的生态环境困局，也是实现区域生态公平和经济社会可持续发展的有效途径。开展本研究具有紧迫的国际、国内和区域背景，见图 1-1。

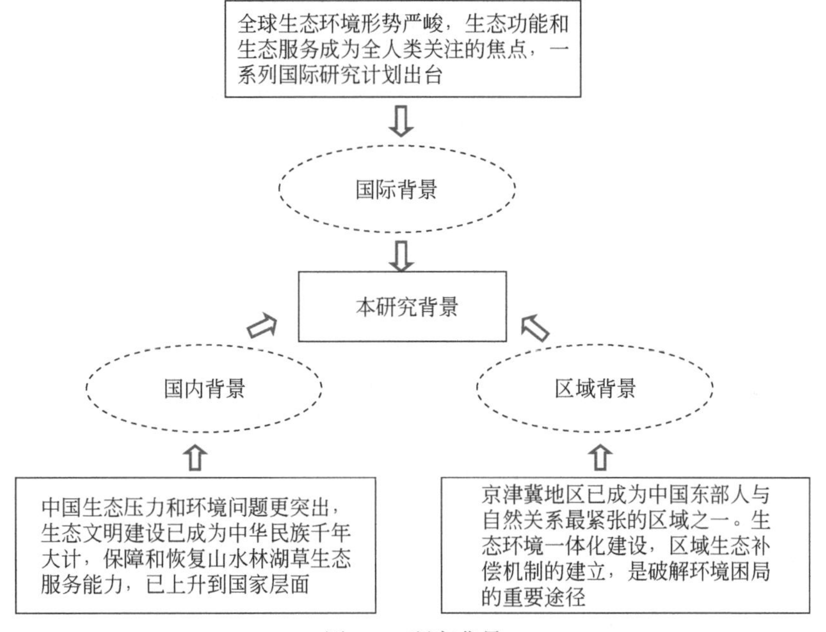

图 1-1　研究背景

1.1.2　研究意义

本研究将探讨区域生态补偿主体与客体空间关系、补偿范围确定方法，探索补偿标准和补偿方式的确定依据，有助于拓展和丰富生态补偿理论，实现区域生态公平，便于统筹解决京津冀三地日益严峻的生态压力和环境问题，最终为建立区域生态补偿机制和实现京津冀协同发展目标提供科学依据，见图 1-2。

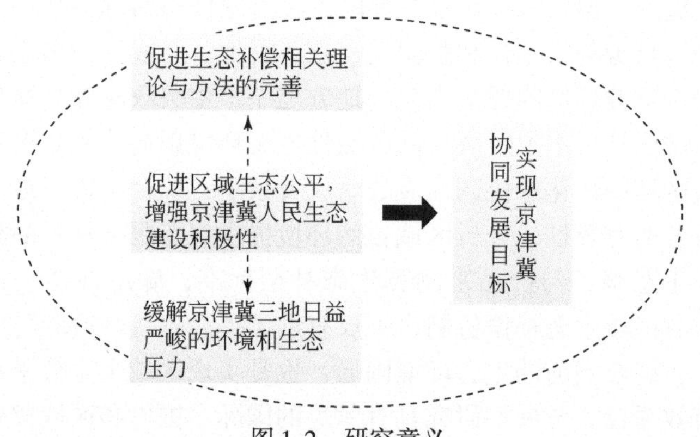

图 1-2　研究意义

一是有利于促进生态补偿相关理论与方法的完善。许多研究者对区域生态补偿进行了多层次、多角度的深入分析，研究多以生态价值理论、区域分工理论、外部性理论以及公共物品理论等为指导，围绕已有的区域生态补偿试点进行实践探讨。目前，仍然缺少系统的、普遍认同的方法体系。本研究以区域生态学的格局–过程–功能三位一体理论、地–地与人–地双耦合理论为基础，将区域生态格局作为生态过程的载体，研究在人文和自然双重驱动作用下生态服务与产品的盈亏格局、流转规律，剖析区域生态保护与服务流转特征，制定生态补偿价值核算体系，探索建立造血型补偿机制。不仅考虑人类社会经济的发展，同时兼顾自然资源及生态环境的本底，将区域生态补偿的核心问题纳入统一框架进行系统研究，尝试解决“谁补偿谁”“补偿多少”“补偿方式与途径”等基本问题，对推动区域生态补偿相关理论方法的完善起一定作用。

二是有利于促进区域生态公平，增强京津冀人民生态建设积极性。京津冀区域生态资源分布极不平衡，位于生态屏障区的冀北、冀西北、冀西地区既在流域上游又在上风向，区域定位不允许进行大面积经济开发与建设，导致其与诸多经济发展机遇擦肩而过，大量居民生活在贫困中。这种现象使区域农户觉得保护生态环境的行为未得到尊重和认可，从而其生态建设和保护的热情与积极性不高。另外，这些生态屏障区经济发展和科技水平相对落后，在保护和建设过程中难免力不从心。对此，本研究试图用数据和事实来说明京津冀三地间的经济利益和生态利益的关系，明确上游地区的发展和保护冲突的原因，积极探索实现生态公平和经济发展机会均等的途径，突出利益共享，调动和发挥生态屏障区政府和群众生态建设积极性，明确生态保护受益区进行生态补偿的必要性，促进形成地区间分工合作共建新格局。

三是有利于缓解京津冀三地日益严峻的环境问题和生态压力。京津冀区域生态系统敏感脆弱、各类生态资源保障能力不足，生态压力已临近或超过生态系统阈值，区域生态环境问题日益严峻，影响了京津冀人民生产生活，制约着区域可持续发展。本研究以京津冀生态服务供需格局为出发点，以区域整体视角，分析环境问题和生态压力产生的根本原因，深入分析京津冀优势生态资源，明确坝上高原生态防护区、燕山—太行山生态涵养区等生态定位，提出通过生态补偿机制建设，分期分批逐步建设和完善区域生态环境支撑体系，增强自然空间提供生产服务与产品的能力。研究将进一步明确区域生态建设与生态保护活动的目标性和指向性，有助于改善京津水环境和大气环境质量，缓解区域生态压力，为京津冀区域绿色发展提供科学依据。

四是有助于实现京津冀协同发展目标。京津冀三地唇齿相依，河北省一直担负着京津两地防风固沙屏障及水源涵养地的重要职责，区域产业结构和产业布局受制于生态资源和地理区位，经济发展水平与京津两地存在巨大落差。当前，京津冀地区已成为中国境内区域发展最不平衡地区之一（高吉喜，2018）。本研究从整个区域视角明确京津冀各方的责、权、利关系，河北坚持绿色、环保发展，逐步优化不合理的产业结构，调整产业布局，逐步恢复生态屏障区生态功能；京津地区应转变思想，明确自身应肩负职责，协助河北进行生态保护与生态建设，利用自己的产业优势帮助河北进行产业升级，与河北共享经济发展成果。研究将有助于缩小京津冀三地之间各个方面的差距，逐步实现区域经济、社会、环保等协同发展目标。

1.2 相关概念辨析

1.2.1 生态服务

1.2.1.1 概念的提出

人与自然的关系问题是一个永恒的话题。人类产生并存在于自然界，如果破坏了自然环境，人类的生存就会受到威胁，人类的祖先早对自然环境为人类提供生态服务有所认识。希腊神话描写了自然与人的密切关系，譬如盖娅被称为“地母”“大地女神”，古希腊人认为大地就是盖娅躯体所化，她是大地与自然的象征，是孕育人和万物的母亲，人类只有爱护大地母亲，她才能更好地护佑我们，使我们持续地生存下去。中国古人对自然环境于人类重要性的认识更是直观而深刻。据《逸周书》载：“旦闻禹之禁：春三月山林不登斧，以成草木之长；夏三月川泽不入网罟，以成鱼鳖之长”。管子对山林的护佑作用和有节制利用有自己的理解，《八观第十三》提出：“夫山泽广大，则草木易多也；壤地肥饶，则桑麻易植也；荐草多衍，则六畜易繁也。山泽虽广，草木毋禁；壤地虽肥，桑麻毋数；荐草虽多，六畜有征，闭货之门也”。《吕氏春秋》中也有大量有关自然生态服务合理利用思想的记载，对上自帝王下到百姓的行为包括耕种、筑城、收获，尤其是砍伐树木、捕杀猎物等作出限制性规定。这些观点表现出朴素的自然生态保护理念，其内涵和实质体现了古人保护和维持生态服务的美好愿望。

生态服务科学意义的概念提出还是生态系统概念明确以后。20 世纪 30 年代，生态系统的概念由 Tasley 提出，此后科学家借助现代技术手段，对生态系统的组成、结构、功能以及服务等各个方面开展研究，生态学研究内容不断丰富，应用越来越广泛，并在 20 世纪 60 年代渐渐发展形成了完整的生态学科体系（Odum，1969）。随后，生态系统所提供的服务得到科学表达，定量研究开始出现。1970 年 7 月，由麻省理工学院赞助，来自气象学、海洋学、生态学、工程学、经济学、社会科学和法律等专业的 50 名全职参与者，对关键环境问题（SCEP）进行了为期一个月的跨学科研究，公布了《人类活动对全球环境的影响》研究报告，首次使用了生态服务的概念，并列举了自然生态系统对人类的服务，包括害虫控制、昆虫传粉、土壤形成、洪水调节以及物质循环等方面（欧阳志云等，1999a；谢高地等，2001a）。此后，Holdren 和 Ehrlich（1974）及 Ehrlich P R 和 Ehrlich A H（1981）在讨论生态系统维持土壤肥力和基因库作用时，再次提及生态服务这一概念。同时期，Westman（1977）也提出“自然的服务（nature's service）”概念及其价值评估。随后，相关研究不断见诸文献中，生态服务这一科学术语逐渐被人们接受和认可。

在中国，生态服务是从国外翻译过来的名词，根据国外表述方法、分类系统的不同，加上译者自己的理解产生不同译法，赵景柱等（2000）将“Ecosystem services”直译为“生态系统服务”，欧阳志云等（1999a）和谢高地等（2001a，2001b）在早期多用“生态系统服务功能”，石培礼等（2002）等译为“生态服务功能”，这几个名称在国内都有使用，主要原因是国外学者的分类系统中，服务与功能有时很难明确界定。本研究采用英语直译并简化为“生态服务”。

1.2.1.2 生态服务的概念

自从生态服务的名词被提出后，相关研究逐步展开并不断深入，对生态服务这一概念的理解也逐步多样化，其中最具代表性的是 Daily 在 1997 年出版的有关自然服务的专著以及 Costanza 等在同年发表的关于全球生态服务价值评估的学术论文。Daily（1997）提出生态服务是自然生态系统及其物种提供的供给和维持人类生存的条件和过程，是通过生态系统的功能直接或间接得到的产品或服务。Costanza 等（1997）认为，生态服务是生态系统为人们提供的产品和服务，代表人类直接或间接从生态功能中获得的各种利益。Costanza 等（1997）同时对生态功能和生态服务进行了简单区分：生态功能强调生态系统的生物和非生物过程，生态服务则侧重表达由生态系统过程所产生的对人类和环境有益的效用。de Groot 等（2002）认为，生态系统的产品、功能以及服务是一个整体，生态功能是生态系统为人类社会直接或间接提供服务的能力，当生态功能被赋予人类价值内涵时便成为生态服务。千年生态系统评估（MA）认为，生态服务是人类从生态系统中获得的效益，此定义是目前最被广泛接受和采用的。

随着相关研究的深入，不同学者开始对生态服务的概念提出不同观点。Wallace（2007，2008）认为，以往对生态服务的定义没有区分服务产生过程、获取过程和最终效益，提出生态服务是生态系统管理预期的目标或成果，应根据生态系统结构与生态组分来定义生态服务。Wallace 认为，生态服务仅包括食物、木材、饮用水及文化价值等人类能直接消费的各种生态资源。他强调生态过程不是生态服务，而是服务生产方式，生态系统管理就是通过对生态过程的管控来得到有利于人类社会良性发展的生态服务。Boyd 和 Banzhaf（2007）认为，生态服务是核算人类社会从自然环境获得利益的适宜手段，但其外延太广泛，提出了“终端生态服务”概念，他们认为生态服务是为创造人类福祉而直接使用或者消费的自然组分终端，其内涵是生态系统的最终贡献，并指出生态服务不是人类从生态系统获得的收益本身，而是能为人类提供福利的生态组分。根据 Boyd 和 Banzhaf 的观点，只要生态系统结构、过程或功能对人类有用就是生态服务。

Fisher 和 Turner（2008）与 Boyd 和 Banzhaf 观点有相同之处。Fisher 和 Turner 认为，千年生态系统评估对生态服务的定义使其价值评估存在重复计算，从而导致混乱。受传统经济学的会计系统启发，他们认为需要区分生态服务的即时收益和最终收益，只有终极服务的价值才可以累加，通过这种方法尽量避免重复计算。然而，相同的服务可能产生多种收益，比如涵养水源可以产生防洪、饮用水和娱乐等收益，而这些是可累加的。Fisher 和 Turner 提出，不管是生态系统的组成要素还是生态系统过程，不管是直接的还是间接的，只要是创造人类福祉所使用的，生态系统的各个方面都可称为生态服务，即生态服务是人类为创造福祉而直接或者间接使用的生态系统的各个方面。

Costanza（2008）反驳了上述学者的观点，认为这些学者研究的前提假设有问题，现实世界复杂多变，并不像他们设想的有清晰的边界，有固定线性的过程，生态格局、过程与服务之间存在复杂的相互反馈作用，在实践中很难清楚区分手段与目标。Costanza 提出，中间服务也属于生态服务，生态服务从内涵上也不是生态系统最终产品，最终产品应该是可持续的人类福祉。

近年来，欧洲环境署提出生态服务是生态系统对人类福祉的贡献，生态产品和惠益是从生态系统中提取出来的，且人类能够使用的事物，当生态系统最终产出转化为生态产品（如木材、饮用水、药材等）和体验（美学感受、灵感等）后，就不再与其来源的生态系统具有功能上的连接。他们提出生态服务与产品从根本上依赖生态过程，非生物的产出并不属于生态服务（Haines-Young and Potschin，2010）。

从生态服务概念提出至今，其定义和内涵就在不断发展完善，在将来还会随研究目的和研究对象的变化而不断发展更新。根据前人对生态统服务定义和理解，结合社会经济发展对生态服务的需求，本研究将“生态服务”定义为，基于生态格局、过程和功能，自然生态系统为人类福祉所提供的各种服务与产品。

1.2.1.3 生态服务类型

关于生态服务类型的划分，不同研究者也有不同的看法。Daily（1997）将生态服务分为物质产品、维持生命支持系统及精神享受，主要包括有机物质生产、生物多样性维持、调节气候、减轻灾害、保持土壤、传粉、有害生物控制、种子扩散、提供美学与文化娱乐等。Costanza 等（1997）将生态服务分成 17 种类型，与此划分方式类似，但更详细的生态服务分类来自 de Groot 等（2002）的研究，他们将生态服务按功能形式分为调节功能（regulation）、提供栖息地功能（habitat）、生产功能（production）和信息服务功能（information）4 大类 23 小类。

应用比较广泛的是千年生态系统评估（MA）对生态服务类型的划分，主要按生态功能分为四大类，供给服务、调节服务、文化服务和支持服务（Millennium Ecosystem Assessment，2005），见图 1-3。更为重要的是 MA 还构建了与生态服务相关的人类福祉组成要素，该研究明确了评价生态服务的最终目的是如何使自然生态系统为提高人类福利服务。美国环保署（EPA）生态服务分类系统比联合国 MA 稍窄，该体系将供给服务和调节服务归为生态服务，将支撑服务视为获取生态服务的生态过程，而文化服务则属于生态效益。联合国环境规划署的研究项目 TEEB（The Economics of Ecosystems and Biodiversity）沿用 MA 的分类体系，也将生态服务分为 4 大类 22 小类，与 MA 划分标准不同之处是更详细，又将 22 类生态服务分为 90 种次级服务（Kumar，2012）。

从上述分类系统来看，Daily、Costanza 和 de Groot 的分类系统更倾向于从生态学角度来阐明生态服务，因而在生态学研究领域中被广泛采用和认可；而 MA 和 TEEB 则更倾向于社会学和管理学，因而在生态系统管理中经常被使用。

另外，还有其他学者也对生态服务分类体系提出自己的观点，如 Wallace

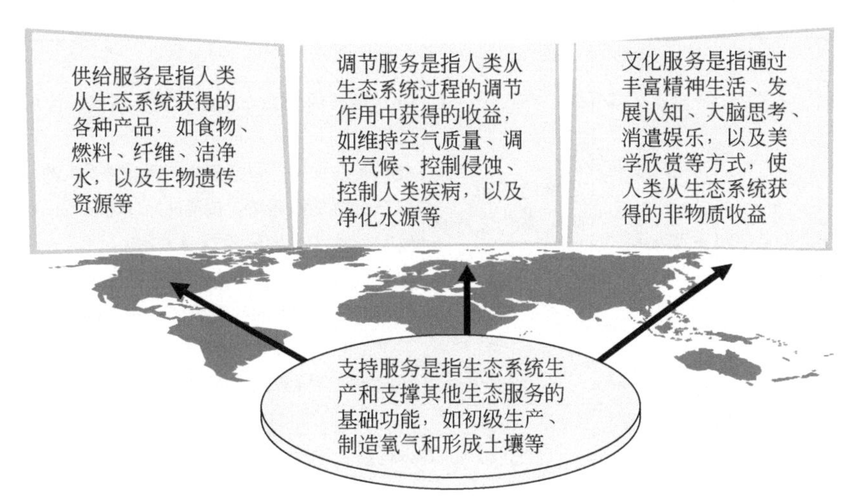

图 1-3　生态服务类型（Millennium Ecosystem Assessment，2005）

(2007，2008）认为上述分类系统中将手段（means）和结果（ends）混淆；Wallace 指出生态服务要和特定的人类福利相联系，认为生态服务的分类应有利于决策者的正确决策，因此 Wallace（2007）提出了一种既能核算实际利益又便于决策者管理的分类体系，该体系将生态服务分为充足的资源供应、预防灾害、维持良好环境和促进文化进步等 4 个价值范畴。在该体系中，生态服务是生态系统直接提供给人类使用或消费的最终产品。为了更标准化测量生态产品对人类福利的贡献，Boyd 和 Banzhaf（2007）提出生态服务包括直接消费的生态部分，或与其他资本共同产生效益的生态组分，共分为六大类。同时，Boyd 和 Banzhaf（2007）也指出，这些生态服务并不全面，还需要进一步补充完善。针对这个分类方法，Fisher 等（2009）提出中间服务、最终服务和收益三个概念，构建了人类福祉与生态服务相互关联的分类体系，按生态服务产生与服务对象的位置进行分类（表 1-1）。

表 1-1　国外学者关于生态服务的分类体系

作者	年份	分类依据	一级类型	二级类型
de Groot 等	2002	生态功能	调节功能、栖息地功能、生产功能、信息功能四大类	(1) 调节功能：气体调节、气候调节、防止干扰、水调节、水供给、土壤保持、土壤形成、养分调节、废物处理、传粉、生物控制 (2) 栖息地功能：庇护所、繁衍地 (3) 生产功能：食品、原材料、基因资源、医疗资源、装饰用资源 (4) 信息功能：美学信息、休闲娱乐、文化艺术信息、精神和历史信息、科学和教育

续表

作者	年份	分类依据	一级类型	二级类型
Wallace	2007	人类福利	足够的资源、预防灾害、维持良好环境、促进文化进步四大类	(1) 足够的资源：包括食物、氧气、饮用水、能源等 (2) 预防灾害：包括预防疾病和寄生虫的危害等 (3) 维持良好环境：包括良好环境区域，如适宜的温度、湿度、光等 (4) 促进文化进步：包括通过使用资源获得精神或哲学满足，良性的社会团体、娱乐休闲、有意义的工作，美学，文化、生物演变的机会价值及能力，知识与教育资源、基因资源等
Boyd 和 Banzhaf	2007	获取效益	产量、令人愉悦和满足的部分、灾害防治、废物吸收、饮用水供应、娱乐六大类	(1) 产量：包括管理类收获，维持生存收获（如农作物），非管理类收获（如目标海洋族群量），制药原材料等 (2) 令人愉悦和满足的部分：美学、遗产、精神、感情等享受，存在的价值（一些濒危物种种群的存在） (3) 灾害防治：维持健康必需的质量达标的空气与饮用水等 (4) 废物吸收：如地表水和地下水的自净能力，能免除清理成本 (5) 饮用水供应：如可利用含水层免除抽取、运输成本 (6) 娱乐：徒步旅行、钓鱼、游泳等
Fisher 等	2009	生态服务产生与服务对象的位置	局部空间位置依存、非空间位置依存、具有方向相关性三大类	(1) 局部空间位置依存：服务提供和利益在同样位置发生，如土壤形成、提供原材料 (2) 非空间位置依存：提供全方位服务和有益于周围景观，如授粉、固碳 (3) 具有方向相关性：具有特定定向优势的服务，如水源涵养服务对象为流域下游区域，海岸湿地为海岸线提供风暴和洪水保护

中国学者的生态服务分类研究多沿用国际分类体系。我国相关研究开始较晚，早期主要依据生态功能进行分类。欧阳志云等（1999b）将生态服务分为原材料生产、营养循环与储存、维持大气平衡、水土保持、涵养水源、净化环境等。孙刚等（2000）将生态服务分为调节物质循环、传粉播种、衍生的社会文化等类型。谢高地等（2003）参照国外学者研究成果，将其分为气候调节、气体调节、土壤形成与保护、水源涵养、废物处理、食物生产、原材料生产、生物多样性维持、休闲娱乐等九类。赵同谦等（2004）依据 MA 的分类方法，把森林生态

系统的生态服务划分为 4 大类 13 项功能。同时，也有学者按生态服务价值进行分类，如徐嵩龄（2001）从价值与市场联系视角进行分类：可以以商品形式出现的服务，不能是商品但与某些商品有相似性的服务，与现行市场机制有关但不是商品也不影响市场的服务。《中国生物多样性国情研究报告》将生物多样性生态价值分为直接使用价值、间接使用价值、潜在使用价值和存在价值四个方面。近年来，国内学者在理论研究和评估实践中多基于人类需求、生态功能与人类福祉之间关系进行分类，如张彪等（2010）、谢高地等（2015）和傅伯杰等（2017）的分类体系，见表 1-2。

表 1-2　国内学者关于生态服务的分类体系

提出者	年份	分类依据	一级类型	二级类型
张彪等	2010	人类需求	物质产品、生态安全保障服务及景观文化承载服务	（1）物质产品：生活资料和生产资料 （2）生态安全保障服务：气候调节、大气调节、水文调节、水质净化、土壤保持、土壤培育、物种保护等 （3）景观文化承载服务：景观游憩、精神历史和科研教育等
谢高地等	2015	生态功能	供给服务、调节服务、支持服务、文化服务	（1）供给服务：食物生产、原材料生产和水资源供给等 （2）调节服务：气体调节、气候调节、净化环境、水文调节 （3）支持服务：土壤保持、维持养分循环、维持生物多样性等 （4）文化服务：提供美学景观等
傅伯杰等	2017	生态功能	供给服务、调节服务和文化服务	（1）供给服务：淡水、食物、木材和纤维、基因和生物资源等 （2）调节服务：气候变化减缓、小气候调节、空气质量调节、自然灾害调节、洪水调节、侵蚀调节、水质调节和病虫害调控等 （3）文化服务：休闲娱乐、文化遗产、文化多样性等

1.2.1.4　生态服务供给、需求与流转

随着对生态服务认识的深入，研究关注点不断演进。近年来，有学者关注到很多区域存在生态服务供给和需求空间不匹配问题，并对生态服务的供应、需求、流转到使用的全过程进行研究。

生态服务供给是在某一时空范围内，自然生态系统为人类提供生态服务的数量和质量，是生态系统中的非生物成分和生物成分能够提供各类服务的全部集合

（刘慧敏等，2017）。“供给”一词国外主要用“source”“supply”“provision”“production”等表示（马琳等，2017）。生态服务供给分为潜在供给和实际供给，潜在供给是自然资本存量，是自然生态系统能够提供服务和产品的上限。实际供给是被人类实际应用的生态服务或产品量。区分潜在供给与实际供给时，针对供给服务如食品、药材和木材等相对容易，而涉及调节服务和文化服务，如气候调节和休闲娱乐等则存在一定难度。

生态服务需求是在特定时间和空间位置对生态系统产品和服务的希望获取意愿（刘慧敏等，2017）。“需求”国外学者主要用“demand”“use”“benefit”等表示（马琳等，2017）。我们需要区分生态服务需求和消费量，生态服务需求不是生态服务实际消费，是人类希望获取生态服务的意愿。生态服务需求是随时空的变化而变化的，与实际生态服务供应不是一一对应的，受自然环境、人口数量、人文偏好等因素的影响。生态服务消费量随着科学技术和现代化手段提高呈指数规律增长，在某些特定区域人类对生态服务的需求能够得到满足，但有些区域某些生态服务供应不能满足需求或已经处于过度消费状态。

生态服务流转作为连接服务供给与需求必不可少的生态过程，对生态服务的输送、转化等方面有重要作用。不同学者对生态服务流转有不同认识。Fisher 和 Turner（2008）认为，生态服务流转是在流域内或景观系统中，在某生境良好的区域产生的生态服务，在自然因素或人为因素驱动下，沿一定路径或方向传递到生态服务使用区的生态过程。李双成等（2014）认为，生态服务空间流转是服务在产生地和使用地之间发生的空间位移的现象或过程。生态服务是在特定时空范围内，生态系统向人类社会提供的具有流动效应的福利，这些服务形成之后，一部分在当地发挥作用，另一部分惠及其他区域的社会经济系统。服务在产生地发挥的作用或影响是域内效应，在产生地之外发生作用则是域外效应。韦妮妮（2014）认为，生态服务空间流转指的是生态服务在一定区域空间上发生转移并实现其生态功能的过程。在自然界里，生态系统能量循环本身具有自发性和扩展性，所以生态服务流转具有客观性，受自然规律支配，也受人类生产生活的调控，能体现人的主观能动性。

本研究认为，某区域自然生态系统在某地（供体区）产生的价值，通过一定的生态介质（如水、大气、生物）传递到另一个生态服务使用区（受体区），对生态供体区外的受体区人类生产与生活产生影响，这种生态服务的空间传递过程和价值异地实现现象称为生态服务流转。

1.2.1.5 生态服务的权衡与协同

生态服务权衡与协同是因为人类使用生态服务时有选择偏好，当某区域人类对某种生态服务进行大量消费时，有意或无意地会对其他类型的生态服务供给能力产生影响（傅伯杰和于丹丹，2016；彭建等，2017a）。生态服务权衡与协同是对不同生态服务之间关系的一种平衡和抉择，包含权衡（负向关系）、协同（正向关系）及兼容（无显著关系）等表现类型（彭建等，2017a）。其中，权衡是指某种生态服务的供给量会随着其他生态服务消费量的增加而减少，如一片森林中，大量砍伐树木、过量使用木材等原材料，会降低森林的气候调节服务及生物多样性维护服务。协同是指两种及两种以上的生态服务的供给量同时增加或减少，如某自然保护区，其生物多样性维护服务能力越好，则涵养水源、保持土壤、防风固沙等生态服务能力也越强；反之若生物多样性遭到破坏，上述几类生态服务能力会随之降低。兼容则是指生态服务之间不存在明显的相互作用关系，这种关系在自然界某生态系统内部表现了出来，但也可能是由人类认识能力不足所致。

为了减少生态服务之间的负面影响，在决策前对生态服务进行综合分析十分必要。现实中，由于生态服务之间权衡作用（负向作用）的存在，人们往往面临选择什么类型的生态服务，或进一步选择某种生态服务供给量大小等问题，无论哪一种选择，决策者都会面临利益关系的选择（比如上下游之间的关系）。对于管理者，无论怎么选择，应该避免片面追求经济效益最大化，而忽略生态效益和社会效益。

生态服务之间的此消彼长的关系主要受地理背景、生态服务种类、空间格局不均衡及人类使用偏好等因素的影响，分析上述影响因素综合作用后，进行生态服务之间的权衡与协同，是实现综合效益最大化的内在途径，也是实现人类社会对自然生态系统进行有效管理的重要手段，服务于经济社会可持续发展。

1.2.2 生态补偿

1.2.2.1 生态补偿的来源

生态补偿来源于生态平衡理念的延伸——自然生态补偿（王昱，2009）。生态平衡是在一定时段的生态系统内在生物与环境之间、生物各种群之间达到或维持的一种稳定状况，包括生态格局、过程和功能等三个方面的稳定。这种稳定状态下，生态系统具有自我调节和维持正常结构与功能的能力，能够消除或降低外来干扰，保持自身稳定。这种稳定性使其对人类的干扰或破坏具有天然的补偿和缓冲作用，以维持自身原有的状态。因此，从词源上分析，自然生态补偿属于一种自然现象和自然机制，是生态系统自身具有的自我恢复与调节能力（环境科学大辞典编委会，1991；叶文虎等，1998）。

然而，生态系统自身稳定性与自我调节能力有限，自我修复需要较长的时间，干扰的强度不能太大，自然生态补偿相对保守和消极。当外界干扰超过一定阈值后，生态系统自我调节能力受损，不能进行自我修复，稳定状态也不能继续维持，生态失调现象出现，甚至产生严重的生态问题或生态危机。

随着经济社会的高速发展，经济开发强度越来越大，人类破坏大量林地、草地、湿地、湖泊等自然生态空间，向环境中排放大量污染物，人类高强度干扰已经远远超出了生态系统极限承受力，导致生态系统永久退化，某些生态功能和生态服务能力完全丧失，甚至人类自身生存都受到威胁。单纯依靠自然生态补偿机制，自然界已经无法回到其生态平衡或原有稳定状态，必须通过人为干扰来加速生态修复过程使其回到自身平衡状态。因此，为了保障自然生态系统可持续地为经济社会系统提供支撑，人类必须进行适当投入，进行生态保护、建设与修复，通过生态补偿机制建设，来维持自然生态功能，延缓自然资源的耗竭速度，控制生态破坏过程。

从“自然生态补偿”到“人类社会向自然界进行补偿”，是人类认知的一次飞跃，生态补偿已经成为调控人类社会与生态环境之间关系的重要手段。

1.2.2.2 生态补偿的概念

“生态补偿”具有中国特色，国外学者在相关研究中，常使用生态服务付费、环境服务付费或者生态效益付费等概念（Johst et al.，2002；Norgaard and Jin，2008），一般不用 eco-compensation 或 ecological compensation。此外，国外还有“流域服务付费”“森林保护付费”“生物多样性保护付费”等说法，这些概念均与中国的生态补偿有类似的内涵。

Wunder（2005）提出，生态补偿是针对某一项界定清楚的生态服务，购买者与提供者之间的一种自愿交易，包括五个方面：一是对生态服务有清晰定义，二是有至少一个生态服务供应者，三是有至少一个生态服务买家，四是能自愿交易，五是生态服务能有效提供。随后，Engel 等（2008）从降低交易成本视角，将上述定义从两方面拓展：一是将服务购买方从实际受益者扩大到了第三方，如政府、国际组织；二是考虑集体产权的实际作用，将社区等集体组织纳入生态服务供应方。上述概念解决生态服务的外部性问题，然而在实践中，学者们发现 Wunder 和 Engel 等所定义的纯粹市场机制过于理想，生态过程与社会过程极其复杂多变，对于多数生态服务类型并不存在纯粹市场。从生态服务供应的视角，区域之间具有很强的时空异质性与动态变化性，本身生态要素也是非稳定因素，很难像其他商品一样保证稳定供应。从生态服务购买的视角，只有少数生态服务类型可以实现直接购买，多数服务如气候调节、气体调节等，受益者人数众多，但具体地理范围不能明确，因此只能是政府或者一些机构组织成为唯一的购买者。从生态服务定价的视角，生态服务的价格通过经典经济学的供求规律并不能确定，受到国家政策、地方财政、政治环境等多方面因素的影响比较大。尽管如此，上述定义仍是比较经典的生态补偿概念，也是相关研究的起点，引用率较高（Petheram and Campbell，2010；Newton et al.，2012）。

Muradian 等（2010）认为，与生态补偿相关的生态服务属于公共产品，生态补偿的目的就是为这些服务的提供建立激励机制，只有所有利益相关方进行通力合作，才能彻底改变环境资源过度使用的状况。他们对生态补偿的定义是，“在自然资源的管理过程中，为了使个人或集体的土地利用决策与社会利益达到一致，在社会成员之间所进行的资源分配”。该定义强调，通过政府收税和补贴的方式来解决生态服务的外部性，而不是通过市场来解决问题。Muradian 等提出的生态补偿概念内涵比 Wunder 的更广，强调了生态系统的可持续性及资源的公平分配，此定义更符合将生态环境保护与资源合理利用统筹的可持续发展观点。目前世界各地很多生态补偿计划都或多或少体现了这一概念内涵。

也有学者从制度设计的角度进行定义，Corbera 等（2007）认为“生态补偿是旨在通过经济激励，加强或改变自然资源管理者与生态系统管理相关行为的新制度设计”。Tacconi（2012）认为，生态服务提供者的自愿参与比服务使用者的自愿参与，更具决定性作用，生态补偿机制设计时应充分重视生态服务保护活动及后期增益，应根据最优标准来设计性价比高的生态补偿制度或机制，因此他提出“生态补偿是针对生态环境增益服务而对自愿提供者进行有条件支付的一种透明系统”。

在国内，多数学者使用生态补偿（eco-compensation 或 ecological compensation）这一概念，也有环境补偿、生态服务补偿、生态效益补偿等近义词或同义词。目前，对于生态补偿尚没有一个完美的被公认的定义。国内学者从不同视角阐述了生态补偿的概念，见表 1-3。

表 1-3　中国部分学者对生态补偿的定义

提出者	年份	视角	概念内容
毛显强等	2002	资源保护	生态补偿是指通过对损害（或保护）资源环境的行为进行收费（或补偿），提高该行为的成本（或收益），从而激励损害（或保护）行为的主体减少（或增加）因其行为带来的外部不经济性（或外部经济性），达到保护资源的目的

续表

提出者	年份	视角	概念内容
张涛	2003	生态服务	生态补偿是通过对有益于或有损于生态服务的行为进行补偿或索赔，提高行为的收益或成本，从而激励有益或有害行为的主体增加或减少因其行为带来的外部经济或外部不经济，达到保护和改善生态服务的目的
沈满洪和陆菁	2004	生态环境功能与价值	生态补偿就是对生态环境功能或生态环境价值的补偿，包括对为保护和恢复生态环境及其功能而付出代价、做出牺牲的区域、单位和个人进行经济补偿，对因开发利用自然资源而损害环境能力，或导致生态环境价值丧失的单位和个人收取经济补偿等
王金南	2006	生态服务与生态功能	生态补偿是一种以保护生态服务与生态功能、促进人与自然和谐相处为目的，根据生态服务价值、生态保护成本、发展机会成本，运用财政、税费、市场等手段，调节生态保护者、受益者和破坏者经济利益关系的制度安排
中国生态补偿机制与政策研究课题组	2007	生态服务	生态补偿是以保护和可持续利用生态服务为目的，以经济手段为主，调节相关者利益关系的制度安排
黄寰等	2011	生态环境保护	生态补偿是一种在生态环境保护者（建设者、牺牲者）与生态环境受益者（开发者、破坏者）之间、社会主体与自然主体之间形成空间利益协调机制，从而有益于人与自然和谐相处的一种制度安排

2005 年，中国环境与发展国际合作委员会（简称国合会，CCICED）成立了“中国生态补偿机制与政策研究课题组”，对生态补偿相关问题展开了系统研究。2007 年，《中国生态补偿机制与政策研究》公开发表，由于其研究成果具有系统性和权威性，其概念被广泛引用，得到当前学界的普遍认同。

综上所述，本研究认为生态补偿是一种将生态环境保护或建设的外部效应内部化，通过经济手段和政治手段，调节相关利益方的制度安排。通过研究生态服务生产、消费和价值实现过程中各个相关利益方的不均衡特征，利用制度安排使受益方付费，受损方得到补偿，并激励相关利益方获得整体利益和长期利益，便于人类能可持续利用生态服务，实现区域之间的和谐与代际之间的生态公平。

1.2.2.3 生态补偿类型

生态补偿分类方式多样，按内涵与时间维度可分为代内补偿和代际补偿，按空间维度可分为国内区域间补偿和国家间补偿，按补偿效果可分为“输血型”补偿和“造血型”补偿，根据补偿方式可分为直接补偿和间接补偿等（何承耕，2007）。根据我国生态补偿发展进程可以分为抑损型生态补偿、增益型生态补偿和复合型生态补偿（胡淑恒，2015）。

(1) 抑损型生态补偿

由破坏生态者恢复，污染环境者治理，这是中国生态补偿政策最原始的形式。在20世纪90年代前期，生态补偿通常是生态环境加害者付出赔偿的代名词，比如企业缴纳排污费、采矿企业缴纳保证金等。这一类型的生态补偿属于抑损型，主要以减少生态破坏和环境污染为目的，使生态系统或自然环境能够承受人类开发活动的压力，系统基本能保持稳定状态（潘佳和王社坤，2015；王昱，2009）。

(2) 增益型生态补偿

经济高速发展对生态系统和自然环境压力越来越大，中国开始采用增益型生态补偿方式，主要以增强生态服务能力和扩大环境容量为目标。中国实施的一系列生态环境治理工程，如京津风沙源治理工程、退耕还林还草工程和天然林资源保护工程等，均属于此类型生态补偿。此类工程的建设资金多数来源于中央政府及其财政转移支付，因此此类型生态补偿主要依赖国家和政府统筹完成（潘佳和王社坤，2015；王昱，2009）。

(3) 复合型生态补偿

近年来，中国各类生态问题与环境问题的产生原因和表现形式越来越多样，牵扯其中的利益主体及其之间的关系也越来越复杂。在开展的生态补偿实践过程上，各地因地制宜地探索生态补偿新形式、新方式。例如，在地方层面上，采用流域共建共享模式、生态控制线内的生态补偿等（王娟娟等，2015），国家层面有“森林生态效益补偿工程”“三江源治理工程”等；国际上特色补偿方式，如碳交易、生态标记等，在国内也被局部地区付诸实践。这些内容都丰富了生态补偿实践与理论，已经演化为多层次复合型生态补偿（潘佳和王社坤，2015；王昱，2009）。

1.2.2.4 生态补偿机制与生态补偿制度

在过去的生态补偿实践中，单一的经济补偿或政策补偿取得的生态效益或社会效益往往与设想的目标有很大差距，不能满足国家或区域可持续发展实践需求。生态补偿不仅要调节人地关系，还要调节区域之间的关系，要用政策倾斜或多种经济手段调节多方复杂的利益关系，生态补偿机制建设成为一种迫切需求。

生态补偿机制是“以保护生态环境，促进人与自然和谐发展为目的，根据生态服务价值、生态保护成本、发展机会成本，运用政府和市场手段，调节生态保护利益相关者之间利益关系的公共制度”（王金南等，2006）。该定义强调一个客观系统内部的组织结构、诸多要素，以及各子系统间的相互作用具有一定规律。生态补偿机制属于一种环境经济政策，其核心内容包括“谁补偿给谁、补偿多少和如何补偿”等三个方面，即“补偿主体与客体、补偿标准、补偿途径与方式”（胡小飞，2015）。生态补偿机制可以作为调动生态保护和建设积极性，促进环保利益的驱动机制、激励机制和协调机制（洪尚群等，2001）。

生态补偿制度是“为了防止生态破坏与环境污染、促进生态环境改善，以对生态环境产生或可能产生影响的生产者、经营者、开发者、利用者等为管理对象，以生态环境建设、恢复及整治为主要内容，以经济调节为手段，以法律为保障措施的环境管理制度”（韩德梁等，2009）。它有广义和狭义两种解释，见图1-4。

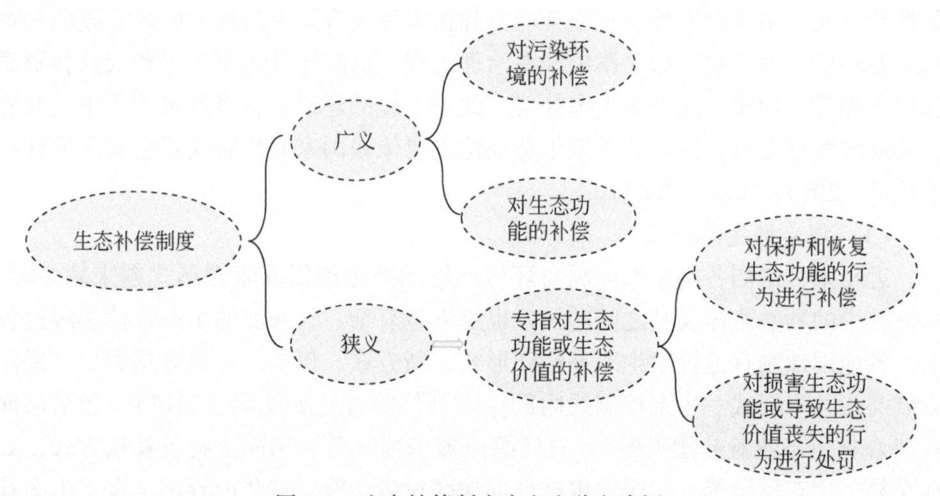

图1-4　生态补偿制度广义和狭义内涵

“生态补偿制度”的内涵和外延小于“生态补偿机制”，生态补偿制度属于生态补偿机制的有机组成部分，生态补偿制度的建立与完善是保障生态补偿机制正常运行的基础之一（龚高健，2011）。

1.2.2.5　区域生态补偿与区域生态补偿机制

在生态补偿实践中，生态补偿机制建设常常会落实到区域层面。不同学者从经济学、法学和区域科学等视角，对区域生态补偿进行了定义，见表1-4。对比这些定义内涵发现，学界对区域生态补偿概念的理解有一定差异，但一致强调其利益相关者是区域主体，这是区域生态补偿与一般意义上的生态补偿的不同之处，中国西部生态补偿、生态功能区生态补偿等属于典型的区域生态补偿范畴。

表 1-4　不同学科对区域生态补偿的定义

提出者	年份	学科视角	概念内容
马存利和陈海宏	2009	经济学	由相关行政部门对某一区域经济发展过程中的保护或改善生态环境的行为给予奖励，对破坏生态环境的行为进行处罚，从而促进区域之间或区域内部资源与环境保护的经济手段
李沙	2013	法学	为了实现区域生态服务持续供给，维护社会公平公正，生态受益区政府对为维护区域生态功能进行生态建设、修复或牺牲经济发展的区域给予补偿的行政法律行为
王昱	2009	区域科学	将生态保护者、受益者和破坏者等利益主体定位于区域层面，关注于区域主体、区域产权和区域利益，根据生态服务价值、生态保育成本及区域发展机会成本等，通过经济、政策或制度安排，调节不同区域之间利益关系，从而实现区域公平、协调发展的途径

区域生态补偿主要解决生态服务提供者与受益方的关系，在中国表现为生态服务需求量大、经济较发达地区与生态功能重要但经济落后地区之间的关系。在实践中，要考虑经济发达区对本区域生态服务的消耗量，也要考虑对其他区域的生态服务的消耗，从而影响到经济欠发达地区的生态环境保护与经济发展机会。概括地讲，区域生态补偿是通过经济手段或政策倾斜等来协调区域内部或区域之间的生态公平与发展机会公平的途径。

区域生态补偿机制是“从区域层面定位生态保护和建设的相关利益方，实现区域外部效应的内部化，达到改善、维持和可持续利用生态服务的一种制度或政策安排”（金波，2010）。简单地说，区域生态补偿机制是“为实现区域公平与协调发展，根据生态服务价值、生态保护成本和发展机会成本，运用政策、经济手段或制度安排来调节不同区域之间利益关系的公共制度”（王昱，2009）。区域生态补偿机制的实现途径目前主要有政府补偿与市场补偿，多数国家以政府补偿为主体，市场补偿为补充。政府补偿途径主要有财政转移支付、生态补偿专项基金、生态税等。市场补偿主要包括排污权交易、水权交易、碳排放权交易等。

1.2.3　生态服务与生态补偿关系

生态服务外部性是生态补偿的基础。生态系统产生的生态服务具有典型的外部性特征，生态建设能够提高生物多样性维持、涵养水源、调节地面径流、防风固沙、固碳释氧等生态服务能力，这些服务不仅使生态建设区域内的居民获得生态收益，更重要的是通过物质、能量、信息、人员等的交流与往来，使生态服务在空间上流转并在生态建设区外产生生态效益。生态服务的外部性，使其在区内、区域、国家、洲际等各个空间层次，或者代内、代际等时间层次上发挥作用。基于生态服务的外部性，生态补偿可以调节不同时空范围内相关方的利益关系，弥补生态服务生产、消费和价值实现过程中的时空错位或生态不公现象，按照生态服务受益方付费、受损或生态建设方得到补偿的原则，由生态受益方向受损或建设方提供补偿，促进区域之间协调和代际之间公平。

生态补偿是生态服务能力提高的根本保证。没有经过人类改造的自然生态系统一般具有结构完整性与稳定性，能够进行自我完善与发展，太阳能是对其进行补偿的唯一途径。随着人类社会的进步，科学技术的发展，人类改造自然环境的能力越来越强，自然生态环境的结构完整性与稳定性受到强烈冲击，单纯依靠其自身的调节能力，已经不能保障自然生态系统生态功能的稳定性，这就要求人类社会对自然生态系统进行人为的生态补偿。通过人类社会的生态保护和建设实践，可有效防止自然生态结构的进一步破坏，阻止生态功能持续降低，使生态系统向良性方向发展，提高生态系统为人类社会提供生态服务的能力，保证自然生态系统能够支撑人类社会持续健康发展。

生态服务价值是生态补偿的基础与依据。一方面，生态系统具有生态价值，这是生态补偿的基础，可以从个体价值和整体价值两个方面理解。生态系统资源物种具有稀缺性、不可复制性、不可替代性等，这是个体价值，个体价值只对自己或同类生存与延续负责。生态价值所赋存的生态结构单元具有整体价值，且整体价值远大于个体价值的加和，不仅能维持其中的个体价值，同时负责其整体的可延续性与可持续性。另一方面，根据生态服务的利用状况，其价值可以分为直接利用价值与间接使用价值，目前对生态服务价值的评估，尽管只是人类能够认知的价值，在科学性和实用性上受到颇多质疑，却有利于人类辨识不同利益主体间的生态关系，对于确定生态补偿标准、选择补偿方式等提供了重要的科学依据(王振波等，2009)。

生态服务的隐匿性决定了当前生态补偿的紧迫性。长期以来，资源环境系统长期游离于社会经济系统的价值体系之外，人们对于生态服务的隐匿性认识不足，导致资源过度开发和大量的环境污染行为。资源环境受到人类破坏之后，我们喝不到干净的水，呼吸不到洁净的空气，这才幡然醒悟，人类社会对生态系统的破坏已经改变了生态格局与过程，永久性降低了其生态功能，自然界生态服务的供应能力越来越差，直接威胁着地球上生命系统的生存。在当前人类的认知水平上，采取向需要生态建设或修复的区域进行补偿，是提升自然环境提供生态服务能力、缓解人地矛盾的重要手段和方式。从当前形势来看，实施生态补偿已经非常紧迫了。

从上述分析可知，生态补偿的核心目的是通过调节生态格局与生态过程来增强生态功能，提高自然生态系统提供生态服务的能力；同时，人类社会从自然生态系统获得生态服务，又对自然生态系统进行生态补偿，自然生态系统服务于人类和人类进行生态补偿从本质上属于互有益处、相互促进的关系。

1.3 相关研究进展

1.3.1 国外研究进展

1.3.1.1 国外生态服务研究进展

自生态服务概念和分类体系提出后，相关研究与评估工作很快成为国际生态学界和生态经济学界研究的热点，本研究主要梳理了三个方面的关注点，见图 1-5。

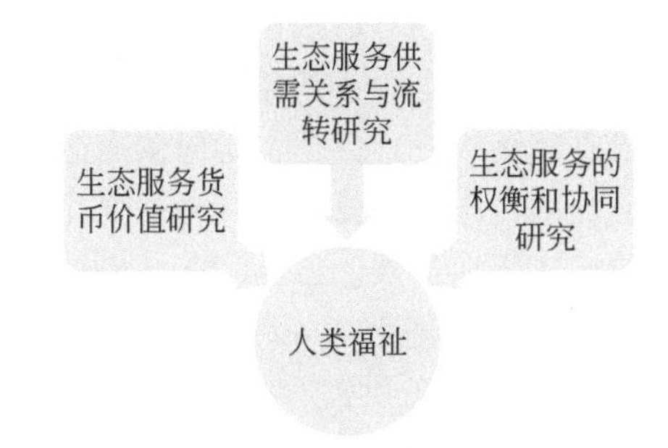

图 1-5 国外生态服务研究的主要关注点

生态服务货币价值研究进展。1991 年，国际科学联合会环境问题科学委员会（SCOPE）召开了有关生物多样性的经济价值评估会议，自此以后生态服务与生物多样性的经济价值定量化研究广泛开展，发展了针对不同生态服务与生物资源的评价方法（Pearce and Moran，1994）。Tobias 和 Mendelsohn（1991）评价了热带雨林保护区生态旅游的价值，Chopra（1993）等评估了印度热带落叶林的非木材林产品的经济价值，Gren 等（1995）对欧洲多瑙河洪泛区的生态服务经济价值进行了评估。Costanza 等（1997）总结了前人的研究成果，对全球生态服务进行了经济价值定量研究，得出全球生态系统每年为人类社会提供的服务经济价值为 33 万亿美元。Costanza 等的方法使生态服务货币价值评估的原理及方法明确化，但该研究的某些数据存在一些偏差和不足，如忽略了生态系统的空间异质性，对耕地生态系统的经济价值估计过低、湿地价值估计偏高等，该研究引起了广泛的争议。为此，著名杂志 *Ecological Economics* 专门开辟了专栏进行讨论，这些讨论推动了生态服务货币化价值研究，促进了全球范围内的生态服务价值研究的实践应用。进入21世纪后，国外学者在不同空间尺度及单项生态服务价值评估方面开展了广泛且数量众多的研究。例如，Sutton 和 Constanza（2002）对全球生态系统的市场价值和非市场价值进行了评估，并对这些价值与世界各国 GDP 的关系进行了定量分析。Lal（2003）评估了太平洋沿岸红树林的经济价值，并研究了其对环境决策的重要意义。Pattanayak（2004）评价了印度尼西亚 Manggarai 流域生态系统减轻旱灾的经济价值。MA 工作组开展了全球尺度及区域尺度的生态系统与人类福祉的关系研究（Millennium Ecosystem Assessment，2005）。2005年后，更多的研究开始关注生态服务空间异质性、服务价值与经济、社会等内在关系等。Hein 等（2006）开展了生态服务价值评估与空间尺度、利益相关者的关系研究。Adrienne 和 Susanne（2007）在瑞士阿尔卑斯山的高寒地区，利用投入产出的经济学方法评估生态服务价值，并将区域经济和生态服务研究进行融合。Kozak 等（2011）以美国伊利诺伊州 Des Plaines 和 Cache 河为例，基于生态服务地理学理论，利用对数线性和指数衰减的方法探讨了从生态服务产生源头到人类受益者全程的生态服务效益地理变化规律。生态服务货币价值评估与相关研究逐步从依靠监测或统计数据，走向依靠遥感、地面监测等多元融合数据，逐渐从单点价值评估转向空间格局及其动态变化规律研究。

生态服务供需关系与流转研究进展。Fisher 等（2009）明确区分服务产生区（service production areas）和服务受益区（service benefit areas），他们非常关注生态服务空间流转方向。在对生态服务供需存在空间错位认识的基础上，Locatelli 等（2011）基于 ArcGIS 平台，利用专家知识及模糊模拟计算了生态服务从多种生态系统到达多元用户的流转过程。随后，学者们还进一步研究生态服务供给和需求的空间格局，Kroll 等（2012）研究德国东部地区 Leipzig-Halle 城乡梯度带之间的生物能供给，将燃料作物的耕地及森林作为供给区，以城市和工业用地等为需求区，基于能源公司、郡与州等的统计数据构建空间模型，完成供需关系制图。Bagstad 等（2013）强调生态系统与其受益者之间的空间连通性的重要性，提出“服务路径属性网络（SPAN）”模型，分析了五类生态服务的 SPAN 框架的实现途径，并讨论如何将此模型推广到其他生态服务。Serna-Chavez 等（2014）以服务供给区、服务受益区和服务空间流动可达范围三个基本要素来描述生态服务空间特征，并根据三个要素之间的空间位置关系来表达生态服务供需关系，随后进一步提出量化研究框架，主要根据生态服务供给源的位置及其影响范围，以及受益区的位置三大组分确定受益区从特定的供给源获得生态服务流转的比率。Yoo 等（2014）结合空间精确的沉积物传递模型和享乐价格方法，在亚利桑那州进行了生态服务的价值流动分析。Vrebos 等（2015）基于 GIS 平台，使用生态服务评分表对不同模式的生态服务流进行了呈现和评价。Jorda- Capdevila 等（2016）整合了水资源配置模型以及生态服务供给模型，通过描绘水资源与需求点的路径，建立水资源与生态服务供给的曲线关系，刻画了与水资源动态配置相关的生态服务供给与需求点之间的流转特征。Zank 等（2016）研究了城市扩张对于美国华盛顿州普吉特海湾自然资源存储与生态服务流转的影响。Vigl 等（2017）研究了生态服务的提供与其受益者之间的空间连通性，提出这是理解生态系统功能及其管理的基础，该研究构建了生态服务供应链，分析生态系统内特定链环之间的相互关系，以及生态服务从自然景观流向周围土地时的实际效益。多数学者通过将生态服务供给和需求空间格局图进行叠加分析，来构建研究区单个或多重生态服务类型供需平衡关系图，然后通过生态服务流转来研究供需关系，研究多认为在自然和人为的双重驱动作用下，生态服务从供给区向受益区发生时空转移。

生态服务的权衡和协同研究进展。生态服务权衡和协同是对不同类型生态服务间相互关系的一种综合把握。为了减少选择性利用生态服务时的负面效应，在决策前应对生态服务进行权衡与协同分析。Bekele 和 Nicklow（2005）将流域建模与多目标进化算法进行融合，模拟评估研究区非点源污染控制、农业生产等多类生态服务，并提出生态服务权衡方案。Naidoo 等（2008）比较了生态服务地图和传统生物多样性保护目标的全球分布，得到初步结果：生物多样性最大化的区域提供的生态服务并不比随机选择的其他区域多，需要进行跨学科研究以便较准确掌握保护生物多样性及生态服务之间的协同和权衡关系。Bennett 等（2009）指出，最大限度地生产一种生态服务往往导致其他生态服务的产生量大幅度减少，该研究基于驱动者的角色和服务之间的交互作用，提出了生态服务之间的关系类型。Bradford 和 d'Amato（2012）选用一个长期森林管理试验，对碳循环和生态复杂性目标进行实质性权衡，提出一种理解利益与权衡的方法，为定量评估不同管理选项的后期效益提供了一个简单而灵活的框架。Butler 等（2013）在澳大利亚大堡礁地区，选择了 4 种不同土地利用情景，模拟计算了水质调节服务与其他类型生态服务之间的权衡或协同关系。Meehan 等（2013）在美国中西部滨岸，在牧草种植和玉米种植 2 种情境下，应用 InVEST 模型评价了能量产出、污染净化、昆虫授粉等 7 种单项生态服务价值及其总价值的变化，研究指出牧草种植会造成 2 种供给服务减少，但其他 5 种服务会有不同程度增加。Castro 等（2014）从供给和社会需求两个方面，在生物物理、社会文化和经济三个维度对生态服务权衡进行量化研究，研究结果对帮助辨识生态服务供需矛盾、从不同价值维度分析生态服务的空间错位、协助决策者辨识生态服务退化区和生态保护优先区，以及监测管理措施实施过程中的潜在矛盾等都有重要的意义。Segura 等

(2015）提出了一种生态服务协同管理与评估新方法，从决策开始就考虑到决策者、各方利益相关者、技术人员及当地居民偏好等，并以西班牙巴伦西亚自然公园的3种生态服务的关系进行了实践，该方法解决了资源有限条件下确定管理目标优先级的困难，并促进所有相关人员之间达成一致意见。Langemeyer等（2016）提出多目标决策分析能够弥合生态服务评价与土地利用规划的差距，同时兼顾多方利益，避免决策失误，是实现生态系统和生态服务有效管理的重要途径。相关研究成果逐步从理论分析与模型模拟向实践应用方向深入发展。

1.3.1.2　国外生态补偿实践与研究进展

目前，世界上有超过550个生态服务付费（Payments for Ecosystem Services，PES）项目，这些项目试图通过土地管理实践，来提供或确保生态服务的供应，实现其自然交易（Salzman et al.，2018）。本研究主要梳理了国外相关研究的五个方面热点，见图1-6。

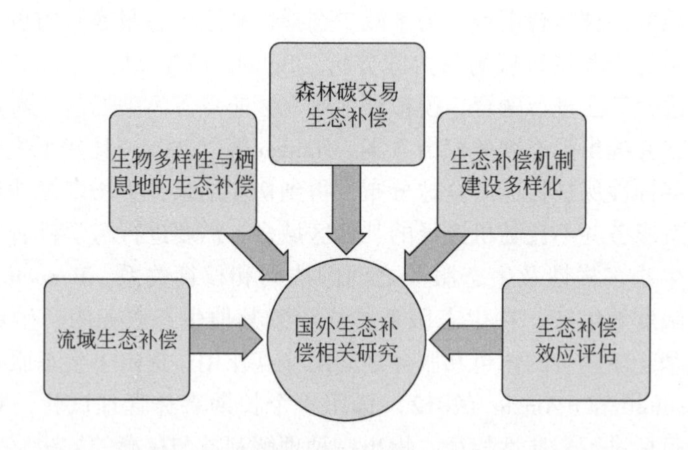

图1-6　国外生态补偿研究主要关注点

（1）流域生态补偿实践探索

国际上流域生态服务付费在交易价值和地理分布等方面的研究是比较成熟的。截至2015年，全世界有62个国家的387个流域生态服务付费项目（Salzman et al.，2018）。流域内比较明确的上下游关系，使上游生态服务提供者获得下游受益者的生态补偿变得相对容易。欧洲最大跨国水系多瑙河、非洲尼罗河流域、北美洲密西西比河流域、南美洲亚马孙流域等全球主要跨国跨州流域，设立常设机构，建立责任共担协作机制，开展流域生态补偿和生态修复工作。在国家内流域方面，比较典型的案例有美国纽约市Catskill流域生态服务付费项目，要求上游区域的农场主保护生态环境，提高水源涵养能力，为下游城市提供干净的水资源；下游区域为上游区域提供资金补偿，资金来源于纽约市消费水资源的居民附加税和信托基金等。该项目保障了清洁水资源的供应。还有哥斯达黎加全国的流域生态服务付费项目，从 1997 年起哥斯达黎加就开始实施 PES 项目，并成为发展中国家实施该方案的先驱者，该计划的主要目标是水质改善和生物多样性维护，补偿方式采用了资金补偿，即向流域上游生态用地的拥有者直接支付现金，最新报告显示已有 27 万 hm^2 的新增森林进行了登记。哥斯达黎加还实行一种化石燃料税，其中 3.5% 用于流域保护。另外，厄瓜多尔基多市水资源保护项目也是流域生态补偿实践的有益探索，1998 年厄瓜多尔基多市成立了流域水资源保护基金，由独立于政府之外的专业第三方机构来管理，资金主要用于保护流域上游生态保护区及其他需要保护的土地，采用政府与市场相结合的补偿模式，补偿方式主要是资金补偿、项目补偿和智力技术补偿等，该项目已经保护流域上游 40 万 hm^2 土地及安桑那生态保护区（Salzman et al.，2018）。国际上，流域生态补偿研究案例丰富，研究方法比较成熟，研究成果多与生态补偿实践同步进行。

（2）生物多样性与栖息地的生态补偿实践探索

目前全世界有 120 个生物多样性和栖息地的生态补偿方案，方案的受益者往往很广泛，好处也是间接的或非物质的，不像流域上游生态保护能明确下游受益人群，因此在确定补偿的地理范围方面各国都面临挑战。据报道，生物多样性 PES 计划在 36 个国家比较成功，且多数为发达国家（Maron et al.，2015）。目前生物多样性和栖息地保护资金主要来源于银行信贷与自愿补偿交易。在银行信贷方面，信贷银行主要在发达国家，如美国、澳大利亚、加拿大和德国等，交易估计为每年 36 亿美元，补偿性额度持续增长（Ruhl and Salzman，2006）。自愿补偿交易方面，相关生态补偿是一项新政策，并且保持比较小的规模，且很少有独立的验证。通常采取的形式是由公司承担一次性项目，这种方法取决于开发一个有说服力的自愿进行生态补偿的商业案例。许多自愿补偿实践实际上是“预先承诺”，生态补偿量对应开发人员试图预先开发量。在发展中国家，主要由对生物多样性产生影响的一方直接实施保护措施，比如巴西、喀麦隆、哥伦比亚、埃及、印度、莫桑比克和南非等国家允许开发商支付生态补偿费，这些费用一般支付给基金公共部门或非政府组织，再对生物多样性保护项目进行补偿（Ruhl and Salzman，2006；Maron et al.，2015；Salzman et al.，2018）。

（3）森林碳交易生态补偿实践探索

森林碳交易市场越来越受到国际生态补偿研究领域的关注。为应对气候变化，自 2009 年以来，世界各国已经花费了约 28 亿美元用于林业建设，有 48 个森林土地利用碳生态服务付费方案。在过去的 20 年里，全球范围内从纯粹自愿交换到国际资助机制（生物碳基金），减缓气候变化的市场机制已经出现。生态补偿资金主要用于造林/再造林，改良森林管理，可持续农业土地管理，以及减少土地利用和森林退化等。在国际实践中，有 67 个国家或地区参与了自愿性森林土地利用碳市场机制，如微软、迪士尼等公司自愿购买了森林碳补偿，以满足企业社会责任承诺。8 个国家或地区参与了森林土地碳汇市场，在温室气体调控排放方面，通常通过限额交易，允许森林碳封存或避免砍伐森林，来抵消排放，比如加利福尼亚的限额交易计划于 2013 年启动。另外，60 多个国家或地区参与了“减少发展中国家毁林及森林退化”计划（REDD+），并且世界银行森林碳伙伴设施准备基金为各国提供支持，包括开发国家 REDD+战略，监测、报告系统验证与参考排放水平等；并且已经有发达国家同意向发展中国家减少森林砍伐计划付款，如挪威承诺支付 10 亿美元给巴西亚马孙基金，用于减少巴西的森林砍伐率（Salzman et al.，2018）。

（4）生态补偿机制建设多样化研究进展

关于谁付费问题，Pagiola 和 Platais（2007）在研究实践中提出由使用者付费更有利于通过谈判来解决问题，并且指出使用者付费比政府付费更高效。Engel 等（2008）则提出生态服务付费的有效性和效率主要取决于程序设计，有时政府付费更符合成本收益原则，能够弥补信息拥有的劣势。van Hecken 和 Bastiaensen（2010）则警告不能过于热情地采用片面的基于市场的付费方法，他们在对尼加拉瓜主要的 PES 试点项目的区域生态系统管理项目（RISEMP）进行实地研究后，提出了经济和非经济因素混合的实践方法。Sommerville 等（2010）利用马达加斯加的案例，研究了基于社区的生态服务支付（PES）干预措施中的利益分配所带来的机遇和挑战，提出保护干预措施只有在其目标和活动被当地人民接受时才能长期成功。Schomers 和 Matzdorf（2013）研究发现，无论发达国家还是发展中国家，大多数国家层面大规模生态补偿都是政府付费。很多生态补偿实践通过评价生态服务价值，希望建立基于生态服务的生态补偿机制，争取多方来源的补偿资金，比如公益机构、企业、政府、国际组织等。关于付费标准问题，各国学者多提倡补偿标准差异化，并认为差异化补偿标准可以提高补偿效果。例如，在美国切萨皮克湾进行的差别化补偿实践中，在同样生态成效下大约节约一半成本。Wunder（2005）提出，进行有差别补偿能提升生态补偿效率。Kosoy 等（2007）与 Ferraro（2008）都进行了机会成本核算，并根据相关结果与提供者态度确定合约价格，效果良好。关于补偿方式问题，除了现金补偿，还有很多生态补偿的支付方式，如为服务提供方建设水利、电力、电信等基础设施，为相应地区提供教育培训机会，提高卫生服务水平，以及在生计服务政策上进行倾斜等。Asquitha 等（2008）的研究提出，应该根据服务提供者补偿需求来确定补偿方式，当补偿数额比较小时非现金补偿方式更有激励作用。Muradian 等（2010）提出理论上现金补偿是最优的激励方式，但在实践中其他间接非现金补偿方式更普遍。Newton 等（2012）提出应根据人口特征选择支付结构，按谋生方式调整补偿方式。在哥斯达黎加，政府使用浮动价格系统，依据农户对现金补偿的需求差异及农户受偿土地面积等确定现金补偿额度，同时还以非物质补偿形式替代现金补偿，比如能力建设、提供就业、技术协助等。

(5) 生态补偿效应评估研究进展

上面的文献综述并不能从服务提供（生物物理测量）、补偿效率（经济测量）或社会改善等方面来衡量生态补偿的有效性。生态服务付费并不能保证区域生态建设区生态环境得到改善，不能保障得到补偿资金的区域能提供有价值的生态服务。目前，针对绝大多数的生态补偿项目，我们根本不知道它们是否有效(Pattanayak et al.，2010；Brouwer et al.，2011；Miteva et al.，2012)。已有的研究中，无论是对森林生态补偿的效益（Lambin et al.，2014；Ferraro et al.，2015；Jayachandran et al.，2017)，还是流域内生态补偿的效果（Brouwer et al.，2011)，或者是生态补偿计划对社会福利的影响等（Alix-Garcia et al.，2015；Samii et al.，2014；Sims and Alix-Garcia，2016；Bottazzi et al.，2014；Huettner，2012；Jindal et al.，2012；Poudel et al.，2015)，研究结果呈现非常复杂的后果，不能一言概之。与大多数自然保护方案一样，生态服务付费计划多数也未建立严格的补偿效益评估体系。研究过程中缺乏基础数据支撑，并且目前研究多依靠一些案例，选择过程可能存在偏好，这些问题影响评价结果，妨碍理解环境、经济和社会政治目标之间的权衡（Ferraro et al.，2015；Jayachandran et al.，2017)。因此，多名学者指出应该加强生态补偿效益研究，可以从项目成本、项目直接效果、项目间接溢出、支付指标与生态服务相关性等方面综合评估生态补偿效益（Börner et al.，2017；Salzman et al.，2018)。

1.3.2 国内研究进展

1.3.2.1 国内生态服务研究进展

国内相关研究，本研究主要梳理了四个方面的关注点，见图 1-7。

(1) 生态服务经济价值评估研究进展

中国的生态服务经济价值评价工作开始于 20 世纪 80 年代初，主要是对森林资源经济价值量进行核算。1982 年，张嘉宾利用影子工程法和替代费用法，测算了云南怒江、福贡等县森林的保持土壤和涵养水源经济价值量，根据当时测

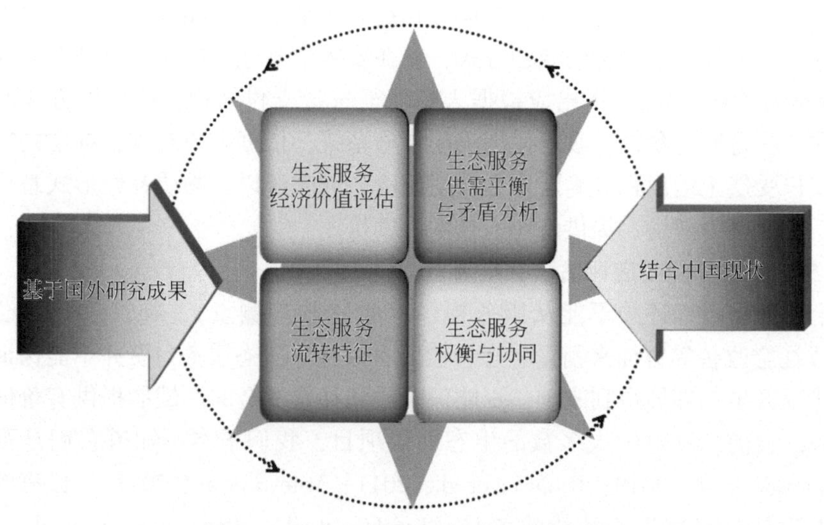

图 1-7　国内生态服务研究的主要关注点

算，单位面积价值量分别为 2309 元/(a·hm²) 和 2129 元/(a·hm²)。1988 年，国务院发展研究中心专门设立“资源核算纳入国民经济核算体系”课题组，开始评测中国森林资源、草地资源、土地资源等的经济价值。侯元兆和王琦(1995) 首次较全面地对中国森林资源的涵养水源、防风固沙、净化大气的经济价值进行了测算，揭示出这三项生态服务经济价值是活立木价值的 13 倍。随着国际上生态服务经济价值评价工作的兴起，20 世纪 90 年代中期以后，中国相关学科学者开始系统地进行生态服务经济价值定量研究工作。周晓峰 (1998)、周晓峰和蒋敏元 (1999) 利用野外定位观测数据估算了黑龙江省及全国的森林资源经济价值；郭中伟等 (1998)、郭中伟和李典谟 (1999) 基于实地观测资料评估了神农架兴山县的森林生态服务经济价值；薛达元 (1997)、薛达元等 (1999) 估算了长白山森林生态服务的间接经济价值；随后，欧阳志云等 (1999b)、蒋延玲和周广胜 (1999)、肖寒等 (2000)、陈仲新和张新时 (2000)、谢高地等(2001b，2003)、余新晓等 (2002)、关文彬等 (2002)、赵同谦等 (2003，2004)、闵庆文等 (2004)、毕晓丽和葛剑平 (2004)、靳芳 (2005)、张朝晖(2007) 多位研究人员对中国及不同区域各类生态系统的服务经济价值进行了定量研究，生态系统类型涉及陆地、森林、草地、湿地、海洋等；李加林等 (2005)、于格 (2006)、郝慧梅等 (2007)、岳书平等 (2007) 开始尝试利用 3S 技术对生态服务的动态过程进行有效分析和评价。随着更多现代技术的运用，研究逐步由静态研究向动态转换，并且有深入机理性的研究。在实践方面，郑江坤等 (2010)、林媚珍等 (2010)、隋磊等 (2012)、黄从红 (2014)、李晓赛 (2015)、杨丽

(2017)、吴爱林等（2017）、张瑜等（2018）多位研究人员利用不同方法评估了不同区域生态服务价值动态变化、空间异质性特征等。同时，吴丽娟（2018）提出了未来生态服务价值评估的主要方向是模型化、精准化、生态功能产生过程及形成机制、生态功能向服务的转化率；孙宝娣等（2018）在总结近些年研究成果的基础上，提出生态服务价值尺度转换的技术和方法运用仍然存在一些问题，分析了该类型研究中空间尺度转换的概念。生态服务经济价值研究实践越来越多，研究内容逐步向空间分布规律及形成机制等纵深发展。

(2) 生态服务供需平衡与矛盾分析探索

随着研究的深入，国内关于生态服务供需研究的文献开始出现并逐渐增多。冯翠红等（2007）基于生态服务探讨了城市湖泊生态系统需水量。谢高地等（2008）根据计量经济学理论，构建了生态服务生产–消费–价值化的研究框架，提出生态服务生产和消费的主要研究方法。甄霖等（2008）制定了生态服务消费的概念框架，探索了生态服务–消费–管理之间的相互关系。杨莉等（2012）基于统计数据和土地利用数据，分析了黄河流域粮食、油料和肉类三类食物生产服务的供给与消费的平衡状况，并对其平衡状况进行可视化研究。王文美等（2013）从供需视角建立评估指标体系，采用功能当量评估模型对天津市滨海新区生态服务进行供需平衡量化分析。徐瑶和何政伟（2014）利用 RS 与 GIS 技术获取申扎县草地退化数据，结合生态足迹模型分析了申扎县草地生态资产供需平衡动态变化状况。研究证明，随着草地逐渐退化，申扎县生态资产供需矛盾逐渐出现。赵庆建等（2014）从服务流视角分析森林生态服务的形态、功能和价值的转化过程，研究了森林生态系统所产生的碳流和水流及其供需平衡状况。邓姝凤（2016）以生态城市建设为主线，以榆林市 TM 遥感影像为数据支撑，运用功能当量法对榆林市生态服务供给的时空变化特征进行分析，从人类对服务需求出发，分析了榆林市生态服务供需平衡与现存矛盾状况。郑悦（2017）选取产品供给、涵养水源、废弃物处理、固碳释氧、净化环境、养分循环、休闲游憩、科普教育等八项指标，将定量化结果作为研究区利益相关者的生态服务供给能力，通过调查问卷法分析利益相关者对研究区的需求，采用中位数标准化排序法将供给服务与需求条件进行配置。彭建等（2017b）选用单位面积生态服务价值当量法，测算广东省绿地生态服务供给量，以地均 GDP、土地利用开发程度及人口密度等来反映区域生态服务需求量，基于生态服务供需平衡格局，提出研究区生态网络建设分区方案。上述生态服务研究从供给和需求角度下手，来识别生态服务供给区、需求区及需求结构，研究过程能够反映生态服务供给和需求的空间差异，分析产生问题或出现矛盾的原因，为进行自然资源的合理空间配置提供科学依据，为生态补偿实践提供理论支撑。

（3）生态服务流转特征研究探索

由于生态服务在供给和利用时常常存在时空差异，便产生了生态服务的空间流动。乔旭宁等（2011）根据引力场及场强作用原理，构建流转评价模型测算了渭河流域生态服务在空间上的转移。陈江龙等（2014）以南京市主体功能区为基础，定量分析各保护型区域的生态服务对各开发型区域的辐射力，计算出不同保护型区域为各开发型区域所提供的生态服务价值比例。韦妮妮（2014）以泉州湾河口湿地生态系统为研究对象，研究城市湿地生态系统与区域城市社会经济系统间各种生态服务流的传递、转化及相互作用，归纳得出城市湿地生态服务的空间流转规律，随后又采用能值–货币分析方法，计算了湿地生态服务价值，分析其生态服务的空间流转过程（李洪波和韦妮妮，2015）。乔旭宁等（2017）运用格兰杰因果关系检验方法及灰色关联模型，进一步分析了渭河流域生态服务空间流转对居民福祉的影响。蒋毓琪和陈珂（2017）以森林生态服务空间流转为视角，测算出浑河上游向沈阳城市段空间流转的生态服务价值量，并说明浑河流域上游森林生态服务空间流转对沈阳城市段供水量影响是由多个因素共同决定的。刘桂环等（2010a）以北京官厅水库流域作为研究对象，对官厅水库流域生态服务进行价值化并分析其时空流转特征。生态服务流转研究能够有效耦合具有空间异质性特征的生态服务供需，是解决当前生态服务价值评估不精确的突破口（刘慧敏等，2017；姚婧等，2018）。但到目前为止，对生态服务流转的定量化研究成果数量较少，应该加强该方面研究的深度，增加生态服务流转量或流转效率的定量化研究，为决策者制定合适的生态管理和生态补偿政策提供有力依据。

（4）生态服务权衡与协同研究探索

生态服务的供需平衡与空间流转经常受人类决策的干预或支配，不同类型的生态服务之间经常会有冲突，科学掌握生态服务权衡关系是进行生态系统管理的基础，该方向已经引起研究者广泛关注。Bai 等（2011）采用相关性分析法对白洋淀流域 7 种生态服务的相互作用关系与强度进行了研究。李屹峰等（2013）基于三期土地利用数据研究了密云水库流域 4 种生态服务的动态变化及相互之间的权衡关系。Hu 等（2015）基于生态评估模型和多目标空间优化模型，分析了黄土高原燕沟流域生态服务的权衡关系。杨晓楠等（2015）分析了关中—天水经济区的耕地、林地、草地景观中各生态服务间的权衡与协同关系。武文欢等（2017）基于两期鄂尔多斯市的食物供给、碳储存、产水量及土壤保持 4 种生态服务供给量，采用相关分析法研究了栅格尺度上各类生态服务的权衡关系，并进一步分析不同土地利用类型的生态服务相互关联特征差异。王鹏涛等（2017）基于逐像元偏相关的时空统计制图方法，对汉江上游流域 2000 ~ 2013 年的土壤保持服务、产水服务、植被碳固定（NPP）服务等之间的权衡与协同关系时空变化进行分析。孙艺杰等（2017）研究了 1990 ~2010 年关中盆地和汉中盆地的 NPP、保水服务、食物供给等生态服务协同与权衡的时空差异。包蕊等（2018）采用多目标线性规划方法，通过调整甲积峪土地利用类型实现小流域生态服务的权衡优化。陈登帅等（2018）以渭河流域关中—天水经济区段为研究对象，在子流域尺度估算了生物多样性、固碳和产水等生态服务量，定量分析彼此之间的权衡和协同关系，并预测了未来土地利用变化情景下，基于生态服务的最优土地配置格局。目前，国内有关生态服务权衡与协同的研究成果越来越多，涉及不同时空尺度、不同生态服务类型，但多是案例分析，如何将相关研究成果的科学认知转化到决策应用仍需继续努力。

1.3.2.2 国内生态补偿实践与研究进展

中国政府一直对生态补偿与生态建设高度重视，并采取了一系列措施。但是，生态保护者与受益者、破坏者与受害者之间的生态不公平现象仍然存在，通过生态补偿实现生态公平的相关研究逐渐成为生态学相关领域的研究热点（李文华和刘某承，2010）。由于中国与其他国家在管理体制、自然条件及文化背景等方面的差异，我国的生态补偿研究与相关机制建设别具特色且发展迅速。

中国生态补偿的由来。20 世纪 70 年代，在中国四川青城山，护林人员工资发放出现困难，导致管护工作不到位，森林破坏现象比较严重，成都市政府拿出 30% 青城山门票收入用于护林人员工资及保护山林活动，此后青城山森林破坏现象得到遏制，森林生态环境状况很快好转。1983 年云南省昆阳磷矿场，每吨矿石上交 0. 3 元，用于开矿区植被恢复。上述两个案例是中国较早的生态补偿实践，取得了一定成效，逐渐引起中国政府和学术界的关注。1989 年 10 月，在国家林业部门的推动下，有关森林生态补偿的研讨会在四川乐山召开，森林生态补偿的思想正式被提出，中国开始重视生态补偿实践探索和科学研究。

在政府的积极引导下，中国生态补偿研究与实践活动迅速增加。1992 年国务院明确提出“建立林价制度和森林生态效益补偿制度”（冯艳芬等，2009），倡议对森林资源实行有偿使用，2004 年中国建立森林生态效益补偿基金，森林领域生态补偿制度开始形成。此外，国家层面开展了一系列生态建设工程，如三北防护林体系建设、荒漠化防治、水土流失治理、天然林保护、退耕还林还草、三江源生态保护、京津风沙源治理等，这些生态建设工程均具有明显的生态补偿内涵。2003 年，福建省和江西省分别在九龙江、闽江、晋江、东江等流域开展了生态环境建设与生态补偿试点工作。同时，中国积极参与生态补偿国际合作，积极倡导并推进中国生态补偿实践与国际接轨。2004 年，中国开始参与国际碳汇交易，沈阳市康平县与日本政府达成中国首次碳汇交易（胡小飞，2015）。

2005 年中国组建“中国生态补偿机制与政策研究课题组”，开始系统研究生态补偿相关理论与方法，设计规划中国国家尺度生态补偿机制的战略和政策框架。近年来，我国生态补偿的研究与实践进程快速推进，全国各地的各类生态补偿实践案例迅速增加，2011 年全国生态补偿相关案例仅有 65 个，而到 2015 年在实施的案例已有 155 个（孔德帅，2017）。

针对国内相关研究，本研究主要梳理了四个方面的关注点，见图 1-8。

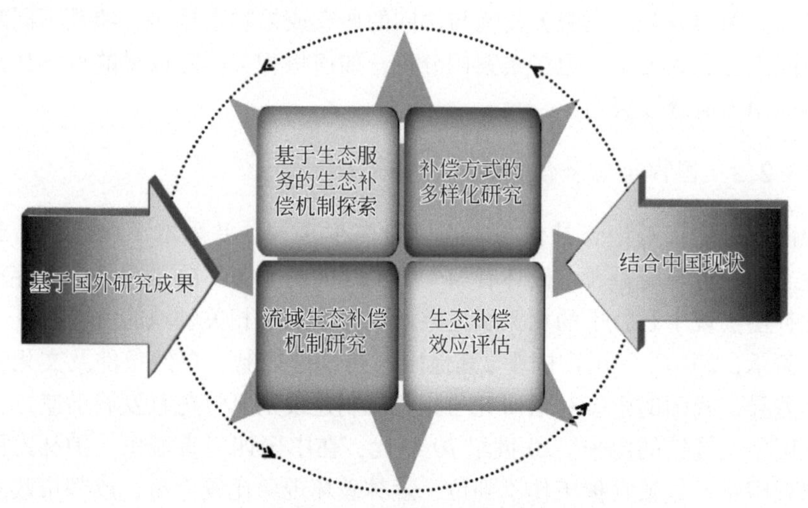

图 1-8　国内生态补偿研究主要关注点

（1）基于生态服务的生态补偿机制探索研究进展

生态服务价值评估使公众逐步认识到生态系统所具有的内在价值与经济价值，政策制定者更加重视生态保护工作，为依据生态服务与生态功能进行生态补偿奠定了基础。刘璨等（2002）和张涛（2003）从生态学与经济学的角度研究了我国森林生态服务市场构建问题，明确提出森林生态效益补偿的主体与受补对象。随后多位研究者开始将生态服务价值评估结果作为确定生态补偿标准的依据，或进一步探索建立基于生态服务的生态补偿机制的途径（徐琳瑜等，2006；王景升等，2007；刘青，2007；赵萌莉等，2009；梁杰，2010；陈艳霞，2012；王飞等，2013；王重玲等，2014；赖敏等，2015；许丽丽等，2016；刘俊鑫和王奇，2017）。另外，学者们还进一步深入探讨基于生态服务价值的生态补偿区域优先级别或分区分级生态补偿机制（王女杰，2011；戴其文和赵雪雁，2010；刘兴元，2011；仲俊涛和米文宝，2013；郭荣中等，2016；廖志娟等，2016；何军等，2017；郭荣中等，2017）。基于生态服务科学评估建立生态补偿机制的相关研究很多，但都大同小异，目前仍缺乏新思路的引领。

（2）补偿方式的多样化研究探索

关于生态补偿方式的选择，不同学者有不同观点。陈钦和魏远竹（2007）提出目前公益林生态补偿资金不能满足生态建设实践需求，主张采用每年支付公益林租赁费的方式进行补偿。王国华（2008）提出了森林资源生态补偿方式：财政预算补偿、税费返还或补偿费附加、一次性补偿和市场替代补偿等。黄昌硕等（2009）针对水源区的实际情况，提出可以采用资金补偿、智力补偿与产业补偿等多种生态补偿方式。朱智杰（2009）结合民勤不同的生态环境区域的特点对民勤生态补偿方式的选择做出了分析，并对多种补偿方式的政策做了进一步讨论。赵雪雁等（2010）利用问卷调查资料，分析了甘南黄河水源补给区农牧民对不同补偿方式的偏好、不同补偿方式对生态补偿项目持续性及农牧民生计能力的影响，提出现阶段甘南黄河水源补给区生态补偿项目应选择智力补偿、现金补偿与实物补偿相结合的补偿方式。江秀娟（2010）从被补偿者视角，将生态补偿方式分类，倡导充分考虑被补偿者今后的生存保障，采用智力补偿是较好的“授之以渔”的补偿方式。刘灵芝等（2011）重点分析了现阶段国内森林生态补偿方式在实践中存在的问题，并指出与市场补偿相结合将是未来森林生态补偿的发展方向。杨欣和蔡银莺（2012）分析了武汉市农户对不同农田生态补偿方式的认知、选择及其影响因素，在此基础上指出了政府补偿方式的缺陷及引进市场补偿方式的建议。王青瑶和马永双（2014）在研究湿地生态补偿时，提出应加强造血型补偿方式的运用，并应与当前中央财政转移支付的输血型补偿方式相结合，实现生态补偿方式多元化。王雅敬等（2016）研究了公益林保护区生态补偿方式，对寻求多元化补偿方式提出了政策建议。黄顺魁（2016）提出根据生态资源属性选择不同的生态补偿方式。森林、草原、荒漠和湿地多选择纵向政府补偿，流域补偿是横向和纵向相结合的补偿方式，海洋、耕地和矿产应是市场补偿。刘宇晨和张心灵（2018）研究了不同地区牧民对草原生态补偿选择倾向，并根据区域特点提出有针对性的补偿方式和补偿政策。有关生态补偿方式的探索，多依据当地实际情况，应用价值明显，但创新性还存在不足之处。

（3）流域生态补偿机制研究探索

流域作为独特的地貌单元，是地理学和生态学研究的重点领域。以流域为基本单元开展流域生态补偿，是协调上中下游之间经济发展与生态保护的重要经济机制。在流域生态补偿实践方面，案例极其丰富。郑海霞等（2006）、刘玉龙等（2006）、虞锡君（2007）、彭晓春等（2010）、刘桂环等（2010a，2010b）、张来章等（2010）、张落成等（2011）、王军锋等（2011）、李超显等（2012）、冷清波（2013）、金淑婷等（2014）、成炎（2015）、孟雅丽等（2017）、郭宏伟等（2017）、林秀珠等（2017）分别研究了金华江流域、新安江流域、太湖流域、东江流域、官厅水库流域、黄河流域、天目湖流域、子牙河流域、湘江流域长沙段、鄱阳湖流域、内陆河石羊河流域、密云水库上游地区、汾河流域、塔里木河流域、闽江流域等的生态补偿机制，或对补偿方案进行了探索。李俊丽和盖凯程（2011）对三江源区际流域生态补偿机制进行了研究，俞海和任勇（2007）、毛占锋和王亚平（2008）、张君等（2013）、姜仁贵等（2015）和王聪等（2016）探讨了跨流域生态补偿的若干理论问题，分析调水工程水源区生态补偿的必要性及生态补偿标准等问题。在理论探索方面，也有多名学者探索了流域或跨流域生态补偿机制，提出正确处理水源涵养区和需水区之间的利益关系，各区域应选择适宜的经济社会发展模式，实现流域集体理性等对策或建议（陈瑞莲和胡熠，2005；张惠远和刘桂环，2006；梁丽娟等，2006）。流域生态补偿的相关理论与方法相对比较成熟，但也存在一些不足之处，如研究多集中在不同区域的具体实施方案上，流域生态补偿的补偿模式的选择和补偿标准的准确测算等方面仍有待进一步探究。

（4）生态补偿效应评估研究进展

国内学者对现有生态补偿项目或工程的实施效果评估已经开始了相关研究。熊鹰等（2004）、金蓉和王雪平（2008）、Han 等（2011）、赵雪雁等（2013）、孔令英等（2014）、张方圆和赵雪雁（2014）、马庆华和杜鹏飞（2015）、陈作成（2015）、张新华（2016）、胡振通等（2016）、郑季良和孙极（2017）、徐筱越（2017）针对不同区域的生态补偿案例，研究了不同类型补偿项目实施后的社会效应、经济效应和生态效应，研究多认为生态补偿的实施实现了改善环境、提高区域生态功能的目标，并具有缓解贫困、促进就业、发展经济等作用。但受研究对象、研究角度及研究区域异质性的影响，也有学者提出了不同见解，认为生态补偿政策与农牧民收入不存在显著关系，甚至提出生态补偿项目实施后大部分农户总体收入水平呈现下降趋势（姜冬梅等，2007；侯成成等，2012）。现有的研究多侧重于比较政策实施前后生态服务能力的变化，或评估生态补偿项目实施后产生的经济效应，缺少能够统筹自然、社会、经济与居民福祉的生态补偿效果评估方法与实证研究，研究结果不能很好地为生态补偿政策制定和实施提供有力支撑。

1.3.3 京津冀地区相关研究进展

1.3.3.1 相关研究进展

京津冀地区作为中国北方经济规模最大最具活力，同时又是发展最不平衡的地区之一，近年来成为生态服务和生态补偿研究的典型地区。已有学者和专家开展生态服务与生态补偿相关研究，对于改善生态环境、加强生态建设，推动“京津冀协同发展”具有重要意义。

京津冀地区生态服务研究进展。稍早时段，相关研究分散在京津冀三个区域。余新晓等（2002）根据观测和研究资料，评价了北京山地森林生态服务的价值。杨志新等（2005）评估了北京郊区农田生态服务价值。张振明等（2011）借鉴千年生态系统评估的方法，对永定河（北京段）河流生态服务价值进行评估。郭伟（2012）利用遥感手段估算了北京地区生态服务价值，并对景观格局优化进行了预测。刘同海和吴新宏（2012）采用改进的光能利用率模型反演植被净第一性生产力，并结合草地生态服务量化指标，对河北省沽源县的草地生态服务价值进行测算。随着京津冀协同发展和一体化战略的实施，京津冀地区开始作为一个整体进入学者的视野。刘金龙（2013）和马程等（2013）研究了京津冀地区生态服务权衡与分区。牟永福（2014）研究京津冀政府购买生态服务可行性，提出政府购买生态服务不仅可以解决区域经济发展不平衡问题，也可以维护生态环境良性循环。孙文博等（2015）根据 1990 ~ 2010 年京津冀地区生态系统类型的面积变化，研究了三地生态服务价值的变化，进一步分析了这一变化与京津冀地区经济增长的关系。刘梦圆等（2016）研究了京津冀地区水生态服务演变规律及其驱动力，提出了促进水生态服务能力提升的对策建议。朱振亚等（2017）研究了京津冀地区生态服务价值与社会经济重心演变特征及耦合关系。王彦芳（2018）基于单位面积价值当量因子法计算京津冀地区生态服务价值，并对生态服务价值和生态压力的空间特征进行深入分析。年蔚等（2017）研究像元尺度固碳释氧净生态服务能力，并对固碳释氧的生态服务供受关系进行分析，研究试图说明风环境下区域之间的生态联系。京津冀地区生态服务研究取得了一些进展，但将其成果应用于生态补偿、生态建设等实践还需进一步深入探索。

京津冀地区生态补偿研究进展。刘桂环等（2006）借鉴国际流域生态补偿实践经验，探索了京津冀流域生态补偿机制的路径选择问题。刘广明等（2007）研究了京津冀区际生态补偿与区域协调的关系，提出建立包括流域生态补偿、大气生态补偿、森林生态补偿、异地开发生态补偿等在内的区际生态补偿机制的意见。王军等（2009）分析了建立生态补偿机制下京津冀农业合作模式的必要性和优点，提出实现生态补偿型京津冀农业合作的途径。孙景亮（2010）提出建立基于流域水资源或水污染的生态补偿机制。刘薇（2015）、许吉辰（2016）、牛晓叶等（2018）讨论了京津冀地区大气污染生态补偿模式，提出应充分发挥市场对清洁大气环境资源的优化配置作用。于彦梅和耿保江（2012）、王芳芳（2012）、杜景路（2014）、何辉利（2015）、刘娟和刘守义（2015）、文一惠等（2015）、张贵和齐晓梦（2016）、段铸和程颖慧（2016）、佟丹丹（2017）、刘广明和尤晓娜（2017）、张路阁和赵海燕（2017）对京津冀区域生态补偿模式、制度与机制建设进行了有益探索。陈晓永和陈永国（2015）提出河北环北京地区很难独自承担建设和保护流域生态环境的重任，应完善跨流域性生态补偿机制建设。沈玲和王娟（2015）开始探讨京津冀区际生态补偿的项目融资模式。李惠茹和丁艳如（2017）提出了京津冀生态补偿核算机制构建及推进对策。闫丰等（2018）基于 IPCC 排放因子法利用碳足迹测算京津冀生态补偿量化标准。祝尔娟和潘鹏（2018）对京津冀区域生态补偿机制现状、问题及成效进行剖析，提出从政府和市场相结合、完善生态补偿标准、培育生态涵养区造血功能等三个方面，来解决生态补偿机制建设现存问题。京津冀生态补偿机制研究成果比较丰富，但在生态补偿具体的补偿客体地理范围、补偿标准确定方面还有深入研究空间。

另外，在京津冀一体化背景下相关生态环境研究实践也很丰富。于维洋和许良（2008）、肖金成（2014）、张治江（2014）、王金南等（2015）、冯海波等（2015）、王少剑等（2015）、孙丽文和李跃（2017）通过自己的研究指出了京津冀一体化所面临的主要生态环境问题、思想认识误区，并总结列举了一些历史经验与教训等。同时，针对京津冀地区目前所面临的主要问题，各位学者和专家也从法规、机制、观念、技术等各个方面提出相应的治理建议和对策，确保京津冀地区有良好的区域生态格局，实现京津冀地区生态环境质量改善和可持续发展战略（李明达，2014；张彦波等，2015；毛汉英，2017；张伟等，2017）。

1.3.3.2 京津冀地区相关研究存在的问题

上述研究成果与实践为净化水源、解决大气污染问题、改善区域生态环境质量发挥了积极作用，但是仍存在一些问题。

（1）缺乏整体视角的生态服务盈亏、流转与补偿机制系统的深入研究

区域空间整体视角相关研究成果较少。多数研究主要针对经济基础薄弱的河北省生态涵养区开展研究，明确了河北省应该承担较重的生态建设与保护任务。从生态服务或资源的空间配置视角，研究河北省生态建设与保护成绩，即提高生态服务供给量，如何流转到京津地区、河北平原地区，作为既得利益区应该如何对河北给予补偿、补偿多少，以及如何科学合理地分配生态服务等问题，缺乏定量研究。

缺乏自然科学和社会科学的耦合研究。京津冀地区相关研究成果，研究生态服务与生态补偿的文献均较丰富，自然科学领域，主要针对生态功能和生态服务开展定量评估，研究方法相对成熟，但对社会经济分析不足；社会科学领域对京津冀生态补偿理论和政策分析到位，但在空间定量化表达和补偿标准确定依据方面也存在弱项。将自然生态服务供给能力和经济社会系统消耗量进行耦合，并充分重视区域生态格局、过程与功能，系统探讨生态补偿机制的研究还较少。

(2) 现有生态补偿标准较低且不一致，缺乏科学依据

现有生态补偿标准较低，很多投入低于生态建设项目运营成本，无法弥补当地产业发展受限带来的经济损失。以京津风沙源草原治理项目为例，由于草场维护周期长、管护任务艰巨，而草地治理定额标准多数仅补贴一年，根本无法维持项目后期正常运行费。再如，北京和河北进行“稻改旱”项目，北京按 8250 元/hm^2 的标准，对河北项目实施区农民进行收益损失补偿，但该标准低于当地农民种植水稻的经济收益，平均下来，每年每户减少 2000 元以上的收入，还有部分当地农民出现了政策性返贫。已有研究对此重视不足。

自然服务价值评价体制不完善，京津冀区域内部生态补偿标准差距悬殊。以工程造林为例，河北执行国家统一补偿标准 3000 元/hm^2，天津和北京人工造林每公顷补偿在 30 000 元以上，是河北的 10 倍以上。再如，怀来县瑞云观乡镇边城村的护林员月工资为 1800 元，北京延庆护林员月工资为 5400 元，北京护林员的收入是河北护林员的 3 倍（祝尔娟和潘鹏，2018）。需要在京津冀地区自然环境类似的区域开展科学研究，按区域提供生态服务的质量和数量，统一生态建设的资金投入标准或生态补偿标准。

(3) 多样化生态补偿方式探索较少，缺乏长效管理机制研究

补偿方式主要以政府经济补偿为主，缺乏多样化生态补偿方式的探索研究。京津冀生态补偿主体主要包括中央各部委、河北省及京津等政府部门，补偿方式比较单一，主要以中央财政资金补偿为主，京津冀地区尚缺乏基于生态资源产权交易的市场手段，比如碳排放权交易、排污权交易、水权交易及森林碳汇等，这些可能与多样化补偿方式探索研究较少有关系。

另外，目前的生态补偿措施基本上是以项目工程为载体实施的。在工程期限内，当地居民由于得到生态补偿金，会尽力配合相关部门进行生态保护或建设活动。工程期结束后，他们失去补偿而缺少生活资料来源，只能重新就地生产或开发，甚至还可能出现新一轮生态破坏。当前，生态补偿实践中存在保护者和受益者的权责落实不到位等问题，项目区生态补偿时间较短，后续保障措施和改进措施不到位，尤其缺乏区域层面政策法规等保障措施的研究探索，还未形成京津冀生态补偿的长效管理和保障机制。

1.4 研究方法综述

1.4.1 生态服务研究方法

生态服务具有多种类型，评估方法也有多种。目前，生态服务定量评估方法主要包括价值量评估法、能值转换法和物质量评估法等。

1.4.1.1 价值量评估法

生态服务价值量评估法是基于市场理论直接对各类生态服务进行货币化，是较早也较简单的评估方法。该方法分为两种：一是客观评估法，主要利用实际市场法或替代市场法，对实际或替代物质量的经济价值进行定量计算，数据来源主要是文献、年鉴、实验等数据或资料；二是主观评估法，主要利用虚拟市场法对生态服务的价值量进行评估，价值量主要根据人们的主观感受来定价，数据来源主要是科学问卷调查（赵景柱等，2000）。

价值量评估法主要是对生态系统提供的生态服务进行货币化，比如涵养水源的水量转化为饮用水后的货币价值。该方法的优点：评估结果都是货币价值，比较好地解决了不同类型生态服务的统一量纲问题，人们可以对各类生态服务的价值大小进行比较与加和；另外，评估结果能够引起人们足够重视，便于将生态资源价值纳入国民经济核算体系，实现绿色 GDP 核算。

然而，生态服务价值量评估也有明显缺点，目前缺乏相对完善的计量方法，人类认识生态服务存在主观性和不确定性，难以准确地测算生态服务实际价值，不同研究者的计算结果差距悬殊，研究结论缺乏可信性；另外，该方法还存在以点代面、空间分辨率低等不足之处。

1.4.1.2 能值转换法

能值转换法是借助能值转换率，将生态系统提供的不同种类、不同属性的服务和产品转换为统一标准尺度的能值，结合市场理论的价值量来测算生态服务价值。该方法主要创始人是生态学家 Odum。在实际应用中，以太阳能值（焦）来度量各种生态服务的价值。某类生态资源或生态服务产品的太阳能值，是其形成过程中直接或间接利用的太阳辐射总量。全球经济是由可更新和不可更新的各类资源能源相互作用来驱动，各类资源能源可以转化为能量流，经济活动中的货币流被能量流驱动，可以建立货币流与能值流之间的定量关系。利用世界年生产总值（GWP）除以驱动世界经济运行的年总能值流量，得到货币流与能值流的比率，用能元（Em $）表示单位货币能值比率（Odum H T and Odum E P，2000）。如此可以用能元作为统一单位来表示各种生态服务产品的价值。

能值转换法计算公式简单易学，资料获取比较便利，可以进行长时间尺度的推算，解决了不同等级与类型的生态服务与产品不能比较的问题。同时，该方法将自然生态系统与人类社会经济系统有机结合起来，能够定量分析自然界给人类社会提供的生态服务与产品，有助于正确理解自然环境与经济发展的内在联系，对人类合理利用自然资源、制定经济发展战略及科学预测地球系统均有重要指导意义，为人类认识世界提供了新思路（崔向慧，2009）。

能值转换法在 20 世纪 90 年代被引入中国，目前仍处于探索阶段，还存在局限性，表现在：一是由于社会经济系统的复杂性，数据复杂繁多，不同研究者选用的能值转换率和能值货币比率不一致（孟范平和李睿倩，2011）；二是基于能值转换的生态服务评估指标和评估方法还存在不足之处（王玲和何青，2015），评价过程可能会存在重复或遗漏（范小杉，2008）；三是能值反映了生产生态服务或产品所消耗的太阳能，不能反映出人类支付意愿，也不能表达出生态服务的稀缺性，有些生态服务类型与太阳能关系很弱，很难用太阳能值（焦）来度量，如文化服务价值评估的研究（蓝盛芳等，2002）。上述局限性导致当前的能值转换法评估结果存在差异，急需构建基于能值转换法的生态服务价值评估体系。

1.4.1.3 物质量评估法

遥感、GIS 等空间技术，具有时空优势，能够为生态服务定量化研究提供支持，阐明不同时空尺度上生态格局、过程、功能和服务相互作用与变异性（傅伯杰，2010），所以利用空间数据和 GIS 技术进行生态服务价值定量化研究越来越多。

物质量评估法是利用数学物理模型将各类生态服务或产品转换为物质量后进行定量评估的方法，可利用中间物质或最终物质进行转换。该方法输入关键技术参数和基础数据后，便可输出生态服务物质量的空间分布格局。

物质量评估法的优点表现在：一是此方法便于研究者掌握生态服务的可持续性，研究主要基于生态格局评估生态服务物质量，如果生态系统提供服务的物质量不随时间推移而减少，则认为整个系统生态功能良好，提供的生态服务具有可持续性（赵景柱等，2000，2004）；二是生态服务评估的结果越来越精确，随着遥感技术的发展，通过不同途径可以获取各种分辨率遥感影像，可以实现不同时空尺度的生态系统或关键生态系统的科学评估，生态服务研究精度越来越高。

物质量评估模型克服了传统生态方法以点代面的缺点，但模型均有一定适用范围及自身局限性：一是不能反映生态服务稀缺性，评价结果不能引起人们足够重视；二是由于各类生态服务物质量的量纲不同，不能进行比较和汇总，难以认识某一生态系统的综合生态服务；三是不同研究人员选用的方法或技术参数差别较大，对同类型生态服务进行物质量评估时，结果可能差距悬殊，容易引起人们对方法的怀疑。

目前，我国在此方向多使用国外研发的模型，如发展比较成熟的 InVEST 模型，缺少自行开发的模型，因此适合中国区域特征的生态服务定量模型还较少(赵金龙等，2013)。我国多采用物质量和价值量相结合的评估方法，即利用试验数据、遥感监测等手段或查阅文献、年鉴等方法确定生态服务的物质量，然后通过相关经济学方法将生态服务的物质量转化为价值量。

1.4.2 生态补偿研究方法

1.4.2.1 生态补偿标准的研究方法

生态补偿研究过程中重点是确定科学合理的生态补偿标准，由于生态补偿主客体的复杂性、生态系统类型多样性、社会经济系统不确定性等原因，目前在学术界没有公认最优的生态补偿标准确定方法。比较常用的方法有生态服务价值法、市场法和半市场法等（李晓光等，2009）。

（1）生态服务价值法

该方法一般先测算出生态服务的物质量或功能量，再将其转化为价值量，并据此价值量确定生态补偿标准。这种方法的缺点主要有：一是该方法计量出来的生态服务价值偏大，超出人类社会生产的价值，按该价值量进行生态补偿，在实践中操作性较差；二是很难区分出保护或修复所增加的生态服务量，即应该补偿的生态效益价值增量难以确定。另外，生态服务具有空间异质性，不同区域人们的支付能力存在较大的差异，利用该方法确定统一的补偿标准难度较大。尽管如此，生态服务评估价值仍是生态补偿标准确定的最重要依据，可以将生态服务价值量视为生态补偿的理论标准，如果参与生态服务类型较多较全的话，可以作为生态补偿的上限。

（2）市场法

市场法的原理是把自然生态空间产出的资源、服务与产品看成一类商品，围绕着这类生态商品建立一个市场，市场买卖双方是生态补偿主体区和客体区民众、政府或企业。目前，市场法多是应用于水资源生态补偿和碳排放权交易等。

市场法确定生态补偿标准时，可以兼顾生态补偿主体区和客体区利益，在双方都满意后再开展生态补偿，这是其他方法所不具备的。然而，该方法也存在一些不足：一是使用市场法的前提是先有一个相对稳定的市场，市场要素应相对完备才能进行自由贸易。事实上，目前有关生态补偿的市场体系还未建立，生态服务与产品的市场自由贸易很难实现，多数情况下需要政府来协调，这就限制了市场发挥应有的作用。二是生态补偿属于一个复杂的生态保护过程，很多类型的生态服务或产品无法通过市场定价，市场法在生态补偿领域使用范围较小。因此，通过建立生态服务市场来确定生态补偿标准的方法是可行的，前提是还需要解决一些技术性的局限或难题。

（3）半市场法

半市场法目前主要有机会成本法、微观经济学模型法和意愿调查法等。机会成本法主要测算区域生态服务提供者，为了保护生态环境所放弃的经济收入或发展机会成本，依据机会成本来给生态补偿标准定价。微观经济学模型法是基于数学和微观经济学原理，通过对研究相关个体的偏好建立相关模型，来确定生态补偿标准的一种方法。该方法主要参考经济学中生产者和消费者的生产或消费决策过程。意愿调查法是将生态补偿主客体等利益方的建设成本、预期收入及支付限额等因素整合成简单的意愿，通过问卷调查等手段获得数据，总结出生态补偿客体自主提供优质生态服务的成本，同时得到补偿主体享用生态服务所愿意支付的最大数额，综合分析后确定补偿标准。

上述的半市场法也有自己的优缺点。机会成本法不用对复杂的生态格局、服务和产品价值进行估算，直接根据丧失的机会成本来定价。但在生态保护和建设过程中，保护者放弃了很多机会，目前仅仅考虑了我们认识到的部分机会成本，并且社会调查得出的数据会有一定的偏差，因此利用机会成本法定价时准确度会有一定问题。微观经济学模型法是通过严格的数学与经济学推导得出的理论方法，逻辑比较严谨，但目前此方法在生态补偿标准定价方面还不成熟，未形成较统一的方法体系，理论运算数值还没有被充分证实，其应用价值需继续深入探索。意愿调查法一般直接针对利益相关方进行问卷调查，其应用范围较广，但调查结论会出现与真正的意愿不相符的现象，并且会出现接受意愿和支付意愿两种差距悬殊的标准，在实践中很难调和。

总之，生态补偿标准的定价方法有许多类型，本节讨论的生态服务价值法、市场法和半市场法各有利弊，生态服务价值法是最直接的生态补偿标准，也有较科学合理的解释。市场法和半市场法则更重视人为因素，考虑到生态补偿利益方的基础条件和偏好，结果有更好的适用性。从不足之处来看，生态服务价值法确定的补偿数额偏大，补偿标准很难被补偿主体方民众与政府接受，而市场法和半市场法的测算结果受人为因素干扰较大而可能产生错误结论。具体应用时，可以根据实际情况加以选择。

1.4.2.2 生态补偿区域选择方法

合理确定生态补偿区域将直接影响补偿资金的使用效率，进而影响生态补偿项目的社会效益。目前，从已有研究实践来看，国内外生态补偿区域选择的研究方法，主要包括单一目标选择法、成本–效益目标选择法、风险目标选择法、空间模型分析法和信息成本竞拍法等（王风春等，2017）。

（1）单一目标选择法

这是生态补偿项目最初实施时生态补偿区域的筛选方法，在资金总预算下，对补偿区域不进行有针对性地甄别和筛选，仅根据某单项保护目标而向单位面积土地支付相同数额的补偿（戴其文等，2009）。例如，哥斯达黎加国家生态补偿资金（PSA）项目，向区域内土地所有者提供某项保护目标明确的合同，如森林保护、再造林等，支付的金额略高于保护土地的机会成本（Pagiola et al.，2008）。中国的退耕还林工程的生态补偿也属于该方法，对25°以上坡耕地、5°~25°水源地耕地、严重沙化耕地等按相应标准进行统一补偿。

由于这种方法没有考虑个体差异，存在很多无效或低效补偿实践，生态补偿资金产生的效益较低。但因为这种方法易操作，相对比较公平，所以仍是发展中国家比较主流的区域选择补偿方法。

（2）成本–效益目标选择法

成本–效益目标选择法是以最低的成本选择最佳的区域以获得最大的生态环境效益，从而确定低成本高收益的生态补偿区域选择方案，也有学者侧重将生物物种的空间连通性、生物物种自身的生态特征等服务效益作为生态补偿区域选择的标准（Powell et al.，2000；Alison et al.，2016）。

采用成本–效益法选择时，如果想获取准确的核算结果，还要考虑不同生态服务类型之间的权衡，关注区域之间存在的差异，一些供参考的成本–效益标准存在不统一现象，具体计算方法多采用聚类分析、地理要素禀赋当量及实验法等来优化参数，因此，目前该方法在国内外尚未成熟。

（3）风险目标选择法

在成本–效益目标选择法基础上，将生态系统可能受损的各类风险也纳入目标选择标准，称为风险目标选择法，该方法具有多目标多准则特点。此方法中，生态退化风险作为体现生态补偿项目额外性的重要因素，也是研究空间目标选择的关键因子。以哥斯达黎加生态补偿项目为例，研究搭建了一种空间目标选择工具，即主要考虑3个因素：生态服务提供水平、参与成本及失去这些服务的风险

（Wünscher et al.，2008；Wünscher and Engel，2012）。

该方法比单纯的成本效益法有所进步，考虑了相关风险因素的影响，选择的补偿区域更符合实际，更能体现该区域生态补偿的重要性。

（4）空间模型分析法

考虑空间异质性，采用 GIS 等空间信息工具来构建评价模型用于生态补偿目标区域选择。该方法一般先是确定生物多样性、固碳释氧和净化水质等生态服务的空间分布情况，然后确定生态服务与生态功能极重要区分布及生态服务主要受益区分布图，再根据机会成本选择补偿区域。由于生态服务类型较多，所以选择此方法时应尽量选择最重要的生态服务类型，否则计算量较大；另外，该方法参数选取应因地制宜，否则得到结果会与实际不符。此方法若选择生态服务类型合理，参数科学，计算结果相对可靠，目前已成为生态补偿区域选择的重要方法之一。

（5）信息成本竞拍法

在生态补偿项目中，为更好地确定参与者的真实成本，减少信息租金，避免对高机会成本类型进行低补偿或对低机会成本类型进行高补偿（赵雪雁，2012），提高目标选择准确性和补偿效率，有些研究学者提出可以采用竞拍法选择生态补偿区域（Wünscher and Engel，2012）。该方法能够减少用于信息收集的费用，将在有限预算下获得最大生态服务水平，有利于获得额外性收益。采购竞标方法是提高效率的好方法，但该方法需要更多的人力来设计和实施，制度成本较高，多应用于发达国家。

1.5 研究趋势分析

正确把握相关方向的研究趋势，才能更好地开展生态服务研究与生态补偿实践。回顾生态服务与生态补偿研究的历程可以发现，相关研究正在向自然、社会和经济多学科融合方向发展。相关研究越来越重视生态格局-过程-功能的相互关系、生态服务之间的权衡与协同、生态服务供需平衡与流转、生态服务对人类福祉的作用，以及生态服务如何服务于生态补偿实践等。

1.5.1 生态格局-过程-功能内在关系研究将备受关注

目前，研究者还不能准确掌握生态格局、过程和功能内在联系，对于生态过程、经济过程与社会发展之间的复杂关系也缺乏准确认识，所以很难精确模拟和预测在经济社会高速发展背景下的自然生态服务的状态与变化，导致研究结果存在偏差、应用性不强、不同研究组结论差异较大等问题。为了获得更切实可行的生态建设与补偿方案，需要加强生态格局、过程与功能等基础研究，弄清楚三者之间的内在关系。

生态格局、过程与功能的相互作用关系，是进行生态系统管理和生态补偿研究的基础。生态格局是区域内不同生态要素的空间组合形式；生态过程是基于各类生态要素在区域之间或区域内能够产生能量流、物质流和信息流等，使区域之间或区域内部产生相互影响与相互作用；基于生态格局与过程，区域内生态系统便具有生态功能，当生态功能被赋予人类价值内涵时便成为区域生态服务与产品。格局是过程的载体，格局的变化导致生态过程的改变，过程是塑造格局的动因和驱动力，格局和过程的相互作用会表现出不同类型的生态功能和生态服务产品。因此，三者之间相互影响，互为因果，三者之中有一个发生变化，其余二者相应会有反应。要持续获得充足生态服务和产品，必须掌握生态格局、过程和功能相互作用关系，这是生态系统管理和生态补偿研究的基础，也将是生态服务和生态补偿研究关注的焦点。

1.5.2 生态服务权衡与协同将成为生态系统管理的重点

生态服务权衡产生于人们对生态服务的需求偏好。当人们消费某一种类型或某几种类型的生态服务时，就会有意或无意地对其他类型生态服务的提供能力产生影响。不同生态服务之间具有极其复杂的相互作用关系，可简单归纳为两种：权衡和协同。权衡是不同生态服务类型之间的关系相互冲突，协同则指两种或多种类型生态服务存在同时增加或减少趋势。目前不同区域生态服务间相互作用定量关系研究还未全面开展，尤其是在中国人地矛盾非常突出的地区，多种类型生态服务之间关系尚未厘清，需要更多研究者投入其中，开展相关研究，为生态系统管理提供科学依据。

生态系统管理最直接的是管理生态服务的权衡与协同关系。要通过生态系统基础理论，识别各种类型生态服务能够达到的空间范围，厘清生态服务之间的各种变化与相互作用关系，揭示在自然因素与人为因素相互作用条件下，或所设定的不同情境下，生态服务之间所表现出的权衡或协同关系，分析权衡或协同所展示出的空间格局，讨论生态服务的动态变化及面临的主要问题，揭示出区域多种生态服务之间的内在关联特征及其主导因素。基于生态服务权衡与协同关系研究成果，通过生态系统管理，进行生态格局优化，对生态过程进行监管与干预，实现区域生态服务综合价值的最大化目标，这将是生态服务和生态补偿研究的重点内容。

1.5.3　生态服务供需、流转将成为重要研究方向

生态服务供需关系研究还处于起步阶段。在已有的研究中，多是针对特定生态服务类型，从自然资源的合理利用和基本生态服务消费入手，测度该类型生态服务供给与需求之间的平衡状况，分析影响平衡关系的主导因素。还没有进一步分析不同地区或不同群体对生态服务消费的差异，也没有探索生态环境严峻情境下生态服务消费的替代方式。生态服务供需关系研究需要全面弄清楚生态服务提供方式，所在区域地理背景、资源禀赋、经济水平、相关政策、人口密度、文化背景等影响因素，在已有研究基础上深入探索生态服务供需矛盾与关系优化途径等，基于生态服务供需空间格局模拟其空间流动的路径与范围，明确生态服务供给和享用的利益相关者。

目前，受到数据可获取性和专业认知的限制，多数研究是在中小尺度上，到国家尺度、洲际尺度或全球尺度的研究成果还较少且较难应用于实践。要解决上述问题，一方面需要整合多部门的已有各类数据库，包括国土、环保、城建、测绘、科研等部门各类地理、生态、统计和遥感等数据，并充分利用已有数据衍生的新数据，如根据遥感数据反演的植被指数、NPP 等数据；另一方面应组建不同学科人员组成的专业团队，尤其是要吸纳计算机学、经济学、生态学等学科的专业人才，通过学科之间的互相学习，提高专业认知能力，增强本方向专业建模能力，对生态服务辐射效应、辐射距离、供需关系、空间流转等进行模型模拟。明确生态服务的供给区和需求区，确定区域之间和区域内部的利益相关者，建立生态服务供给和使用反馈机制，为制定科学合理的生态服务消费模式与生态付费等政策管理措施提供科学依据，这是生态服务和生态补偿研究的重要方向之一。

1.5.4　生态服务与人类福祉的关系研究将更加深入

生态服务研究一直围绕如何服务于人类社会。最初研究热点主要侧重于生态服务形成机制、变化特征及经济价值评估等，目前生态服务与人类福祉的关系越来越受到关注，尤其开始重视生态服务与人类福利的空间关系、因果联系与二者的动态过程相关性等。这方面研究难度较大，研究成果还较少，没有突破性成果。不过，即便困难重重，也有部分研究者正在开展相关研究，试图弄清楚生态服务与人类福祉之间的反馈机制，以期获得有实践价值的研究结果。

第一，该领域将对人类福祉的多指标测度开展研究。当前对人类福祉的测度

主要包括食物、饮用水等物质生产服务指标，其他有关福祉指标还较少，研究也不够深入，不能科学测度生态服务对人类福祉的贡献度。生态服务涉及人类福祉的很多方面，对人类福祉的贡献应是多维度的，并且二者之间还存在一些必然联系，要逐步将自然生态要素（如水资源、土壤性状和森林覆盖率等）转换为社会学有关的变量（如健康、安全和幸福指数等），将自然生态领域数据转换为人类福祉领域的定量指标，构建全方位的多指标人类福祉测度模型，掌握生态服务对人类福祉的定量作用。

第二，开展生态服务对人类福祉的多时空尺度测度研究。生态系统、社会系统及经济系统都是处于不断变化之中，不能假定在一个尺度上获得的研究结果在另一个尺度上是自动有效的，也不能根据短期实验数据得出长期规律性结论，一个区域的福祉发生变化另一个区域也不一定发生。不同时空尺度的生态服务相互影响将对人类福祉产生复杂影响，只有在特定时空尺度上人类才能进行相对科学的判断，才能进行比较准确的表达。因此，应开展多时空尺度生态服务与人类福祉的关系测度，得到相对正确研究结果，为生态系统管理、生态补偿政策的制定和生态补偿机制的有效运转提供科学依据。

1.5.5 生态服务研究与生态补偿实践联系将愈加密切

生态服务价值研究将直接服务于生态补偿机制建设，据此将为生态补偿政策提供相对科学的补偿标准、补偿范围与补偿模式等，最终形成切实可行的补偿方案与补偿机制。在以往的研究实践中，或是直接评估生态服务的经济价值，或是侧重于生态补偿理论政策、补偿方式和补偿必要性及补偿法律依据等方面的探索（丁四保和王昱，2010；李长亮，2013）。自然科学领域和社会科学领域相关研究均存在不足之处，需要学科间的交叉融合。

目前，生态服务研究与生态补偿实践相关研究存在下述发展趋势。第一，重视社会经济系统对生态服务的影响和相互作用，利用经济社会发展等统计数据，结合区域主体功能定位、产业布局和资源配置状况，研究区域经济社会发展对生态服务需求，构建包涵生态、经济与社会等影响要素的生态服务供需评估模型。第二，基于生态服务评价结果，将其服务能力与服务范围的空间格局进行整合，进行生态补偿优先级别划分，作为差别化区域生态补偿标准的重要依据，结合区域生态服务辐射范围，确定补偿主客体和补偿范围。第三，将生态建设与生态补偿所取得的经济、社会和生态效益作为重要评估内容，尤其是结合生态保护红线生态补偿及国家重点生态功能区转移支付等工作，在国家重点区域建设研究试点区，研究国家政策驱动下区域生态保护和生态建设的成效，评估这些区域生态服务能力的动态变化，为中国建立科学合理的生态补偿机制提供科学支撑。

我国生态服务和生态补偿机制仍然存在法制不健全、技术不全面、评估标准不统一等系列问题。未来应该加强我国生态服务与生态补偿相关研究，把握其发展趋势，实现人与自然和谐、区域之间协调发展的美好愿望。

1.6 本研究的理论基础

在文献综述中，已经将生态服务供需及其空间流转、生态补偿等相关概念进行了梳理，本部分主要将本研究中用到的其他核心概念进行界定，包括生态区域、生态供体区与受体区、生态介质、生态服务盈亏格局、流域与风域等。同时，分析本研究主要依据理论的新内涵，包括生态格局-过程-功能三位一体理论、地-地与人-地双耦合理论。

1.6.1 本研究重点概念界定

1.6.1.1 区域与生态区域

区域是地理学中最基本的概念之一，自然地理学中的气候区、土壤区、植被区等，人文地理学中的语言区、人种区、国家区、文化区、宗教区等，均是指某地理要素的“均质区”，属于地理学范畴的区域。地理学家哈特向（1959）指出，区域“是一个具有具体位置的地区，在某种方式上与其他地区有差别，并限于这个差别所延伸的范围之内”。随着“区域”在不同学科领域中的应用，其概念和内涵不断延伸。目前，区域已不仅是空间概念，更是强调因某种联系而形成的共同体。不同地域之间因某种要素连接或人类活动使这些地域必须整体考虑，才具备了形成不同类型区域的必要性。例如，经济区域是由人类经济活动所形成的经济综合体，京津冀地区空间上是一个整体，可以视为一个经济区域，另外一些在空间上不连续的经济发展共同体所涉及的地理空间也可以属于一个经济区域，比如一些经济区的飞地。

本研究中，使用“生态区域”的概念，即“具有相对完整生态结构、生态过程和生态功能的地域综合体”（高吉喜，2013）。水源涵养区、水土保持区、人类居住区等生态功能区是生态区域，也是生态区域最基本的生态单元，这些生态功能区又可以进行合并归类，形成更高级别的生态区域单元，见表 1-5。

表 1-5　生态区域的类型与级别

划分依据	生态区域级别	生态区域名称与举例
生态功能	基本生态单元	水源涵养区、水土保持区、生物多样性维护区、防风固沙区、固碳释氧区、洪水调蓄区、人类居住区、工农业生产区等
生态供受关系	较高级别生态单元	生态供体区、生态受体区等，两类区包括不同类型的生态功能区，如生态供体区可包括水源涵养区、生物多样性维护区等，生态受体区可包括人类居住区、工农业生产区等
生态介质	高级别生态单元	流域、风域、资源域等，这一类型的生态区域，内部包括不同类型的生态供体区、生态受体区，生态介质将供体区与受体区联系起来，形成更大尺度、更高级别的区域整体

例如，京津冀区域内，从水资源供给的角度来讲，滦河、大清河等上游有水源涵养区、水土保持区等，都是生态供体区，提供的生态服务是水资源供给，下游的平原区和广大城市、城镇集中区，属于人类居住区、工农业生产区等，这类生态功能区需要大量的水资源，属于生态受体区。水源涵养区、水土保持区、人类居住区和工农业生产区属于最基本的生态区域单元。水源涵养区、水土保持区等可以合并为生态供体区，人类居住区和工农业生产区合并为生态受体区，这两类区域属于较高级别的生态区域。生态供体区和生态受体区属于同一个流域，通过水的流动，将上游生态功能区与下游生态功能区联系起来，形成一个完整的流域，流域属于更高级别的生态区域单元。

生态区域概念的提出与应用具有重要实践价值，需要注意以下几个问题。

一是生态区域是区域生态学研究的基本对象。生态区域概念的引入，与当前所面临的实际生态环境问题有关。目前，流域性生态问题，如水土流失、水资源短缺、洪涝灾害等，区域性大气污染、酸雨、全球气候异常等问题，均是区域性甚至全球性的，这些生态问题不可能在局部得到解决，因为在流域上中下游之间、局部与全区之间、区域与区域之间有密切的关系，必须将生态问题放到不同时空尺度或不同级别的生态区域来研究，才可能有效解决。

二是生态区域强调生态格局合理和生态过程连续。生态区域是一个分等级的概念，最基本生态区域是生态功能区，高级别的生态区域中生态功能区布局合理，才能保障生态区域内部各类功能区各司其职，才能为人类生产和生活提供保障。同时，内部不同生态功能区之间通过某类生态要素（生态介质）产生过程和功能上的联系，保障生态过程连续通畅。

三是生态区域不一定保持空间连续。生态区域内部生态介质将不同生态功能区联系起来，但不意味着这两个生态功能区之间必须在空间上连续。比如以风为介质形成的风域，北方风沙源区与受沙尘暴影响的中东部城市群之间，空间上不一定毗邻，但共同形成了一个风域。

四是生态区域具有生态完整性、生态差异性和空间可度量性特征。生态完整性表现在高级生态区域内部各生态功能区之间的内在联系，并经过长期的相互联系、相互渗透、相互融合形成一个不可分割的统一整体。生态差异性主要体现在同一生态区域不同功能区之间的结构差异性和功能差异性。空间可度量性是指在特定的时间内，生态区域的空间是相对稳定的、可以度量的。

五是生态区域的范围取决于研究对象，空间尺度可大可小。生态区域的范围是按其目的性及用于划定界线的特定指标来确定的。每个客观存在的生态区域内部具有一定的生态联系，并据此区别于邻近的生态区域。生态区域可以是任意大小的地区，这一特征类似于流域的等级嵌套特征。

1.6.1.2 生态供体区、生态受体区与生态介质

根据生态区域单元对某种生态服务的供给或需求来划分，分为生态供体区和生态受体区。生态供体区是提供生态服务的生态区域单元。生态受体区是接受生态服务的生态区域单元。

生态介质是联系不同类型生态区域的生态要素。正是因为生态介质的作用，才使生态供体区与生态受体区联系起来，形成完整的高级别的区域生态单元。重要生态介质有水、风和资源等，分别可以形成的高级别生态区域是流域、风域和资源域等。

上述概念的内涵可以从以下两方面理解。

第一，生态供体区和生态受体区对应特定的生态介质。以京津冀地区为例，从水资源流动的角度，燕山山区是下游的水源涵养服务的“生态供体区”；从风环境的视角来看，尤其是当以偏北风为主时，燕山山区是京津等城市群净化空气服务的“生态供体区”，当以偏南风为主时，燕山山区又成为南部城市群大气污染的受体区。再如，大清河流域的白洋淀所在区域，既是上游水源涵养和水土保持服务的生态受体区，又是白洋淀下游区域水资源的生态供体区。因此，在提及“生态供体区”和“生态受体区”时，必须明确生态服务的对象、类型、生态介质及其空间范围。

第二，生态供体区、生态受体区需要生态服务空间流转以保持联系。可以从两方面理解：一是生态区域基于自身的格局、过程和功能，在某级生态区域内部

产生生态服务流转，维持自身经济和社会发展的支撑能力，此时“生态供体区”和“生态受体区”重合，比如河北坝上高原最西部的内流河流域，自身为自己涵养水资源、防风固沙等；二是考虑到不同生态区域之间的相互关系时，“生态供体区”和“生态受体区”之间存在生态服务和产品的空间流转，一个生态区域为另一个生态区域提供生态服务、产品和生态支撑能力，如位于燕山山地的承德地区为京津地区涵养水资源、净化空气。

1.6.1.3 生态服务盈亏格局

某生态区域单位面积某类生态服务供给量减去其自身的需求量，便得到单位面积该类生态服务净供给量。如果将该生态区域各类生态服务供给量和需求量价值化，用单位面积生态服务供给的总价值量减去总需求的价值量，得到该生态区域生态服务盈亏格局。

生态服务盈亏格局在本质上反映单位面积净生态服务空间格局。生态服务盈亏格局是某生态区域满足自身需求后结余的生态服务价值量，表达出生态区域单位面积净生态服务供给价值量的空间格局。生态供体区单位面积净生态服务价值多是正值，该区域能够为其他区域提供生态服务。生态受体区单位面积净生态服务价值多为负值，该区需要其他区域为其供应生态服务。

自然生态环境良好的区域，如自然保护区、各类生态功能区等，属于生态供体区，净供给价值量是正值，该区域不仅能满足本区生态服务需求，还能为其他区域提供生态服务。人类居住区、工农业生产区等主要消耗各类生态服务，属于生态受体区，自己不能满足自己对生态服务的需求，净供给价值量是负值，主要依靠其他区域的生态服务流转到这里，支撑其经济社会可持续发展。

1.6.1.4 流域、风域和资源域

在生态介质的作用下，低级别的区域生态单元之间联系起来，形成更高级别的生态区域。根据生态系统构成要素和人类活动影响，重要生态介质包括水、风和资源等，分别在生态供体区和生态受体区基础上形成流域、风域和资源域等高级别的生态区域。

流域是指一条河流（或水系）的集水区域（尚宗波和高琼，2001），是通过水循环及伴生的土壤营养物转移将上中下游地区连接成的一个有机整体。水是流域中各个生态单元之间联系的介质和纽带，水循环中流域产汇流过程的运动途径和转换机制是流域中所有生态过程的基础。正是由于流域生态介质——水的流动，才使一个流域内的基本生态区域单元（水源涵养区、水土保持区、生物多样性维护区、工农业生产区等）之间产生生态联系，从而构成一个完整的高级别生

态区域——流域。

风域是指“以风为生态介质所形成的具有整体性的区域，是以空气为载体、以大气运动为传播方式而形成的多功能区域综合体”（高吉喜，2013）。同流域形成原理类似，风域以空气运动为载体，将上风向的防风固沙区、净化空气区等和下风向的人类居住区、工农业生产区等生态区域连接成高级别的生态区域——风域。值得注意的是，风域上游的生态功能具有一定隐蔽性，上风向区域的居民和政府在进行经济开发时，往往会忽略对下风向区域产生影响，而下风向居民和政府也常常不关心上风向区域的发展状况，当上风向区域过度或不合理开发对整个风域产生不良影响时，大家才悔之晚矣。例如，河北坝上地区生态环境脆弱敏感，长期不合理的发展模式，引起了土壤沙化甚至沙漠化，加强甚至导致春季扬沙和沙尘暴，对北京及华北地区大气环境产生了不良影响，此后京津和中央政府才意识到问题的严重性，开始了一系列的京津冀风沙源治理工程、退耕还林还草工程等。

另外，自然资源也可以充当生态介质，在人为驱动力作用下发生流转，形成资源域。资源流转经常伴随着经济活动，因此资源域也可称为资源经济圈。由于自然资源类型多样，资源域的物质流和能量流过程比较复杂，不同区域之间可有多种资源流转联系，形成复杂的资源流转网络。从地域的自然资源、政府的宏观和管理经济技术条件等出发，可组成某种具有内在联系的地域产业配置圈，如环首都经济圈、长江经济带等。

本研究以自然驱动力的流域和风域为研究重点。

1.6.2 本研究依据的基本理论内涵

本研究主要以区域生态保护与经济社会协调发展为目的，以区域生态学理论作为基础，重新阐述了生态格局-过程-功能三位一体理论、地-地与人-地双耦合理论。

1.6.2.1 生态格局-过程-功能三位一体理论

生态区域内，通过生态介质传输和连接作用，格局-过程-功能三个方面构成“三位一体”整体。格局是过程的载体，格局变化会导致过程改变，过程改变又反作用于格局，格局和过程共同决定生态空间的生态功能与生态服务能力。生态格局-过程-功能三位一体理论研究核心目标是为人类福祉服务，需要注意以下几个方面。

第一，生态格局、过程与功能是生态服务的基础。生态格局合理、生态过程连续和生态功能有效是维持生态服务的基础。因此，通过生态格局优化整合，调节区域生态过程，能够提高生态空间的生态服务质量与效率。例如，大气中CO_2-O_2平衡的调节服务，依赖自然生态系统和人工生态系统空间合理布局，以及它们之间正常的碳循环过程，如果森林、草地等自然生态系统比例太少，工厂太多，人口密度太大，则CO_2-O_2平衡无法较好实现。因此，生态服务产生与维持必须依赖自然生态系统空间格局科学合理、过程连续通畅和功能持续作用。

第二，生态功能是生态服务的根本，但二者并不是一一对应关系。生态功能侧重于反映生态系统的自然属性，只要生态格局和过程没有出现问题，即使没有人类的需求，生态功能会照常存在；生态服务侧重人类的需要、利用和偏好，反映出人类现行技术条件下对生态功能的利用情况。如果生态格局和过程被破坏，生态功能消失，生态服务将无从谈起。但是生态功能与生态服务不是一一对应关系，一种生态服务可以由多种生态功能产生，一种生态功能也能产生两种或多种生态服务。例如，人类能享用干净空气是由生态系统调节空气、防风固沙、固碳释氧等功能共同提供，生态系统的水分循环功能可以提供水供应、水调节和减缓旱涝灾害等多类生态服务。

第三，生态服务和产品不能截然区分，且相互依存，不能离开自然生态系统的支撑。人类获得产品还是服务，取决于人类的行为和利用方式。比如森林中的树木，我们如将其砍伐作为木材或燃料，我们得到的是产品；如果让它们生长并享受其净化和美化功能，我们获得了服务。另外，自然所提供的生态服务经常是我们获得产品的基础。例如，我们种植的庄稼获得了丰收，这样获取产品的事实背后，是当地土壤和气候为我们提供的优质生态服务。可见，生态服务和产品需要自然生态系统一直为其提供支撑，自然环境也一直是生态服务与产品产生的背景。

第四，生态服务不需要人类，而人类的福祉却离不开生态服务。当前，我们所享受到的生态服务是自然生态系统长期演进的结果，在人类出现以前，自然生态系统就早已存在，自然生态服务并不是大自然偏爱人类而创造的，生态服务的存在不需要得到人类的认可。同时，有些自然生态服务的性能和功效可以被人类感知，但大多数生态服务在平时我们无法认识到，只是在人类对大自然干了蠢事，破坏了生态格局和生态过程，导致生态功能退化而引起某些生态服务匮乏时，我们才能意识到。生态服务作用范围广泛，运行方式复杂，并且大部分无法为现代技术替代，但又是人类福祉和社会进步所必需的，我们应该珍惜大自然给我们的馈赠。

1.6.2.2 地-地与人-地双耦合理论

生态供体区提供生态服务，生态受体区消耗生态服务，生态供体区和生态受体区通过生态介质的连接作用形成一个具有完整性的高级别区域生态单元，如流域、风域等。地-地与人-地双耦合理论主要研究生态供体区与生态受体区的地-地耦合关系、人-地耦合关系。

第一，地-地耦合是生态供体区与生态受体区在空间上的耦合。生态供体区如涵养水源区、防风固沙区等，生态受体区如工农业生产区、人类居住区等。生态供体区与生态受体区之间存在紧密配合与相互影响的耦合关系，即通过生态服务流转过程从供体区向受体区传输物质、能量和信息，如水资源、干净空气等。生态供体区为生态受体区的发展提供各类生态服务与产品，生态受体区在享受了服务与产品的同时，应该回馈给生态供体区一定的生态建设资金和保护成本，两地之间应该是相互依存、协调发展的关系。生态供体区与生态受体区之间相互依存的耦合度，能够用生态供体区单位面积生态服务供给量、生态受体区单位面积生态服务需求量，以及两地之间生态服务或产品流转量与流转特征来定量表述，地-地耦合度能够反映不同级别生态区域的生态完整性和健康发展程度。

第二，人-地耦合是生态区域内经济社会系统与自然生态系统的耦合。人-地耦合既包括生态供体区与生态受体区内部的人地耦合关系，也包括由不同类型的生态供体区与生态受体区形成的高级别生态区域（比如流域、风域）内的人-地耦合关系。生态供体区内，一般生态环境良好但经济发展落后，各类自然生态系统的生态功能与服务首先应该满足本区经济社会的发展需求，然后再考虑为生态受体区供应生态服务和产品，该区域从理论上讲应该生态服务与产品供应能力远远大于其自身的消耗。生态受体区，一般是人口密集或工农业较发达的区域，自身的生态服务与产品生产能力有限，主要依靠外来的各类生态服务、产品维持其经济社会系统健康运转，理论上该区域自身消耗的生态服务远远大于自身生产量。因此，需要从更大空间范围，从流域或风域视角进行统筹，考虑自然生态系统的生态承载能力，对区域功能进行合理定位与布局，使经济社会系统的人居环境、产业结构、产业布局和产业规模与所在区域大的生态环境支撑能力相协调。从更高级别的生态区域视角，保证资源和生态服务、产品的供给，即保障整个流域或风域内生态供体区与生态受体区的整体经济社会发展。人-地耦合度必须从高级别的生态区域视角进行测算，比如从整个流域或风域视角进行人居环境适宜性、产业适宜性分析，同时经济社会发展限制在生态承载力范围内。大区域内生态承载力、人居环境适宜性与产业适宜性等因子将决定生态-经济系统的协调发展度，即人-地耦合度。

第三，双耦合理论中，地-地耦合关系协调是基础，人-地耦合关系协调是目标。地-地之间的矛盾解决后，生态供体区有充足的生态保护与建设资金，当地群众生态建设积极性提高，能持续保持或维护生态服务与产品供应能力，生态受体区民众经济社会发展才没有后顾之忧，整个区域经济社会发展又能为生态建设提供更多资金，人地关系进入良性循环，最终实现人地关系协调。

1.7 本研究的框架体系

依据上述理论，充分考虑前人研究成果，构建了区域生态服务盈亏格局、空间流转及生态补偿机制的研究框架体系，确定研究内容和研究方法，见图 1-9。本研究主要目的是衡量研究区生态服务供需盈亏格局，弄清楚生态服务流转的生态过程，并基于盈亏格局和流转过程，从京津冀区域整体视角，建立基于生态服务供需关系的区域生态补偿机制。

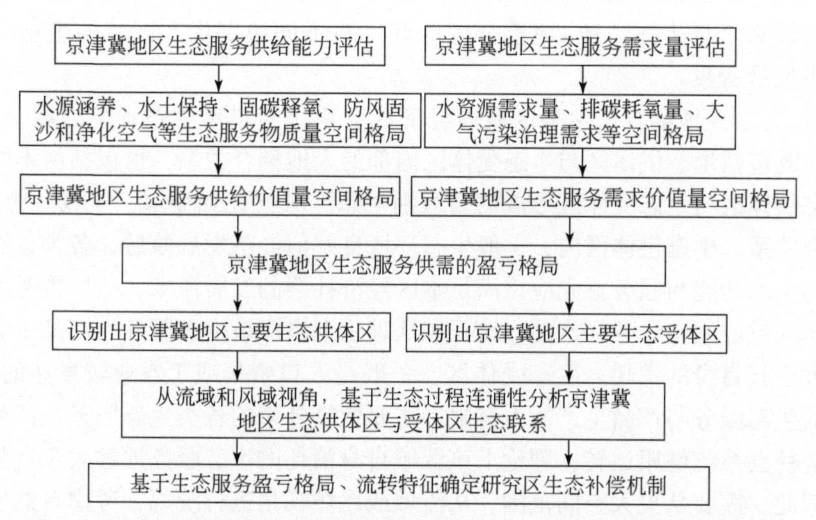

图 1-9 研究区生态服务盈亏格局、空间流转与生态补偿机制研究框架体系

第一，确定生态服务供给量空间格局。基于京津冀地区生态环境特点，确定其主要生态服务类型有水源涵养、水土保持、防风固沙、固碳释氧和净化空气。评测这五类生态服务物质量，再将物质量转化为价值量，从区域整体视角分析生态服务供应能力空间格局特征。

第二，确定生态服务需求量空间格局。基于京津冀地区当前经济社会发展和环境质量现状，确定其主要生态服务需求类型有水资源需求、排碳耗氧和大气污染治理需求。将各类需求量或需求强度进行价值化，从区域整体视角分析生态服务需求价值量的空间格局特征。

第三，确定生态服务盈亏空间格局。在栅格尺度上，用研究区单位面积生态服务供给价值量减去需求价值量，得到研究区生态服务价值量盈亏格局，基于单位面积净生态服务价值，识别出生态供体区与生态受体区。

第四，从流域和风域视角，基于生态过程连通性分析京津冀地区生态供体区与受体区生态联系。流域内以水为生态介质，分析自然生态系统水源涵养、水土保持等服务的流转规律，从水资源供需角度明确生态供体区与受体区之间的生态供需关系；风域内以风为介质，分析固碳释氧、防风固沙与净化空气等服务的空间流转规律，从大气环境质量改善视角明确生态供体区与受体区之间的生态服务供需关系。

第五，基于生态服务评估结果及其空间流转规律确定区域生态补偿机制。在上述研究的基础上，分别从流域与风域不同视角，考虑生态供体区与受体区之间的生态关系，确定生态补偿的主体和客体地理范围，参考净生态服务价值量确定生态补偿标准，提出适合研究区实际的补偿途径与方式，从京津冀生态服务供需关系与区域整体性角度提出生态补偿机制建设对策。

本章小结

梳理相关文献，明确相关研究趋势。分析生态服务与生态补偿研究历程和发展趋势，提出相关研究正在向自然、社会和经济多学科融合方向发展，研究越来越重视生态格局-过程-功能的相互关系、不同生态服务类型之间的权衡与协同、生态服务供需平衡与流转过程、生态服务对人类福祉的作用，以及生态服务如何服务于生态补偿实践等。

确定研究理论基础与研究框架。明确界定生态区域、流域、风域、生态介质、生态供体区与生态受体区等相关概念；明确研究的主要理论基础，即生态格局-过程-功能三位一体理论和地-地与人-地双耦合理论；从自然、经济和社会三个方面，构建生态服务盈亏格局、空间流转与生态补偿机制建设等研究框架体系。

重新阐述生态格局-过程-功能三位一体理论内涵；提出生态区域内格局-过程-功能三个方面相互影响、相互制约，构成“三位一体”整体，在此体系内不同生态要素或生态功能区组合成不同生态格局，通过生态介质发生相互联系与作用，产生不同类型的生态功能，表现为生态系统提供生态产品与服务的能力，明确该理论研究的核心目标是为人类福祉服务。

重新阐述地-地与人-地双耦合理论内涵。地-地耦合是生态区域内生态供体区与生态受体区在空间上的耦合，人-地耦合是指不同级别的生态区域内经济社会系统与自然生态系统的耦合；地-地耦合关系协调是基础，人-地耦合关系协调是目标，地-地耦合度提高将有利于人-地关系进入良性循环，最终实现人地关系协调。

第2章 京津冀地区自然地理与社会经济概况

2.1 自然地理概况

2.1.1 地理位置

京津冀区域位于华北地区，东经113°27′～119°50′和北纬36°05′～42°40′，总面积约为21.72万km^2。该区东临渤海，西依太行山与山西省为邻，北部坝上高原为内蒙古高原南缘，与内蒙古自治区接壤，南部平原向东南展开，与河南、山东毗连，东北部与辽宁省相接。

2.1.2 地形地貌

京津冀地区地势西北高、东南低，主要有高原、山地、平原三大地貌单元。高原分布于研究区最北部，是内蒙古高原的一部分，占京津冀地区总面积的8.89%。山地主要包括太行山山地和燕山山地，占研究区总面积的42.08%，太行山呈南北走向，分布于研究区西部，燕山呈东西走向分布于研究区北部，冀西北间山盆地位于两山交汇处，也属山地地貌单元。平原主要是河北中南部平原和冀东平原，占研究区总面积的49.03%，见表2-1和图2-1。京津冀地区地貌类型多样，使得该区域生态功能较齐全，如区域西北部、西部的防风固沙功能和水土保持功能，山地的水源涵养、生物多样性维护及河北平原地区的农产品生产功能等。

表2-1 京津冀地区地貌类型统计表

类型	面积/万km^2				占研究区面积比例/%
	河北	北京	天津	合计	
平原	8.71	0.77	1.17	10.65	49.03
山地	8.24	0.87	0.03	9.14	42.08
高原	1.93	0	0	1.93	8.89
合计	18.88	1.64	1.20	21.72	100

注：河北中南部平原与山地以海拔100m等高线为界，冀东平原与山地以50m等高线为界。

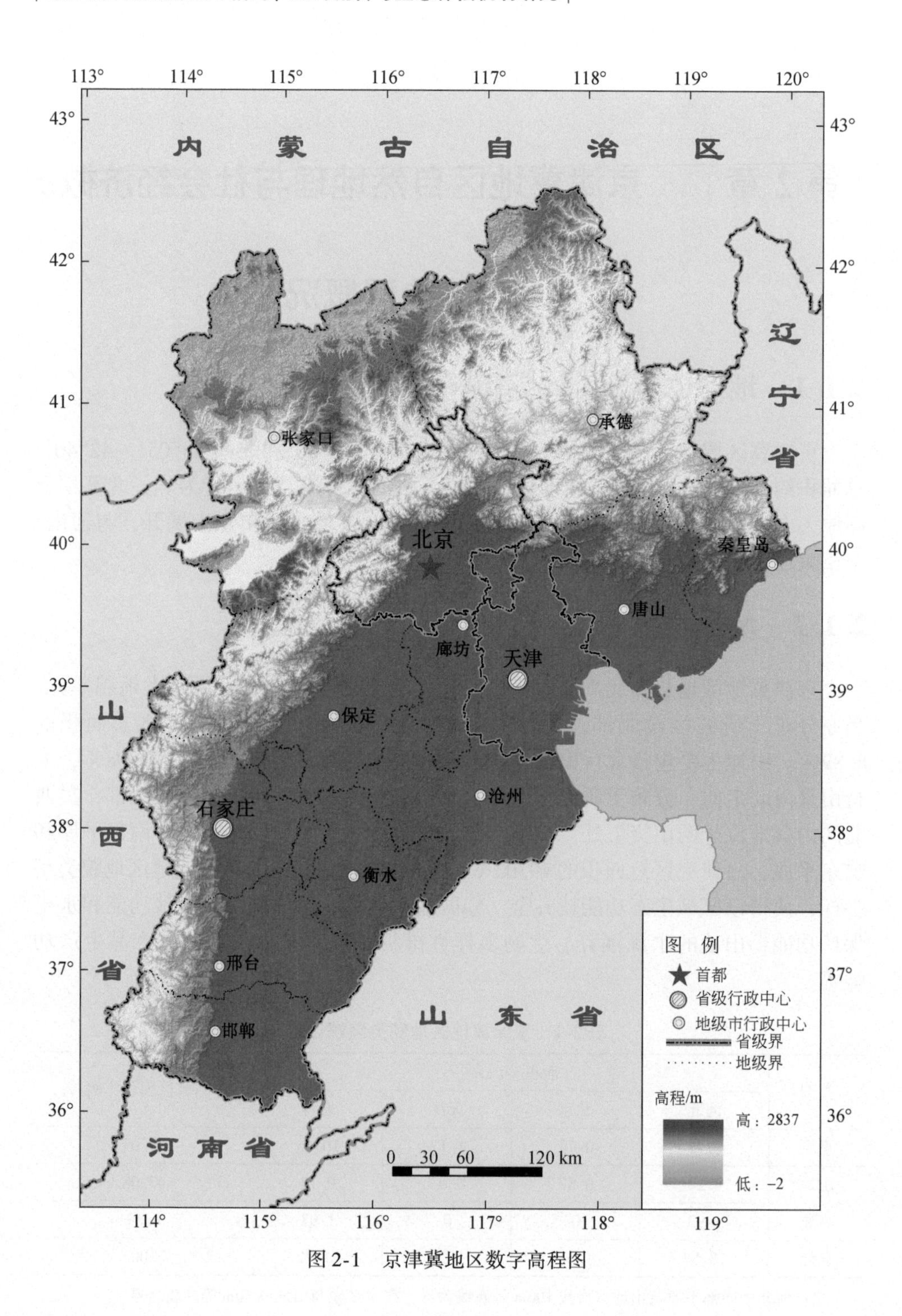

图 2-1　京津冀地区数字高程图

2.1.3 气候条件

京津冀地区处于中纬度地区亚欧大陆东岸，属温带大陆性季风气候。区域气候特征：四季分明，冬季寒冷少雪，春季干旱多风沙，夏季炎热多雨，秋季晴朗寒暖适中。区域内气温南北差异大，年平均气温介于 2.7 ~ 14.7℃，由南向北、自东向西逐渐递减，见图 2-2。全区光照资源丰富，年日照时数 2500 ~ 3100h，东部沿海地区最多，坝上及北部山区次之，山麓平原最少。全区热量资源丰富，无霜期的天数从西北向东南递增。全区多年平均降水量为 370 ~ 730mm，降水集中于夏季，降水量空间分布不均，燕山南侧和太行山东侧为全区的多雨区，年降水量在 700mm 左右。河北平原地区中南部和张家口的西北部区域，是全区的少雨中心，降水量为 400mm 左右。降水空间分布总的趋势是东南部多于西北部，见图 2-3。夏季，燕山、太行山迎风坡降雨量较大，丰富的降水加上良好的植被，使得这里水源涵养和生物多样性维护等服务能力显著。同时该地易形成短时暴雨，导致其水土流失问题突出。河北坝上高原属内蒙古高原南缘，是季风气候向大陆气候和湿润森林向荒漠草原过渡地带，降水量明显不足，农、牧、工多重压力使该区极易出现土地沙化，成为风沙逼近北京的主要通道和重要沙源地之一。因此，河北北部坝上高原的生态功能重要但生态环境非常敏感脆弱。

2.1.4 河流水系

京津冀区域内水系较多，见图 2-4，主要包括海河、滦河、内流河诸河、辽河等。海河是京津冀地区最大的河流，在京津冀范围内由北系的永定河、北三河（北运河、潮白河、蓟运河）和南系的大清河、子牙河、漳卫南运河组成。滦河主要流经京津冀地区东北部，是京津冀地区第二大河流。内流河流域仅分布在张家口坝上高原西部。辽河有小部分区域位于研究区东北部。

在各级河网上分布着大大小小的水库和湖泊，河流湖泊分布总的趋势是东南部多于西北部。京津冀地区现有白洋淀、衡水湖、安固里淖等湖泊。主要的大型水库主要有岳城水库、东武仕水库、黄壁庄水库、岗南水库、西大洋水库、王快水库、陡河水库、官厅水库、洋河水库、桃林口水库、大黑汀水库和潘家口水库等。湖泊及水库在洪水调蓄、生物多样性维护、水资源供应等方面具有重要作用。

海河、滦河流域以网状结构涵盖了京津冀地区大部分土地，河流上中下游所在区域因地理基础条件差异而呈现不同的生态功能，而河道是区域间物质、能量交换的有效通道，河流湖泊将不同生态功能区域有效连接起来，有助于实现区域生态功能的整体性。

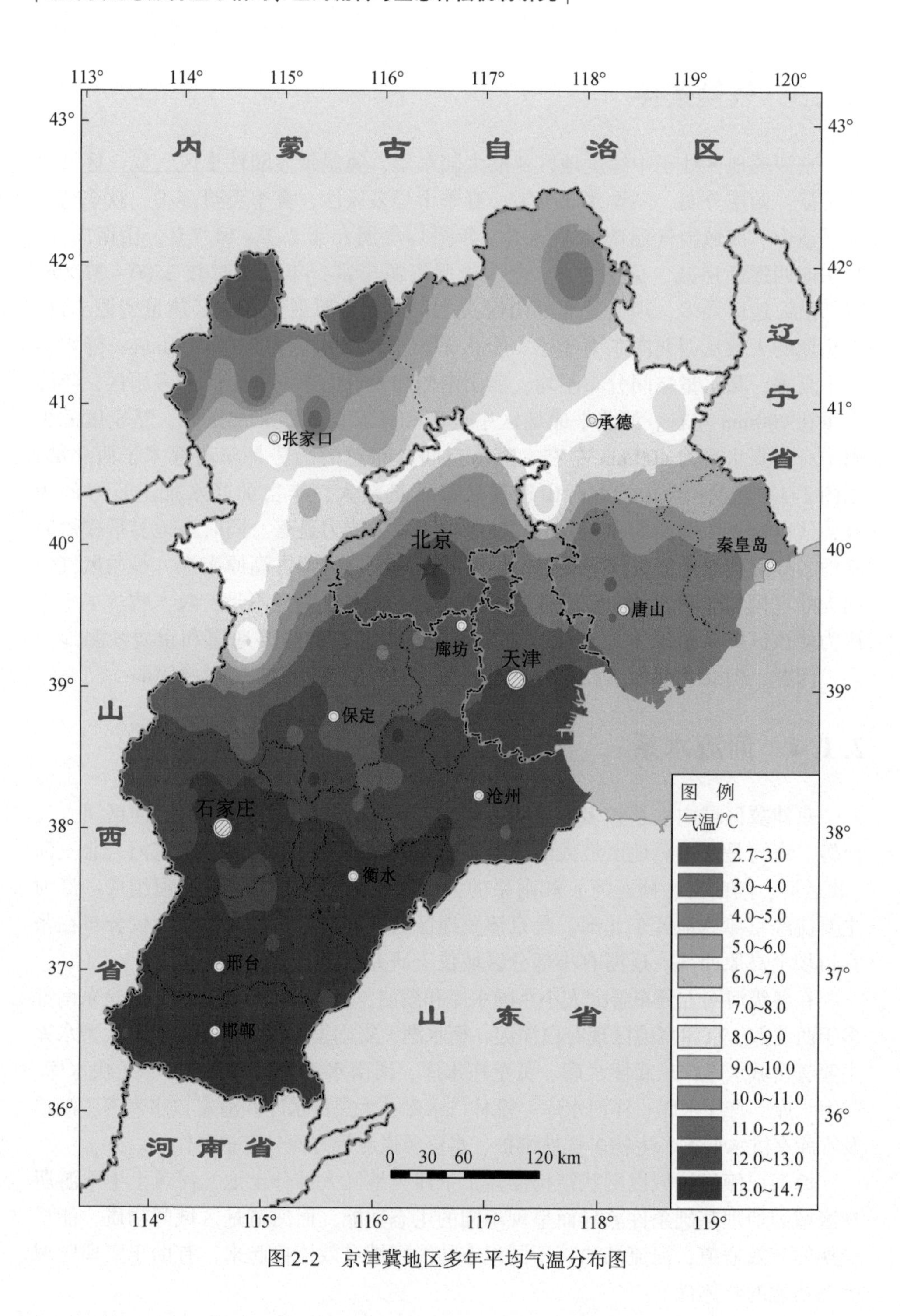

图 2-2　京津冀地区多年平均气温分布图

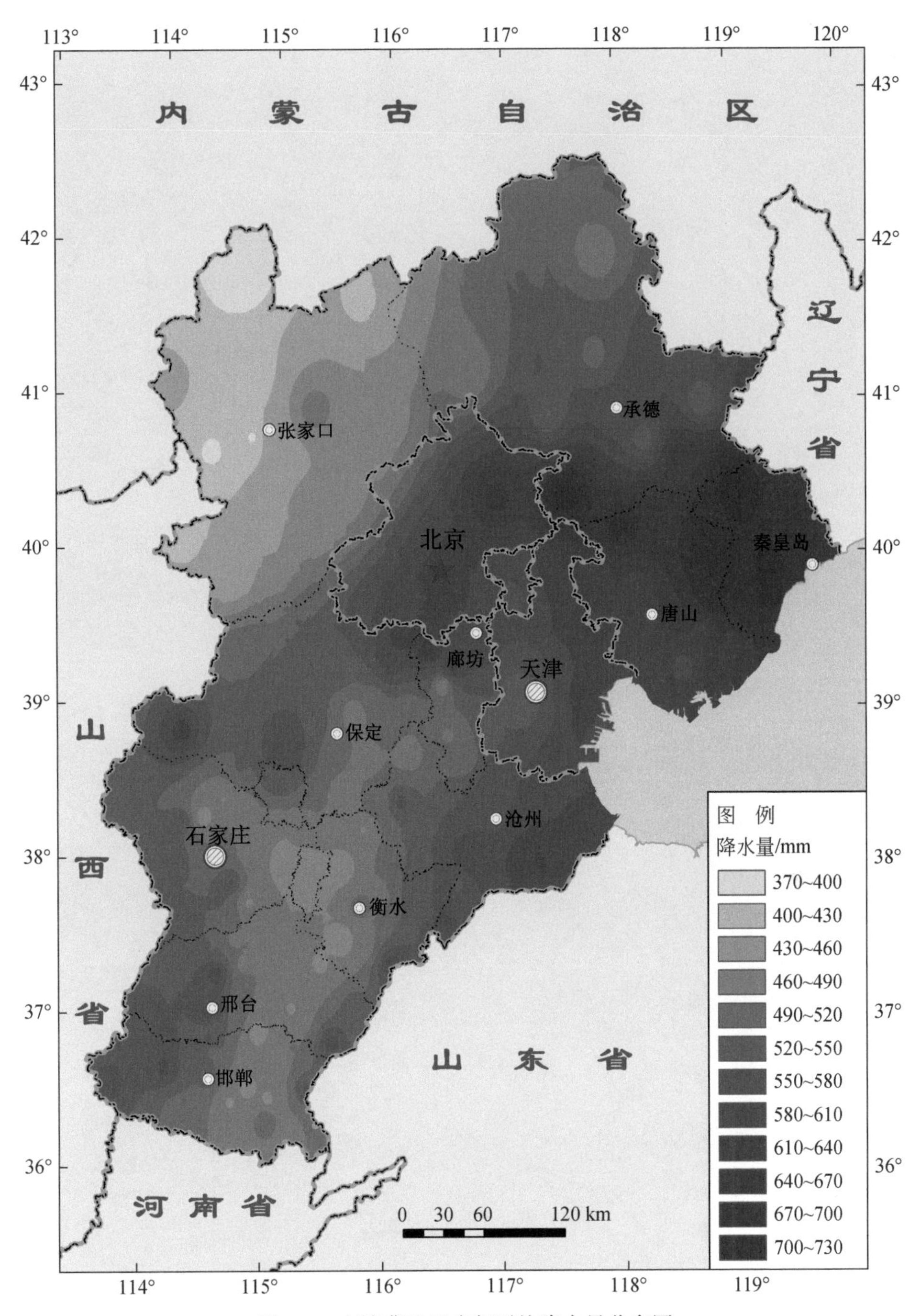

图 2-3 京津冀地区多年平均降水量分布图

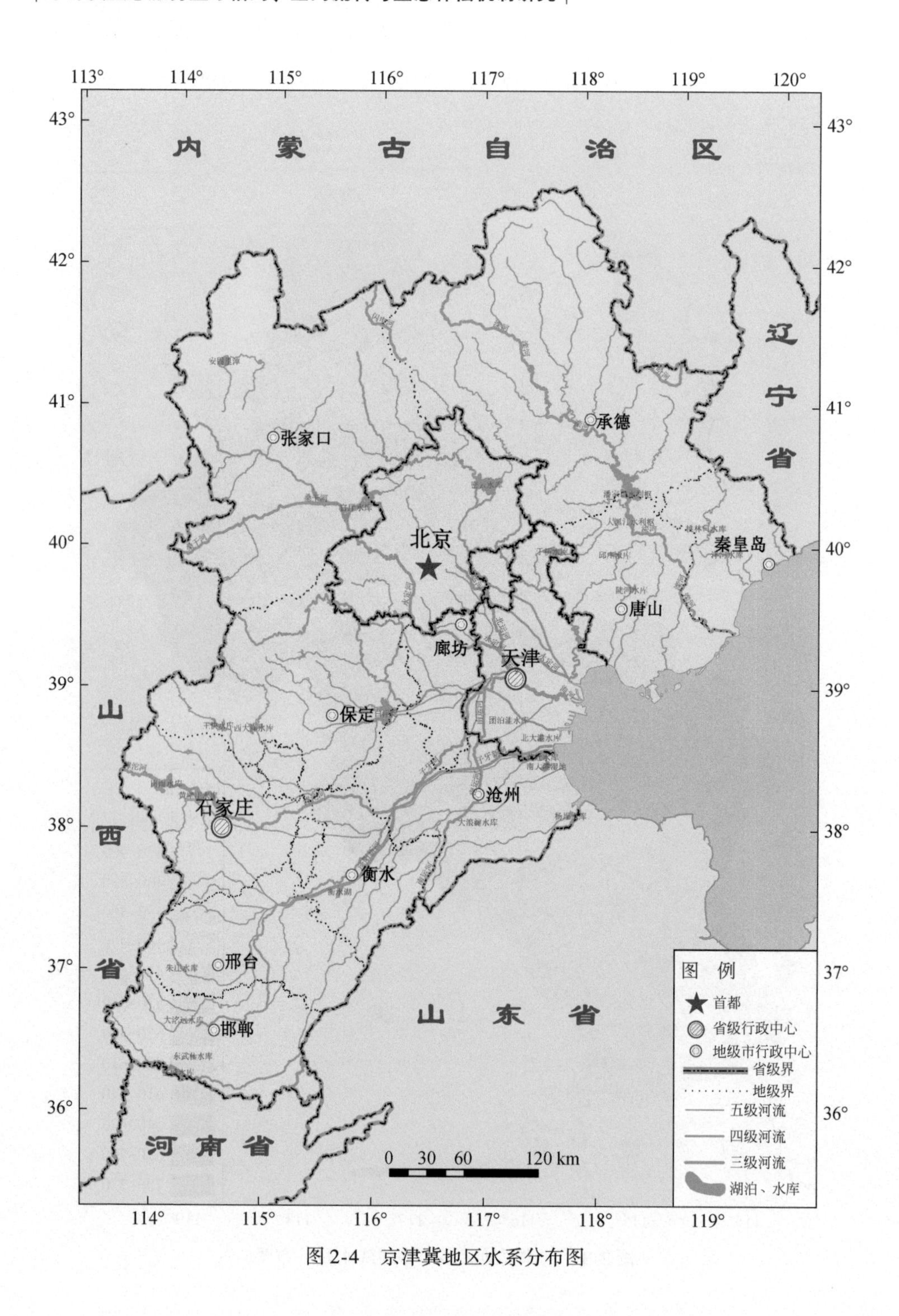

图 2-4 京津冀地区水系分布图

2.1.5　土壤

京津冀地区人类活动历史悠久，自然环境复杂多样，土壤的形成与生物、气候条件相适应，土壤类型较多，这是研究区内动植物多样性形成的基本条件。研究区内主要有四大土类，即栗钙土、棕壤、褐土和潮土，见图 2-5。

栗钙土主要分布在研究区西北部坝上高原和冀西北间山盆地。由于该地区的草原土壤质地较粗，结构松散，土壤含水量低，导致坝上高原区、间山盆地区处于土地沙化极敏感区域。棕壤主要分布于冀北山地与太行山地北段，海拔 800m 以上的山体中上部，该区域土壤深度较厚，植被条件良好，具有较强水源涵养和水土保持能力。褐土及潮土主要分布在海拔 800m 以下的低山、丘陵和山前冲积洪积平原地带，该地区土壤肥沃，经耕地熟化已逐步发育为成熟土质，主导生态功能为水源涵养、水土保持以及农产品生产等。

研究区内山地土壤类型具有深刻的水平地带性烙印，同时土壤类型的更替遵循垂直地带性规律。如兴隆县境内的雾灵山，基带土壤是淋溶褐土，垂直带谱依次为山地淋溶褐土—山地棕壤—山地生草棕壤—亚高山草甸土。又如，小五台山(西台)，基带土壤是栗钙土，垂直带谱依次为栗钙土—山地淋溶褐土—山地棕壤—山地生草棕壤—亚高山草甸土。

研究区土壤类型与分布属于自然地理环境背景，是充分发挥自然资源潜力，合理利用土地资源，进一步改良土壤和提高保肥保土能力，以及进行生态建设和生态功能维护等的物质基础。

2.1.6　植被

依托于不同的土壤类型和气候条件，京津冀地区动植物资源丰富。植被更替规律与土壤类型分布规律一致，大致可分为坝上草原区、山地丘陵落叶阔叶林区、平原落叶阔叶林农作物栽培区和滨海平原盐生植物栽培区，见图 2-6。

坝上草原区地带性植被为草原，分为坝上西部区的干草原和坝上东部区的草甸草原。地带性干草原主要是针茅草原和冷蒿草原，干旱灌木小叶锦鸡儿零星分布于岗脊岗坡。地带性草甸草原主要是狼针草草原和羊草草原，伴生以线叶菊和其他杂类草。另外，在湿平地和湖盆边缘湿地上分布有以芨芨草占优势的盐生草甸。在低湿地及轻盐化草滩上分布有大麦草、碱茅盐生草甸，以及盐渍土上分布有角果碱蓬为主的盐生植被。坝上草原东部水分条件较好，森林植被镶嵌于草原上，主要是白扦、白桦、华北落叶松等树种组成的针阔叶混交林。草原上，植被的生长状况直接影响区域防风固沙功能，直观表达出区域沙化敏感性，因此该区域生态修复与生态建设工作至关重要。

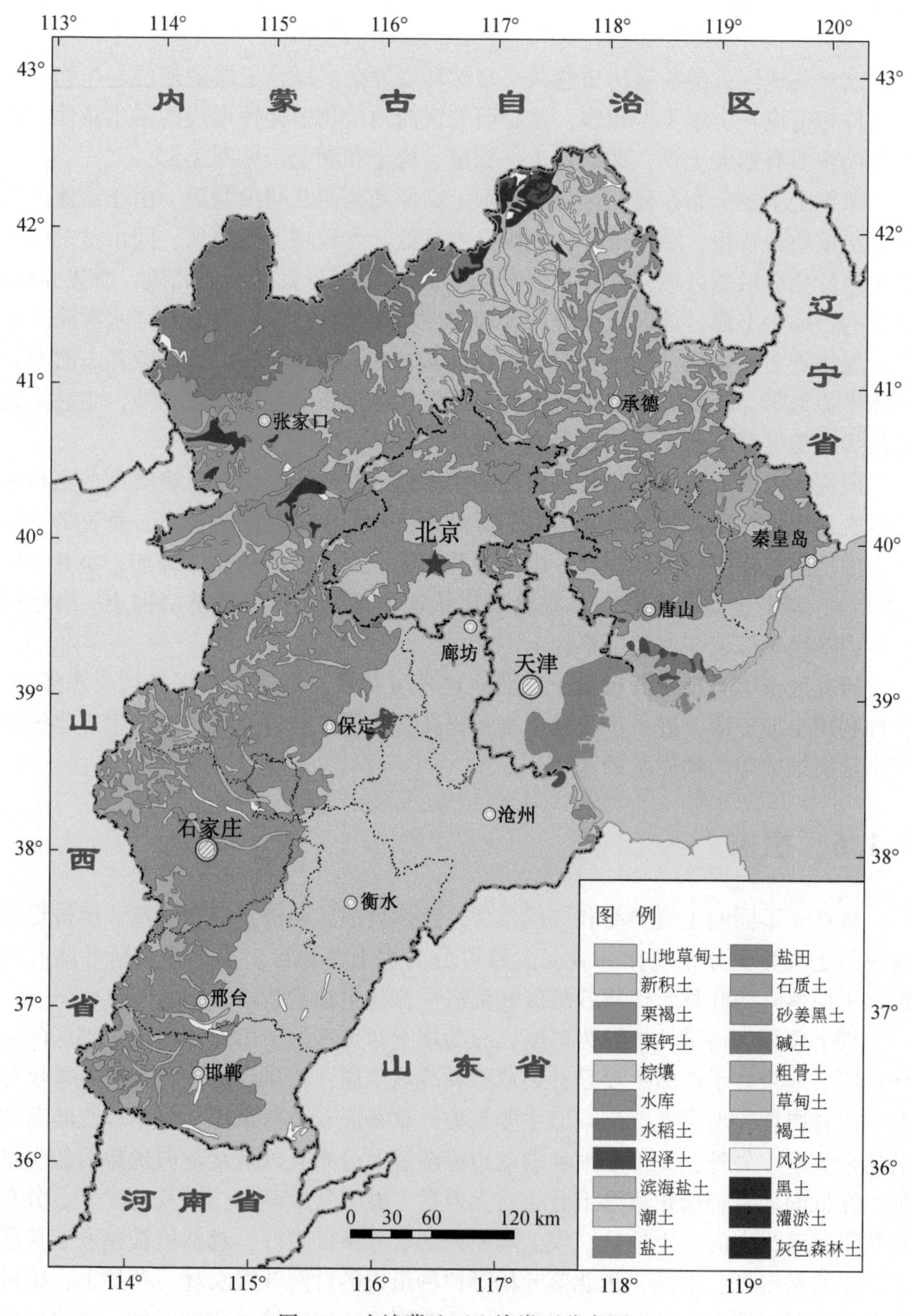

图 2-5　京津冀地区土壤类型分布图

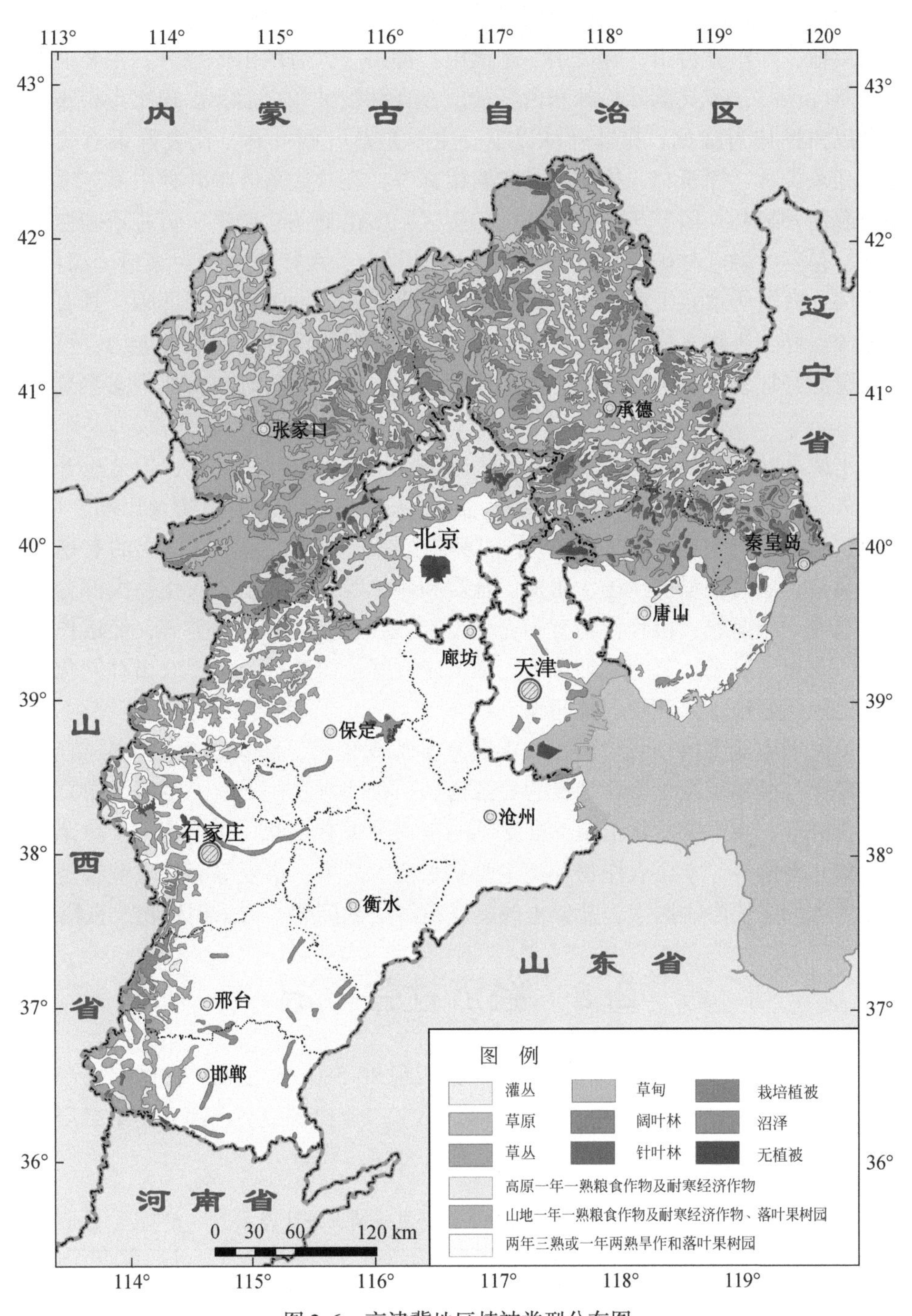

图 2-6　京津冀地区植被类型分布图

山地丘陵落叶阔叶林区植被以落叶阔叶林为代表。针叶林主要分布在海拔较高的山地，如小五台山、雾灵山、坨梁山、都山、大海坨山等地方，主要群系是华北落叶松林，雾灵落叶松林和白扦林。在森林被破坏之后，出现次生植被，次生林以白桦林为常见。在针叶林以下，主要是落叶阔叶林，代表群系有蒙古栎林、辽东栎林、槲栎林、栓皮栎林和槲树林等，在这些落叶阔叶林中间还零散地分布着油松疏林。灌草丛分布在低山丘陵区，多由荆条、酸枣、黄背草和白羊草组成，是落叶阔叶林破坏后的产物。本区属燕山、太行山脉，为滦河、潮白河、蓟运河、海河等水系上游或发源地，是河北平原地区的天然生态屏障，具有重要的水源涵养、生物多样性维护、水土保持以及防风固沙等生态服务能力，植被生长状况的好坏，直接关系到京津冀平原区城镇人居环境质量和农业生态系统生产安全。

平原落叶阔叶林农作物栽培区原生地带性植被为落叶阔叶林，但这里开垦历史悠久，自然植被已被破坏。多年来，经过人工培植起来的植物及田间、埂畔、路边、洼淀的野生植物中也蕴藏着丰富的植物资源，如可作木材用的有槐、刺槐、臭椿、榆树，旱柳、杨、梧桐、合欢和侧柏等。本区主要农作物大部分为两年三熟或一年两熟，粮食作物有小麦、玉米、谷子、高粱、豆类等，经济作物有棉花、花生、麻类、芝麻、烟草等。本区应搞好植树造林，实现农田林网化，因地制宜地搞好粮、果和粮、林间作。

滨海平原盐生植物栽培区在京津冀东部滨海地带，该区盐生植被分布广泛，植被变化与微地貌及土壤含盐量的关系密切。在滨海盐化土上，主要分布有翅碱蓬植物群落。在中度盐化土壤上，常见的植物种类有臭蒿、海蔓荆、小獐茅、碱茅、华北柽柳等。本区农作物种类主要有水稻、高粱、小麦等。盐碱危害是该区农业生产的主要限制因素，盐碱土改良是需解决的问题，可采用生物改良措施。

2.2 经济社会概况

2017年末，京津冀区域地区生产总值实现80 580.45亿元，占国内生产总值的9.74%。三次产业结构北京和天津均是第三产业比例最高，河北是第二产业比例最高，见表2-2。

表2-2 京津冀地区经济发展情况统计表 （单位：亿元）

指标	北京	天津	河北	合计
地区生产总值	28 014.94	18 549.19	34 016.32	80 580.45
第一产业增加值	120.42	168.96	3 129.98	3 419.36

续表

指标	北京	天津	河北	合计
第二产业增加值	5 3276. 76	7 593. 59	15 846. 21	28 766. 56
第三产业增加值	22 567. 76	10 786. 64	15 040. 13	48 394. 53
三次产业结构	0. 4 : 19. 0 : 80. 6	0. 9 : 40. 9 : 58. 2	9. 2 : 46. 6 : 44. 2	4. 2 : 35. 7 : 60. 1

2017 年末，京津冀地区总人口 11 247. 09 万人，占中国（不包括港澳台地区）总人口的 8. 09%。其中北京为 2170. 70 万人，天津为 1556. 87 万人，河北为 7519. 52 万人。京津冀三地常住人口城镇化率分别为 86. 50%、82. 93% 和 55. 01%。京津冀区域内，无论是城镇居民还是农村居民，生活水平差距很大，京津居民可支配收入均是河北的 2 倍以上，见表 2-3。三地经济社会发展水平落差较大，给生态建设与保护工作带来困难。

表 2-3　京津冀地区人口和居民收入统计表

指标	北京	天津	河北
总人口数/万人	2 170. 70	1 556. 87	7 519. 52
常住人口城镇化率/%	86. 50	82. 93	55. 01
城镇居民人均可支配收入/元	57 100	42 067	20 753
农村居民人均可支配收入/元	26 132	23 592	10 149

人口城镇化率的提高和三大产业的增长使生活空间、生产空间扩大，生态空间面积不断减小，生态功能降低，对生态环境质量的改善提出挑战。

2. 3　生态定位与主要生态环境问题

2. 3. 1　京津冀地区生态空间分布及其生态定位

京津冀地区主要生态空间包括森林、草地、湿地、荒漠与裸地等。根据《第二次全国土地调查变更数据（2014 年）》统计，京津冀地区生态空间总面积为 99 462. 12km^2，占京津冀地区土地面积的 46. 17%。其中森林面积为 55 133. 60km^2，占京津冀地区土地面积的 25. 59%，主要分布在西部太行山、北部燕山山地；草地面积为 29 403. 86km^2，占京津冀地区土地面积的 13. 65%，主要分布在坝上高原、冀西北间山盆地、太行山地等；水体与湿地面积为 8101. 32km^2，占京津冀地区土地面积的 3. 76%，主要分布在河流湖泊周围及沿海地带；荒漠与裸地面积为 6823. 34km^2，占京津冀地区土地面积的

3.17%，零星分布于燕山、太行山山地以及坝上高原（图 2-7）。

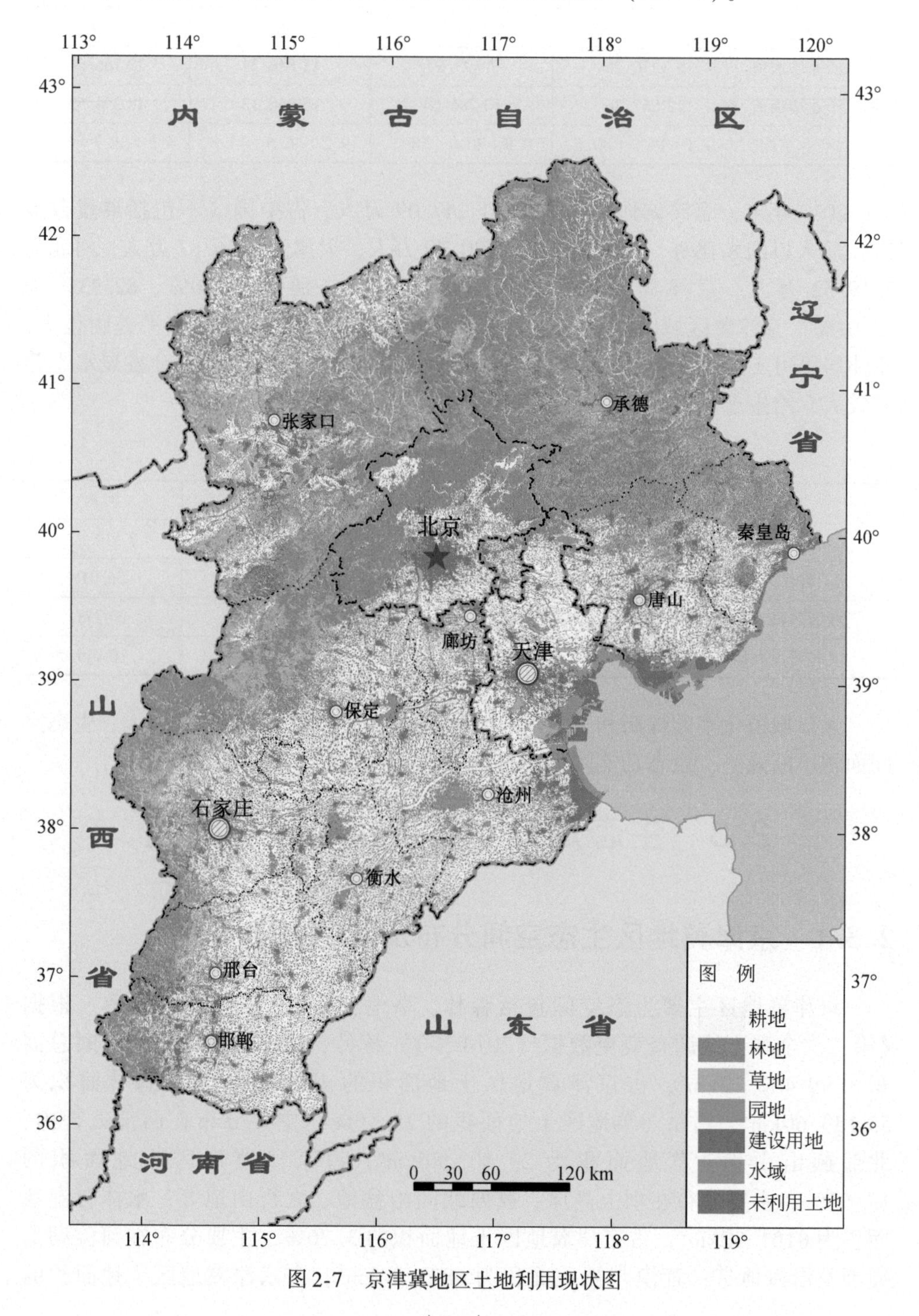

图 2-7　京津冀地区土地利用现状图

京津冀地区生态空间主要分布于燕山和太行山山地、坝上高原。燕山、太行山山地是海河、滦河等河流的发源地，该区还有落叶阔叶林、针阔混交林和针叶林等多样的植被类型，是全区生物多样性较丰富和天然物种的集中分布区，是京津冀地区重要的水源涵养、水土保持与生物多样性维护区，对保障区域生态安全极其重要。坝上地区主要植被类型为草地，是土地沙化敏感区，也是最重要的防风固沙生态屏障。按各区域生态功能特点，京津冀地区不同区域生态空间的生态功能定位为京津冀防风固沙关键区、京津冀水源涵养重点区、雄安新区生态环境质量保障区和京津冀协同发展的生态环境支撑区。

2.3.1.1 京津冀防风固沙关键区

京津冀区域北部坝上高原是风沙逼近北京的主要通道和重要沙源地之一，主要生态功能是防风固沙。其中，康保县、张北县、沽源县等 10 个县位于全国“两屏三带”生态安全屏障中的“北方防沙带”，围场满族蒙古族自治县、丰宁满族自治县、尚义县、赤城县等 27 个县位于“京津风沙源治理一期工程”的范围内，康保县、围场满族蒙古族自治县等 6 个县位于浑善达克沙漠化防治生态功能区。因此，河北省的坝上高原是京津冀防风固沙关键区域。

2.3.1.2 京津冀水源涵养重点区

京津冀地区的燕山和太行山山地河流水系发达，是滦河、潮白河、辽河、永定河、大清河、子牙河等水系的主要发源地，有潘家口、大黑汀、官厅等水库，是京、津、唐、石等大中城市的重要水源地。该区主要生态功能是涵养水源、保持水土，同时太行山东麓丘陵区也是水土流失敏感区。其中，兴隆县、怀来县、青龙满族自治县、平山县、邢台县等 51 个县位于京津冀北部水源涵养重要区、太行山水源涵养与水土保持重要区内。因此，京津冀地区燕山和太行山山区属于京津冀水源涵养重点区域。

2.3.1.3 雄安新区生态环境质量保障区

雄安新区位于河北省腹地，承接北京非首都职能的转移，是京津冀地区生态环境保护的重点区域之一。燕山、太行山山地处于雄安新区冬季风上风向，其生态屏障作用可以有效保护雄安新区不受坝上风沙的侵袭。白洋淀及入淀的 8 条河流发源于太行山区，河流的生态廊道作用可以实现太行山区与雄安新区之间物质和能量的交换，同时湖泊水库对环境的调节作用，可以有效改善雄安新区局地小气候，京津冀区域内河流、湖泊水库、山地等为雄安新区环境质量提供生态保障。

2.3.1.4 京津冀协同发展的生态环境支撑区

京津冀境内的坝上高原、燕山、太行山山区的生态空间不仅担负着京津阻沙源、保水源，改善京津生产生活环境的政治责任，还肩负着维护整个区域生态安全、促进农村产业结构调整、带动农民增收致富的重任。因此，京津冀地区生态空间为京津冀协同发展提供生态环境支撑，生态环境保护与建设对于实现京津冀协同发展目标意义重大。

2.3.2 主要生态环境问题

根据我们研究团队在生态保护红线划定过程中的评估结果以及现场调研数据（2014～2017年），梳理出当前京津冀地区主要生态环境问题。

2.3.2.1 水土流失严重，水土保持功能受损

水土流失主要发生在冀北山地丘陵、冀西北间山盆地和太行山山地丘陵区。京津冀地区现有水土流失极敏感和敏感区面积分别为8690.03km^{2}和69 214.39km^2，分别占京津冀地区总面积的3.99%和31.75%。水土流失不仅导致耕地生产力下降，还会淤积河道、湖泊、水库，对生产生活产生威胁。长期以来不合理的人类活动，如盲目垦荒、滥伐森林导致植被的水土保持能力受损。

2.3.2.2 土地沙化严重，防风固沙功能不足

土地沙化主要发生在北部的坝上高原，尤其是在牧区与农区生产类型的过渡交接地带。京津冀地区现有土壤沙化极敏感和敏感区面积分别为8122.31km^{2}和19 510.53km^2，分别占京津冀地区总面积的3.73%和8.95%。土地沙化一方面导致土地生产力衰退，可利用的土地资源减少，草场载畜能力下降；另一方面加剧了沙尘暴强度，影响整个京津冀地区的大气环境质量。土地过垦、草原过牧等不合理的发展模式造成草场及植被的严重退化，防风固沙能力下降。

2.3.2.3 水资源短缺，水源涵养能力亟待提升

京津冀地区资源性缺水严重，人均水资源量仅为全国平均值的1/7左右。随着京津冀生态屏障区经济社会的快速发展，河流水系上游地区用水量增加，可供水量减少，下游城市化进程加快，城市规模不断扩张，人口规模的增加，需水量越来越大，水资源短缺问题越来越突出。再加上区域内自然降水量锐减，生态破坏现象时有发生，自然生态空间涵养水源能力不足，导致山泉枯竭、河流断流，

湖泊萎缩、消亡，水资源供需矛盾日益加剧。

2.3.2.4 人类活动加剧，生物多样性受到威胁

随着人口增长和经济发展，人类对自然资源的需求不断增大，人为破坏森林、过度放牧、不合理的围湖造田、沼泽开垦、过度利用土地和水资源等破坏了植物的生长环境和动物栖息环境，给生物多样性的维护带来了重大压力。以脊椎动物为例，灭绝、濒临灭绝的有 18 种，如马鹿、黑熊、猎俐、勺鸡、黑嘴鸥、黑琴鸡等。

2.3.2.5 生态空间分布不均，且不断被挤占

京津冀地区森林、草地、水体湿地分别占京津冀地区总面积的 25.59%、13.65% 和 3.76%，主要集中在燕山、太行山、坝上地区和沿海地区，而人口稠密的平原地区生态空间相对不足。目前，河流干涸、湿地萎缩，水生态空间严重不足，人均湿地面积不足全国平均水平的一半。同时，各项开发建设对生态空间的挤占导致自然生态空间减少，生态功能降低，生态服务保障能力下降。

本章小结

阐述京津冀地区自然地理与社会经济发展概况。将京津冀地区视为一个整体系统，介绍该区域地理区位、地形地貌、气候水文、土壤植被等自然地理条件，阐明京津冀三地的社会经济发展水平差异，以及社会经济发展给生态环境带来的压力。

明确京津冀地区生态空间生态功能定位。京津冀地区生态空间包括森林、草地、湿地、荒漠与裸地等，主要分布在燕山和太行山区域、坝上高原，这些区域不仅是京津冀防风固沙关键区和水源涵养重点区，更是京津冀协同发展和雄安新区建设的生态环境支撑区，对于保障区域生态安全意义重大。

提出京津冀地区目前所面临的主要生态环境问题。区域内水土流失严重，水土保持功能受损；土地沙化严重，防风固沙功能不足；水资源短缺，水源涵养能力亟待提升；人类活动加剧，生物多样性受到威胁；各项开发建设对生态空间的挤占导致自然生态空间减少，生态功能降低，生态服务保障能力下降。

第3章　京津冀生态服务供需评价与盈亏格局

本研究基于京津冀地区现状，选择水源涵养、固碳释氧、防风固沙、水土保持及净化空气等生态服务类型，评估其生态服务供给能力；选择区域水资源消耗、排碳耗氧、大气污染治理等生态服务需求类型，测算区域生态服务需求特征；利用五类生态服务供给总价值量减去三类生态服务需求总价值量，得到研究区生态服务供需的盈亏格局。本章研究内容为后续的生态服务流转与生态补偿机制建设提供科学依据和数据支撑。

需要注意的是，各类生态服务供应与需求不满足一一对应的关系，防风固沙服务、净化空气服务和固碳释氧服务对于人类来说，提供干净的空气和充足的氧气，水源涵养服务与水土保持服务共同为人类提供干净的水资源。

3.1　生态服务供给能力评估

3.1.1　水源涵养服务

水源涵养服务是生态系统利用特有结构与水产生相互作用，对降水进行截留、渗透和蓄积的能力，主要表现在调节地表径流、滞洪补枯、补充地下水、保证水质水量等方面。

3.1.1.1　数据准备

所使用的数据主要有生态系统类型数据、气象数据、蒸散发数据、遥感数据等。具体包括草地、林地、农田、裸地、建设用地等土地利用类型矢量数据，京津冀及周边气象站点的历年降水量、多年平均年降水量、蒸散量等数据，遥感数据主要是历年的 MODIS NDVI 数据，用于计算植被覆盖度。

3.1.1.2　评估方法

研究采用降水储量法和水量平衡法相结合的手段，综合考虑不同土地利用类型条件下的水源涵养能力，草地与林地利用降水储量法，其他土地利用类型利用水量平衡法，通过综合评价得到京津冀地区实际水源涵养量。

（1）降水储量法

京津冀地区草地与林地两种生态系统的水源涵养量利用降水储量法计算（陈艳梅，2014）：

草地生态系统水源涵养量评估公式为

$$Q_1 = 3.187A_g J_0 kC \tag{3-1}$$

森林生态系统水源涵养量评估公式为

$$Q_2 = 5.50A_f J_0 kC \tag{3-2}$$

式中，Q_1、Q_2为与裸地相比较，草地与林地每年涵养水源量的增加值（m^3）；A_g、A_f分别为草地和林地面积（hm^2）；J_0为年降雨量（mm）；k 为研究区产流降雨量占总降雨量的比例，在中国北方取 0.4；C 为草地或林地植被覆盖度，是指植被（包括叶、茎、枝）在地面的垂直投影面积占该区域总面积的百分比。根据遥感所得 NDVI 数据计算得到，C 的计算公式为

$$C = (\mathrm{NDVI} - \mathrm{NDVI}_{soil}) / (\mathrm{NDVI}_{veg} - \mathrm{NDVI}_{soil}) \tag{3-3}$$

式中，NDVI_{soil}为无植被覆盖时的 NDVI 最小值；NDVI_{veg}为完全植被覆盖的 NDVI 最大值。取值通常根据 NDVI 的频率统计表确定，本研究将频率累积值为 2%、98% 时所显示的值作为 NDVI_{soil}和 NDVI_{veg}。

（2）水量平衡法

除上述方法外，也可以根据不同类型生态系统地表径流系数，利用水量平衡法计算，参考《生态保护红线划定指南》中的计算方法（中华人民共和国环境保护部，2017），计算公式为

$$Q = \sum_{i=1}^{j} (P_i - R_i - \mathrm{ET}_i) \times A_i \times 10 \tag{3-4}$$

式中，Q 为年均水源涵养量（m^3）；P_i为某区域多年平均降雨量（mm）；R_i为某区域地表径流量（mm）；ET_i为某区域蒸散发（mm）；A_i为 i 类生态系统面积（hm^2）；i 为研究区第 i 类生态系统类型；j 为研究区生态系统类型数；其中，

$$R_i = P_i \times \alpha \tag{3-5}$$

式中，α 为某生态系统平均地表径流系数，其取值见表 3-1。

表 3-1　各类型生态系统地表径流系数均值表

生态系统类型 1	生态系统类型 2	平均地表径流系数 α/%
森林	常绿阔叶林	2.67
	常绿针叶林	3.02

续表

生态系统类型1	生态系统类型2	平均地表径流系数 α/%
森林	针阔混交林	2.29
	落叶阔叶林	1.33
	落叶针叶林	0.88
	稀疏林	19.20
灌丛	常绿阔叶灌丛	4.26
	落叶阔叶灌丛	4.17
	针叶灌丛	4.17
	稀疏灌丛	19.20
草地	草甸	8.20
	草原	4.78
	草丛	9.37
	稀疏草地	18.27
湿地	湿地	0

本研究综合上述两种方法进行计算，即在产流降雨条件下水源涵养量以减少的径流量为主，其他情况下采用降水与蒸散之差代表水源涵养量，最后将不同情况下的水源涵养量求和，即为整体水源涵养量。

3.1.1.3 评估过程与评估结果

基于土地利用类型、气象与遥感等数据，利用降水储量法和水量平衡法，评测得到2001～2010年和2017年京津冀地区水源涵养物质量空间格局，将其多年空间格局叠加在一起，在栅格尺度上求取平均值，得到研究区水源涵养物质量多年均值分布图。利用ArcGIS的重分类模块，结合研究区实际，按单位面积水源涵养能力的大小，将研究区分为5级。研究发现，水源涵养能力最强的极重要区主要分布在燕山和太行山山区，单位面积水源涵养量大于889m³/hm²。坝上高原、冀西北间山盆地、河北平原地区城镇周边等区域水源涵养能力最弱，多数地方单位面积水源涵养量小于436m³/hm²（图3-1和表3-2）。

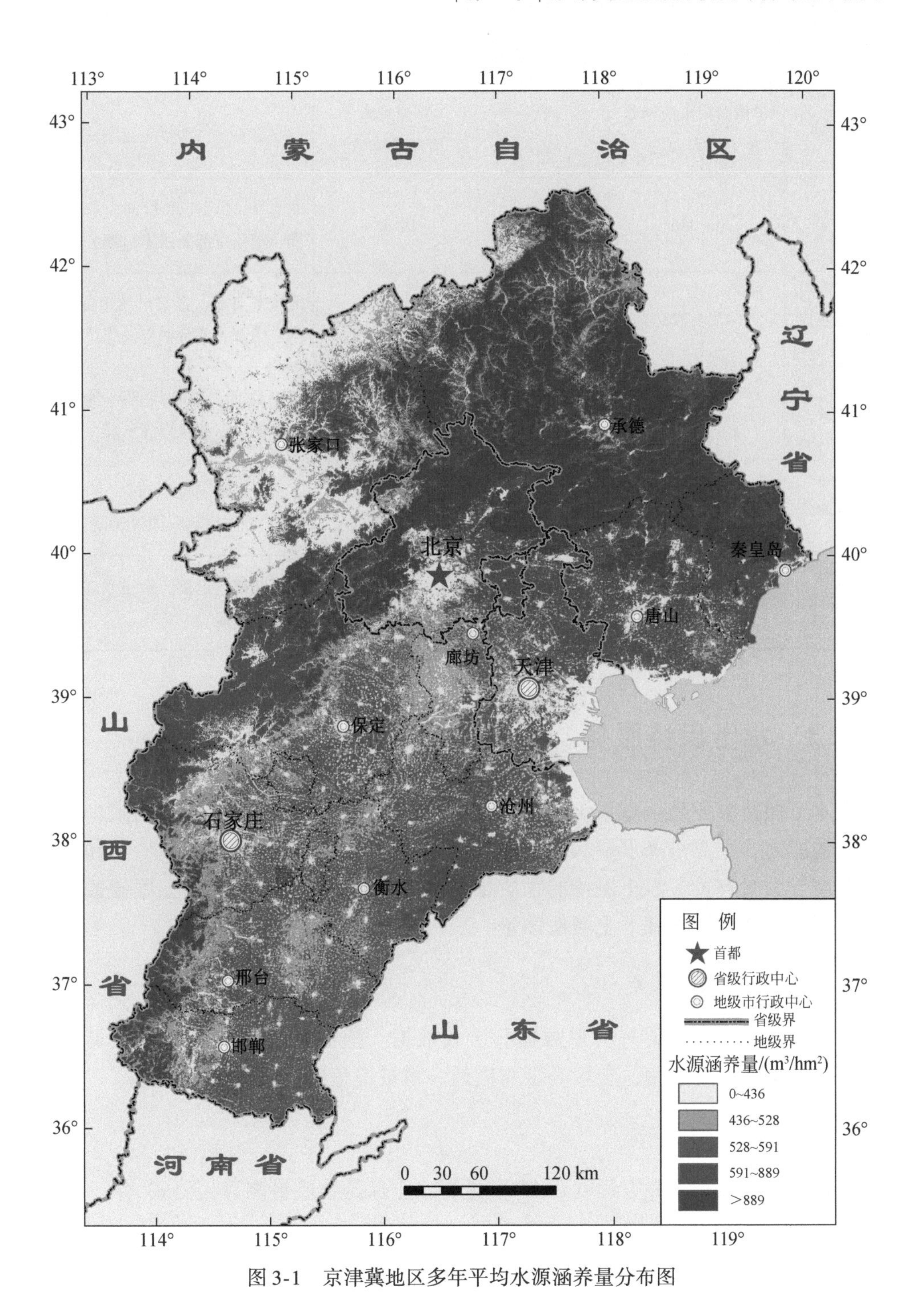

图 3-1 京津冀地区多年平均水源涵养量分布图

表 3-2　京津冀地区水源涵养多年平均物质量分级表

类型	单位面积水源涵养能力/(m^3/hm^2)	面积/km^2	占京津冀地区面积比例/%	分布
一般	0～436	41 977.96	19.33	北京中部、天津东部、唐山南部、沧州东部及张家口西北部
比较重要	436～528	42 580.15	19.60	北京东南部、张家口西南部、石家庄中部、邢台中部及廊坊南部
重要	528～591	45 220.33	20.82	天津北部、唐山北部、沧州南部、衡水东部及邯郸东部
高度重要	591～889	44 252.41	20.37	张家口东部、保定西部、石家庄西部、邢台西部及邯郸西部
极重要	>889	43 169.15	19.88	北京北部、承德、秦皇岛北部及保定东北部

3.1.2　水土保持服务

水土保持服务是生态系统通过其结构与生态过程相互作用所具有的减少水蚀作用的能力，主要与降水量和降水强度、土壤结构和质地、地形地貌特征和植被覆盖度等因素有关。水土保持的物质量是没有植被保护作用下潜在土壤侵蚀量减去实际有植被保护条件下土壤侵蚀量。

3.1.2.1　数据准备

所使用的数据主要有气象数据、土壤数据、植被数据、DEM 数据。具体包括月降水量、年降水量、土壤类型与质地、植被覆盖度、坡长、坡度等。

3.1.2.2　评估方法

采用通用水土流失方程（USLE）进行水土保持物质量测算，公式为

$$A_r = R \times K \times LS \times C \times P \tag{3-6}$$

$$A_p = R \times K \times LS \tag{3-7}$$

$$A = A_p - A_r \tag{3-8}$$

式中，A_r为年现实的土壤侵蚀量（t/hm²）；A_p为年潜在的土壤侵蚀量（t/hm²）；A 为年水土保持量（t/hm²）；R 为降雨侵蚀力因子［MJ·mm/(hm²·h)］；K 为土壤可侵蚀性因子［t·h/(MJ·mm)］；LS 为地形因子；C 为植被覆盖度因子；P 为水土保持措施因子。土壤保持量涉及的相关因子的计算方法如下。

（1）降雨侵蚀力因子

降雨是影响土壤侵蚀的重要因素，降雨侵蚀力因子是指降雨引发土壤侵蚀的潜在能力，通过年降雨侵蚀力因子反映，计算公式为

$$R = a \times \left(\sum_{i=1}^{12} P_i^2 / P \right)^b \tag{3-9}$$

式中，R 为降雨侵蚀力因子［MJ·mm/(hm²·h)］；P_i为第 i 月降雨量（mm）；P 为年降雨量（mm）；i 为月份，取值为 1，2，…，12，无量纲；a 和 b 为模型参数，这里取 a=0.3589，b=1.9462（王万中等，1995）。

（2）土壤可侵蚀性因子

土壤可侵蚀性因子 K 是指土壤颗粒被水力分离和搬运的难易程度，主要与土壤质地、有机质含量、土体结构、渗透性等土壤理化性质有关，是评价土壤对侵蚀敏感程度的重要指标，多根据砂粒、粉粒、黏粒及土壤中有机碳等的百分比含量来估算，K 值越大，表明土壤越容易遭到侵蚀。京津冀地区土壤类型主要为棕壤、褐土、栗钙土、潮土等，本研究利用《河北省表层土壤可侵蚀性因子 K 值评估与分析》研究成果（曹祥会等，2015），确定不同土壤类型的土壤可侵蚀性因子 K 值，见表 3-3。

表 3-3　不同土壤类型可侵蚀性因子 K 值参考取值［单位：t·h/(MJ·mm)］

土壤名称	K 值	土壤名称	K 值	土壤名称	K 值
栗钙土	0.19	棕壤	0.29	山地草甸土	0.23
草甸土	0.17	沼泽土	0.14	灰色森林土	0.2
石质土	0.25	黑土	0.23	滨海盐土	0.4
粗骨土	0.26	风沙土	0.12	水稻土	0.35
砂姜黑土	0.25	碱土	0.22	红黏土	0.3
盐土	0.24	灌淤土	0.36	潮土	0.32
新积土	0.21	栗褐土	0.31	褐土	0.32

（3）地形因子

地形是影响地表径流和土壤侵蚀的重要因素，坡度与坡长指标是区域水文和土壤侵蚀预报的重要变量，地形因子 LS 的计算公式（黄炎和等，1993）为

$$LS = 0.08 l^{0.35} a^{0.6} \tag{3-10}$$

式中，l 为坡长；a 为坡度百分比。坡度数据可由数字高程模型派生，坡长则可由坡向、坡度和分析像元边长等计算得到。

(4) 植被覆盖度因子

植被覆盖度因子 C 反映了生态系统对土壤侵蚀的影响，是控制土壤侵蚀的积极因素。计算公式见水源涵养计算方法相关内容。

(5) 水土保持措施因子

水土保持措施因子 P 反映采取水土保持措施后对减少土壤水蚀的影响作用，即采取水土保持措施时的土壤水蚀量与无水土保持措施时的土壤水蚀量的比值，取值范围为 0 ~ 1。参考相关文献的经验取值，分别对不同的土地利用类型进行 P 值赋值，林地赋值 1，草地赋值 1，农田赋值 0.4，水面和建设用地赋值 0，未利用地赋值 1（Xu et al.，2013；怡凯等，2015）。

3.1.2.3 评价过程与评估结果

基于气象数据、土壤质地及植被覆盖度数据等，在 ArcGIS 软件平台上，利用通用水土流失方程（USLE），分别评估出 2001 ~ 2010 年和 2017 年京津冀地区水土保持量的空间格局，将其多年空间格局在栅格尺度上求取平均值，得到研究区水土保持量多年均值分布图。利用 ArcGIS 的重分类模块，结合研究区实际，将研究区分为 5 级。研究发现，水土保持能力最强的区域主要分布在燕山及太行山山区，单位面积水土保持量大于 271t/hm^2，坝上高原及平原地区水土保持能力较弱，很多区域单位面积水土保持量小于 4t/hm^2，见表 3-4 及图 3-2。

表 3-4　京津冀地区水土保持多年平均物质量分级表

类型	单位面积水土保持能力/(t/hm^2)	面积/km^2	占京津冀地区面积比例/%	分布
一般	0 ~ 4	133 284.43	61.36	北京东南部、天津、张家口西北部、唐山南部、廊坊、沧州、衡水、保定东部、石家庄中东部、邢台中东部及邯郸中东部
比较重要	4 ~ 21	27 146.01	12.50	天津北部、张家口西部、秦皇岛中南部及保定中部
重要	21 ~ 76	20 487.85	9.43	张家口东部、唐山北部、保定西部、石家庄西部、邢台西部及邯郸西部
高度重要	76 ~ 271	19 502.66	8.98	张家口南部、承德中部及保定西北部
极重要	>271	16 779.05	7.73	北京北部、承德东南部及秦皇岛北部

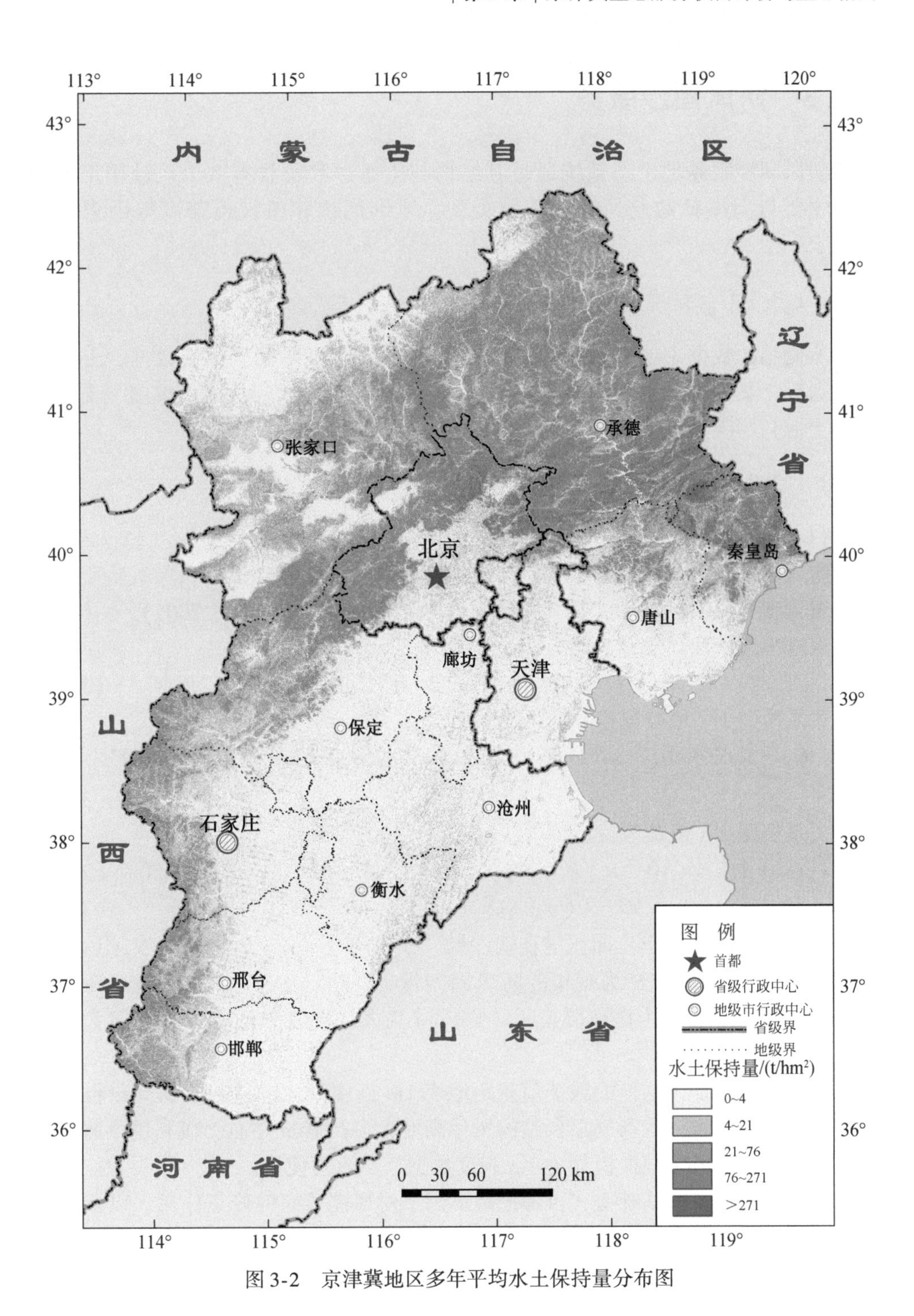

图 3-2　京津冀地区多年平均水土保持量分布图

3.1.3 防风固沙服务

防风固沙服务是生态系统通过其结构与生态过程所具有减少风蚀作用的能力，主要与大风日数与风速、土壤类型、地形地貌和植被覆盖度等因素密切相关。

3.1.3.1 数据准备

所使用的数据主要有遥感数据、气象数据、DEM 数据、土壤数据、土地覆被数据等，具体包括 NDVI 数据、风速、大风日数、地形起伏度、坡向、土壤类型与土地利用类型矢量数据等。

3.1.3.2 评估方法

(1) 评估模型

防风固沙物质量评估是根据京津冀地区自然状况实际特点，参考试验所得的植被覆盖度与风蚀输沙率定量关系模型进行计算的（黄富祥等，2001）。

裸露平坦沙面风蚀输沙量计算公式为

$$Q_1 = 1.07 \times 10^{-9} \times (F - 450)^3 \tag{3-11}$$

关系模型 1（植被覆盖降低风速）：

$$Q_2 = 1.07 \times 10^{-9} \times [\exp(-0.0038C - 0.000202C^2) \times F - 450]^3 \tag{3-12}$$

关系模型 2（植被覆盖增加了沙粒启动风速）：

$$Q_3 = 1.07 \times 10^{-9} \times [F - \exp(-0.00651C - 0.0002C^2) \times 450]^3 \tag{3-13}$$

$$Q = [Q_1 - (Q_2 + Q_3)/2] \times d \times T \tag{3-14}$$

式中，Q_1为单位时间单位面积潜在输沙量 [g/(cm^2 · s)]；Q_2、Q_3为实际风蚀输沙量 [g/(cm^2 · s)]；Q 为每年的防风固沙量（t/hm^2）；F 为距地表 1m 高度处的风速值（m/s）；C 为植被覆盖度（%）；d 为大风日数（日）；T 为每日大风平均时长（s）。

需要注意的是，这里的风速值是距地表 1m 高度处风速，若根据气象台站风速数据进行计算时，我国气象台站的风标高度大多在 10m 左右，应利用风速廓线方程将气象台站风速数据换算为 1m 高度数据，然后再使用。

在上述计算模型基础上，再考虑地形因子对风速风向的修正作用，以及土壤因子对防风固沙能力的影响。

(2) 地形因子对风向风速的影响

第一，明确主频风风向方位角。统计研究区多年年最大风频和风速的风向，共 16 个方位，按照顺时针方向平均划分 0°～360°，每一风向方位角间隔 22.5°。本研究确定研究区主频风为西北风，且西北风也是中国沙尘暴发生和移动路径的主要风向。

第二，确定研究区向坡风方位角。坡向是地表上一点的切平面的法线矢量在水平面的投影，与过该点的正北方向的夹角。对于地面任何一点来说，正北方向为 0°，按顺时针方向计算，取值范围为 0°～360°。本研究主要分析因素主要包括山体走势、沙尘暴移动路径和研究区主频风。研究区主要燕山山脉走向大致是东西向，太行山走势呈南北走向。研究区沙尘暴主要移动路径为西北路和北路，受西北风和北风影响最大；研究区中北部地区气象统计数据显示西北风为主频风向。大量研究结果表明，在山区受地形的诱导或胁迫作用，过渡风带风速经常有明显增大趋势，向坡风风速与来风风速相差不大，背坡风风速受地形阻挡，风速较小，且经过山体一定距离后风速逐渐增大到来风风速。本研究定义研究区受地形影响较大的风向方位角为（292.5°～337.5°）。在 ArcGIS 软件中，操作完成坡向的提取，然后将研究区坡向图层按照风向 16 方位角的划分进行重分类，提取（292.5°～337.5°）方位角为向坡风方位角，再利用上述结果裁切研究区坡向，得到研究区向坡风坡向。

第三，分析地形起伏度空间格局。地形起伏度是指在某特定范围内，海拔最高点与最低点的差值，也叫相对高差。根据 DEM 数据，在 ArcGIS 软件中使用栅格邻域计算工具，分别计算出 DEM 数据的最大值和最小值层面，然后在栅格计算器中对其求差值。最后利用向坡风坡向的图层，提取其地形起伏度图层。

第四，地形因子修正后的风场空间格局。研究区地形起伏较大，风在运动过程中受到地形的影响会较显著，经过地形抬升或阻挡、沟谷分流等作用，风速风向会产生显著变化。比如，风吹向高大地形时，在向风坡风速随海拔升高逐渐变大，在山顶达到最大，在背风坡风速明显小于原始风速，并在距离背风坡山脚一定距离后，风速才恢复并逐渐增加。

考虑地形高度对风速的影响，针对向坡风、背坡风与地形的关系，向坡风采用幂指数模型拟合出风速随高度变化曲线，背风坡风速直接用研究期内气象站点逐年统计出的最大风速，再做反距离加权获得。地形起伏低于 500m 的区域，视为起伏度较小，忽略地形对风速的影响，也采用反距离加权插值结果。

幂指数模型为

$$u = u_1 \left(\frac{z}{z_1} \right)^p \tag{3-15}$$

式中，u、u_1 分别为 z、z_1 高度上对应的风速（m/s）；u_1 取气象站点观测的最大风速（m/s）；z_1 为气象站地面风速测点高度（10m）；z 为地形起伏高度（m）；p 为幂指数，取值见表 3-5。

表 3-5　不同下垫面风随高度变化的幂指数

下垫面	水域及未利用地	草地	城乡工矿及居民点	耕地	林地
幂指数	0.1	0.14	0.16	0.2	0.28

(3) 土壤因子的影响

土壤类型对防风固沙功能的影响主要考虑两个因子，土壤可蚀因子 EF 和土壤结皮因子 SCF（2017 年版《生态保护红线划定指南》）。理论上分析，土壤粗砂含量和粉砂含量占比越高，越容易发生土壤风蚀；土壤黏粒和土壤有机质含量占比越高，则其防风固沙能力越好。因此，上述两个因子的表达式主要利用土壤粒径的比例来计算。

土壤可蚀因子 EF 表达式为

$$EF = \frac{29.09 + 0.31sa + 0.17si + 0.33(sa/cl) - 2.59OM - 0.95[CaCO_3]}{100} \tag{3-16}$$

式中，sa 为土壤粗砂含量（%）；si 为土壤粉砂含量（%）；cl 为土壤黏粒含量（%）；OM 为土壤有机质含量（%）；$[CaCO_3]$ 为碳酸钙含量（%），本研究不予考虑。

土壤结皮因子 SCF 表达式为

$$SCF = \frac{1}{1 + 0.0066(cl)^2 + 0.021(OM)^2} \tag{3-17}$$

式中，cl 为土壤黏粒含量（%）；OM 为土壤有机质含量（%）。

先利用坡向方位与地形起伏度对研究区最大风速的风场进行修正，充分考虑土壤因子对防风固沙能力的影响，再利用风蚀输沙率模型测算研究区防风固沙的物质量。

3.1.3.3　评估过程与评估结果

基于气象、DEM 地形及遥感数据，利用风蚀输沙率模型，评估得到 2001～2010 年和 2017 年京津冀地区防风固沙量的空间格局，计算栅格尺度的防风固沙量多年平均值。利用 ArcGIS 的重分类模块，结合研究区实际，按单位面积防风固沙能力将研究区分为 5 级。研究发现，防风固沙能力最强的极重要区主要分布在燕山和太行山山区，单位面积防风固沙量大于 378t/hm^2，平原地区防风固沙能力最弱，单位面积防风固沙量小于 3t/hm^2，见图 3-3 和表 3-6。

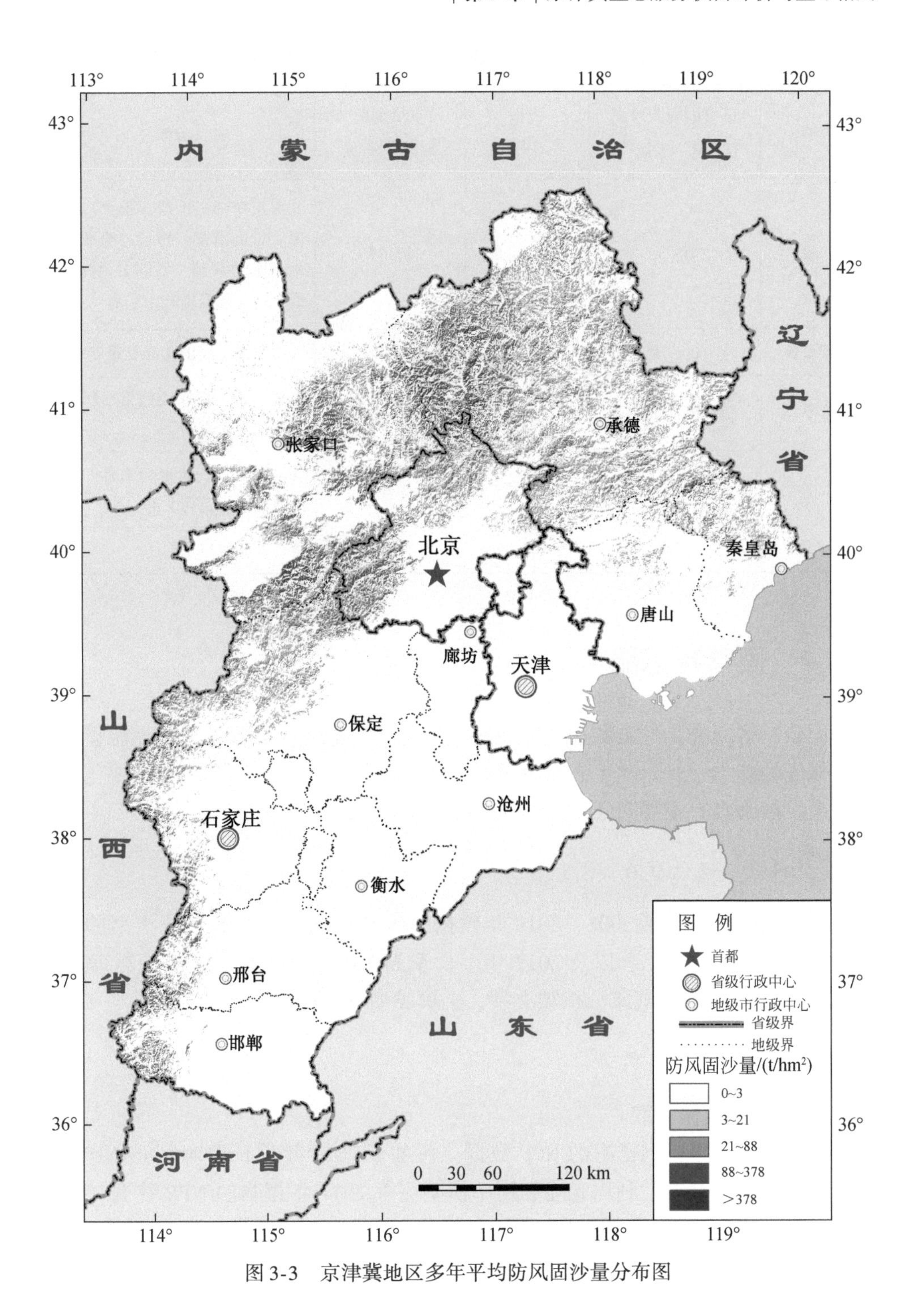

图 3-3　京津冀地区多年平均防风固沙量分布图

表 3-6　京津冀地区防风固沙多年平均物质量分级表

类型	单位面积防风固沙能力/(t/hm^2)	面积/km^2	占京津冀地区面积比例/%	分布
一般	0 ~ 3	190 614.80	87.76	北京东南部、天津、张家口西北部、唐山南部、廊坊、沧州、衡水、保定东部、石家庄中东部、邢台中东部及邯郸中东部
比较重要	3 ~ 21	8 655.08	3.98	天津北部、唐山北部及保定中部
重要	21 ~ 88	7 064.76	3.25	保定西部、石家庄西部、邢台西部及邯郸西部
高度重要	88 ~ 378	5 702.59	2.63	北京西北部、张家口南部、秦皇岛北部及保定西北部
极重要	>378	5 162.77	2.38	承德及张家口东部

3.1.4　固碳释氧服务

固碳释氧服务是植被利用光能吸收二氧化碳和水分合成有机物储存能量同时释放氧气的能力，是自然生态系统重要生态服务能力之一，对全球气候变化和人类社会发展都具有重要意义。

3.1.4.1　数据准备

所使用的数据包括 2001 ~ 2010 年数据收集获得的各种生态系统类型的净初级生产力（NPP）数据，以及 2017 年生长季 MODIS NDVI 数据，以及测算 2017 年 NPP 所使用的各类气象、植被类型、土壤类型等数据。

3.1.4.2　评估方法

（1）NPP 数据获取

通过数据收集得到已有的 NPP 数据，再基于 2017 年生长季 MODIS NDVI 数据、基础地理数据等，利用光能利用率模型测算 2017 年植物的 NPP 数据（陈艳梅，2014），计算结果的单位为 gC。

（2）固碳释氧量计算模型

基于不同年份 NPP 数据，利用植被光合作用与呼吸作用方程式测算植被年固碳释氧量。植物进行光合作用时，利用 28. 3kJ 的太阳能，吸收 264g 二氧化碳和 108g 水，产生 180g 葡萄糖和 193g 氧气，然后 180g 葡萄糖再转变为 162g 多糖 (纤维素或淀粉)；呼吸作用则正好与光合作用相反。

$$CO_2\ (264g) + H_2O\ (108g) \longrightarrow O_2\ (193g) + \text{葡萄糖}\ (180g) \tag{3-18}$$

$$\downarrow$$

$$\text{多糖}\ (162g)$$

根据光合方程式，植物体每形成 1g 干物质，可固定 1. 62g 二氧化碳，并释放 1. 2g 氧气，1g 干物质中约含 0. 45gC。

3. 1. 4. 3 评估过程与评估结果

基于收集或计算所得的植物净初级生产力（NPP）数据，根据光合作用和呼吸作用的方程式，分别计算出 2001 ~ 2010 年和 2017 年京津冀地区固定二氧化碳量和释放氧气量的空间格局，将固碳和释氧多年空间格局图叠加起来，在栅格尺度上分别求取多年平均值，得到研究区固定二氧化碳量和释放氧气量多年平均值分布图。利用 ArcGIS 的重分类模块，结合研究区实际，将研究区按固碳释氧能力分为 5 级。研究发现，固碳释氧能力最强的区域主要分布在燕山及太行山山区，单位面积固碳释氧量分别大于 $21t/hm^2$，坝上高原及平原地区固碳释氧能力较弱，单位面积固碳释氧量小于 $12t/hm^2$，见表 3-7 和图 3-4。

表 3-7 京津冀地区固碳释氧多年平均物质量分级表

类型	单位面积固碳释氧能力/(t/hm^2)	面积/km^2	占京津冀地区面积比例/%	分布
一般	0 ~ 12	42 269. 02	19. 46	北京中部、天津中东部、张家口西部、唐山南部及沧州东部
比较重要	12 ~ 15	44 791. 37	20. 62	北京东部、张家口西南部、唐山中部、保定南部、邢台中部及邯郸中部
重要	15 ~ 18	43 906. 85	20. 21	天津东部、保定东部、石家庄东部、邢台中部及衡水西部
高度重要	18 ~ 21	44 120. 49	20. 31	北京北部、唐山北部、石家庄西部、邢台西部及邯郸西部
极重要	>21	42 112. 27	19. 39	北京西北部、承德、秦皇岛北部、张家口东南部及保定西北部

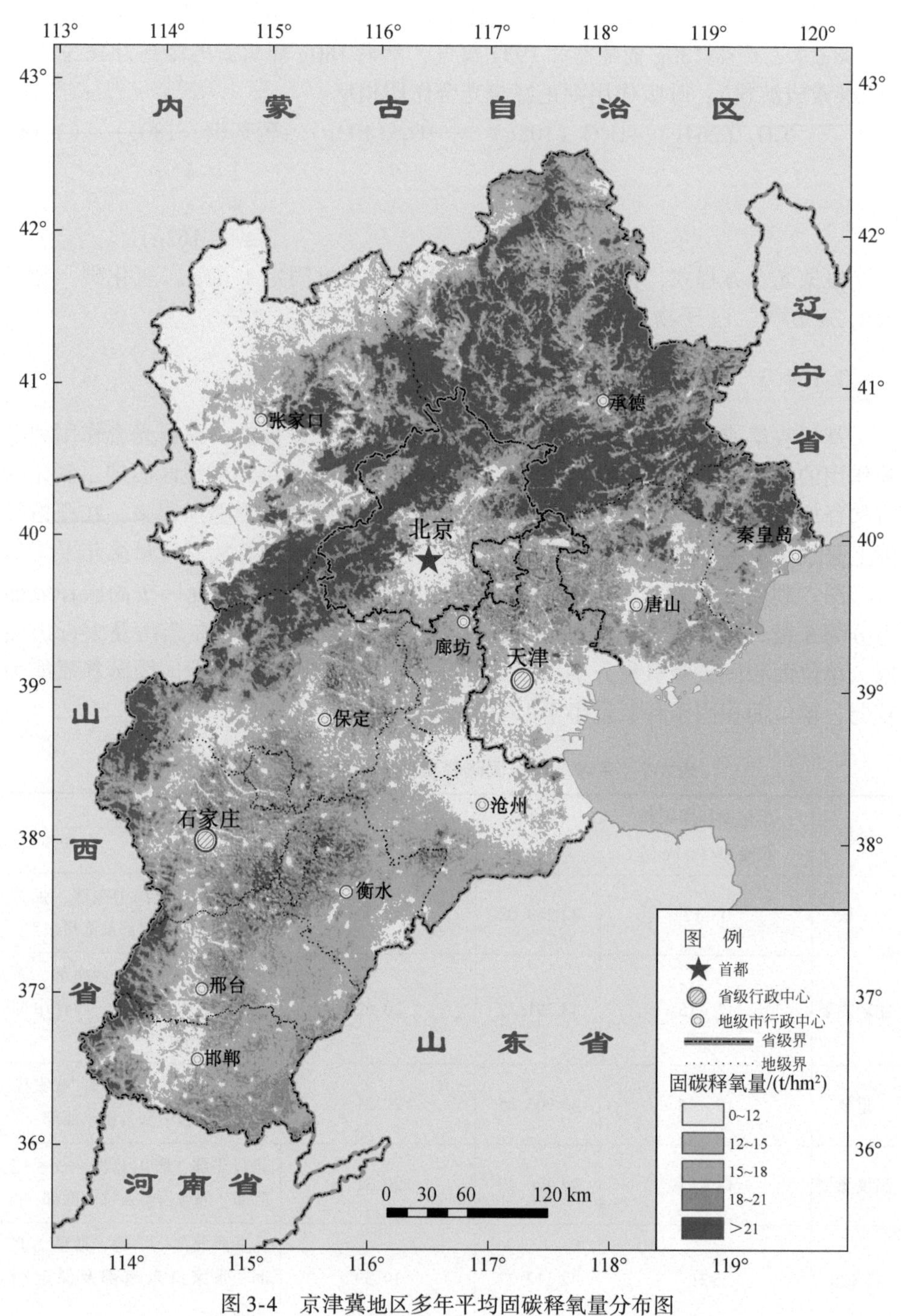

图 3-4 京津冀地区多年平均固碳释氧量分布图

3.1.5 净化空气服务

净化空气服务是自然生态系统的植被吸收空气中的各类污染物的能力，以及减少大气中污染物浓度、调节大气成分、改善大气环境质量等作用。本研究以植被吸收大气中二氧化硫、氮氧化物、氟化物及粉尘量作为净化空气服务评估指标。

3.1.5.1 数据准备

所使用的数据主要有植被净初级生产力（NPP）数据、生态系统类型数据以及各种植被类型对污染物的吸收系数等。

3.1.5.2 评估方法

根据不同植被对大气中不同污染物的吸收能力，利用植物净初级生产力和不同植被类型对污染物的吸收系数，建立净化空气污染物的计算模型，公式如下：

$$Q = \sum \left(\frac{\mathrm{NPP} - \mathrm{NPP}_{\min}}{\mathrm{NPP}_{\max} - \mathrm{NPP}_{\min}}\right) \times A_i \tag{3-19}$$

式中，Q 为年净化污染物总物质量（t）；NPP 为年植物净初级生产力（gC）；A_i为不同植被类型对二氧化硫、氮氧化物、氟化物及粉尘的吸收系数，其取值见表 3-8，计算时注意单位换算。

表 3-8　不同植被类型吸收大气污染物系数

植被类型	针叶林	阔叶林	针阔混交林	灌丛	草地
SO_2吸收能力/(kg/hm^2)	215.60	88.68	152.13	63.18	46.25
NO_x吸收能力/(kg/hm^2)	6.0	6.0	6.0	3.0	1.5
氟化物吸收能力/(kg/hm^2)	5.80	5.50	5.65	4.80	2.40
滞尘能力/(t/hm^2)	33.20	10.11	21.66	10.82	0.86

注：数据来源于文献（中华人民共和国林业局，2008；靳芳等，2005；张彪，2009）。

3.1.5.3 评估过程与评估结果

利用净化空气污染物计算模型，分别计算出 2001 ~2010 年和 2017 年京津冀地区净化污染物质量的空间格局，将多年空间格局图叠加起来，在栅格尺度上求取多年平均值，得到研究区净化污染物质量多年平均值分布图。利用 ArcGIS 的重分类模块，结合研究区实际，按单位面积净化污染物质能力将研究区分为 5 级。研究发现，净化污染物能力最强的区域主要分布在燕山山区和太行山区，单位面积净化污染物量大于 20t/hm^2，坝上高原、沿海平原、城市或城镇周边区等地区净化污染物能力最弱，每年单位面积净化污染物量小于11t/hm²，见图3-5和表3-9。

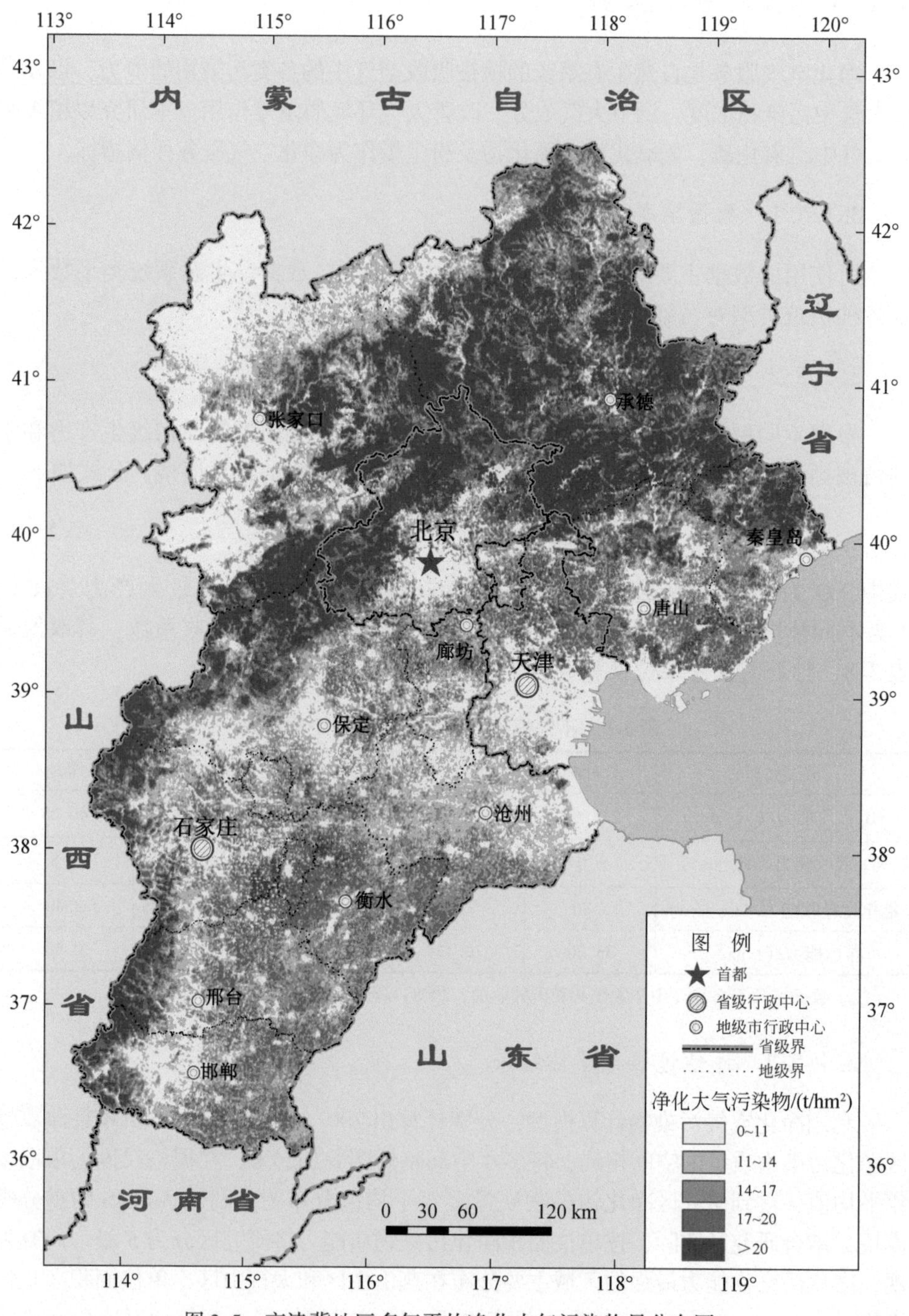

图3-5 京津冀地区多年平均净化大气污染物量分布图

表 3-9 京津冀地区多年平均净化大气污染物能力分级表

类型	单位面积净化污染物量/(t/hm²)	面积/km²	占京津冀地区面积比例/%	分布
一般	0 ~ 11	42 199.03	19.43	天津东部、承德西北部、张家口西北部、唐山南部及沧州东部
比较重要	11 ~ 14	43 026.67	19.81	天津北部、唐山中部、保定西部、邢台西部及邯郸西部
重要	14 ~ 17	44 741.14	20.60	廊坊、保定东部、石家庄东部及沧州南部
高度重要	17 ~ 20	45 059.20	20.75	北京东北部、天津中部、衡水、邢台东部及邯郸东部
极重要	>20	42 173.96	19.42	北京西北部、承德、秦皇岛北部、唐山北部、石家庄西北部、邢台西部、邯郸西部

3.2 生态服务需求量评估结果

3.2.1 水资源需求量分析

3.2.1.1 需水量核算方法

(1) 河流基本生态需水量

河流基本生态需水量是维持河流中河道自然渗漏补给、水生生物正常生长、水体自净等基本功能的需水量。对于常流河来说，要维持河流的基本功能，需全年不同时段内的河流径流量都能保持一定水平，而不出现断流。因此，某河流基本生态需水量可用枯水季水量最小月份的多年平均径流量来表征。计算公式为(吕国旭，2017)

$$W_{\mathrm{b}} = \frac{T}{n}\sum_{i}^{n}\min(Q_{ij}) \times 10^{-8} \tag{3-20}$$

式中，W_{b}为每年河流基本生态需水量（m^3）；Q_{ij}为第 i 年第 j 个月的月均流量(m^3)；T 为常数，其值为 31.536×10^8；n 为统计的年份数。

(2) 湖泊湿地基本生态需水量

湖泊湿地基本生态需水量是为维持自身水生生态条件和基本生态功能的需水量。根据水量平衡原理，不考虑其他取水条件时，湖泊湿地水量的变化值计算公

式为

$$\Delta W_1 = P + R_i - R_f - E + \Delta W_g \tag{3-21}$$

式中，ΔW_1为湖泊湿地水量的变化值（mm）；P为湖泊湿地表面降水量（mm）；R_i为湖泊湿地外来水量（mm）；R_f为湖泊湿地的出水量（mm）；E为湖泊湿地水体表面蒸发量（mm）；ΔW_g为地下水变化量（mm）。为维持湖泊湿地的生态功能，需要湖泊湿地水体总体蓄水量保持不变，即$\Delta W_1 = 0$，由于北方湖泊湿地表面蒸发量大于降水量，因此必然需要有一部分的外来水量用于湖泊湿地水面蒸发。因此，本研究将湖泊湿地水体为维持自身水量平衡而消耗于蒸发的水量作为该湖泊湿地的基本生态需水量（翟月鹏等，2019）。其计算公式表示如下：

$$W_1 = \sum 10 \times A_i(E_i - P_i) \tag{3-22}$$

式中，W_1为湖泊湿地基本生态需水量（m^3）；A_i为湖泊湿地水面面积（hm^2）；E_i为湖泊湿地水体表面蒸发能力（mm）；P_i为湖泊湿地所在区域降水量（mm）。

（3）社会用水量统计方法

根据研究需要和京津冀地区实际，本研究社会用水量主要统计四部分内容：农业用水量、工业用水量、生活用水量和聚落生态用水量。农业用水量包括农业灌溉用水量、林牧渔业用水量等；生活用水量主要包括城镇居民生活用水量、农村居民生活用水量等；工业用水量主要是工业企业用水量等；聚落生态用水量主要包括城镇、农村绿化或环境用水量，如城市公园河湖补水量、绿地绿化用水量、公共场所清洁用水量，以及农村生态补水量，主要包括对湖洼、沼泽的补水量等。

（4）总用水量核算方法

在用水量统计过程中发现，京津冀地区地下水供水量占总用水量的64%，地表水占36%。另外，地表用水量中外来水用量多年平均约20.64亿m^3。目前，研究区大部分地区地下水已经处于严重超采状态，需要大量外流域调水来满足本区域需求，本研究统计了研究时段内的总用水量，包括外来调水和超采地下水。

为提高研究区水资源消耗量估算精度，鉴于研究区产业结构布局不同，经济发展水平差异较大，分别统计北京、天津、河北三地的社会经济用水量。因此，估算研究区社会经济用水量的表达式为

$$W_2 = W_J + W_T + W_H \tag{3-23}$$

式中，W_J、W_T、W_H分别为京津冀三地的社会经济用水量（m^3）；W_2为京津冀三地社会经济用水总量（m^3）。

研究区总的水资源消耗量（W）为河流、湖泊（包括水库）等基本生态用水和社会经济用水量的总和，计算公式为

$$W = W_b + W_1 + W_2 \tag{3-24}$$

式中，W_b为每年河流基本生态需水量（m^3）；W_1为湖泊（水库）基本生态需水量（m^3）；W_2为京津冀三地社会经济用水总量（m^3）。

（5）用水量空间分布矢量化方法

人口密度和土地利用类型能够反映区域间经济发展水平和产业布局等多方面社会经济空间差异。一般情况下，人口密度大、建设用地多则区域用水量大；反之则区域用水量也小，人口密度分布、建设用地空间格局与用水量分布具有较好的一致性。因此，本研究利用区域人口密度和建设用地空间格局，模拟区域用水量空间分布。

3.2.1.2 需水量核算结果

（1）河流基本生态需水量

京津冀区域内主要包括海河流域、滦河流域和坝上高原西部内流河流域。本研究主要统计了京津冀区域内主要河流监测断面的需水量数据，见表 3-10。统计发现，海河流域基本生态需水量总量约为 47.991 亿 m^3，滦河流域基本生态环境需水量约为 9 亿 m^3，研究区坝上高原内陆河多为短小河流，均汇注当地淖泊，河流基本生态需水量没有计算，主要包含于湖泊湿地基本生态用水量中。

表 3-10　海滦河全流域主要河流基本生态需水量估算

河流	测站	最小月平均流量/(m^3/s)	年基本生态需水量/亿 m^3	河流	测站	最小月平均流量/(m^3/s)	年基本生态需水量/亿 m^3
滦河	滦县	29.6	9.335	滹沱河	黄壁庄	8.72	2.750
蓟运河	九王庄	8.39	2.646	子牙河	南赵扶	6.59	2.078
潮白河	苏庄	11.0	3.478	南运河	九宣闸上	15.2	4.793
永定河	官厅	13.0	4.100	漳河	观台	19	5.992
大清河*	合计	19.27	6.077	海河	合计	152.178	47.991
子牙河	献县	60.9	19.205	海滦河	合计	181.8	57.326
滏阳河	衡水站	2.18	0.687				

* 大清河所选测站为张坊、北河店、北郭村、中唐梅。

（2）湖泊湿地基本生态需水量

研究区内天然湖泊湿地大部分已经干涸，只有白洋淀、北大港、衡水湖等水面面积较大，研究区坝上高原内陆河流域有安固里淖和察汗淖尔，面积约

$50km^2$。根据文献资料，北方流域水面蒸发能力为1100mm，降水能力为550mm，由前文中湿地基本生态需水量公式估算出研究区主要天然湿地基本生态需水量为4亿m^3，其他小型湿地按上述大型湿地的10%计算。

另外，大中型水库主要包括密云水库、官厅水库等，见表3-11，利用湿地基本生态需水量公式估算出研究区主要水库基本生态环境需水量为3.75亿m^3，其他小型水库按上述大中型水库的10%计算。

表3-11　京津冀地区大型水库统计情况

名称	库容量/亿m^3	死库容/亿m^3	正常水面面积/km^2
密云水库	43.75	4.37	179.33
怀柔水库	1.15	0.085	9.65
官厅水库	41.6	6	157.01
潘家口水库	26.2	4.2	65
大黑汀水库	4.73	1.13	24.8
于桥水库	15.59	0.36	86.8
岳城水库	11.2	1.2	42.5
岗南水库	15.7	3.41	52.8
黄壁庄水库	12.1	0.82	40
王快水库	13.9	0.88	14.5
西大洋水库	10.7	0.87	10.22

（3）京津冀地区社会用水量

根据上述社会用水量统计方法及要求，分别统计京、津、冀三地2001～2017年各类用水量，见表3-12和表3-13。

表3-12　京津冀地区社会用水量统计

类别		农业用水量/亿m^3	工业用水量/亿m^3	生活用水量/亿m^3	聚落生态环境用水量/亿m^3	合计
北京	2001年	17.40	9.18	12.05	0.30	38.93
	2005年	13.22	6.80	13.38	1.10	34.50
	2010年	11.40	5.10	14.70	4.00	35.20
	2017年	5.10	3.50	18.30	12.60	39.50

续表

类别		农业用水量/亿 m³	工业用水量/亿 m³	生活用水量/亿 m³	聚落生态环境用水量/亿 m³	合计
天津	2001 年	9. 97	4. 49	4. 68	—	19. 14
	2005 年	13. 78	4. 64	4. 23	0. 45	23. 10
	2010 年	11. 20	5. 00	5. 00	1. 22	22. 42
	2017 年	10. 72	5. 51	6. 11	5. 15	27. 49
河北	2001 年	164. 84	27. 14	16. 43	0. 30	208. 71
	2005 年	154. 33	25. 68	17. 35	0. 95	198. 31
	2010 年	146. 99	23. 32	17. 48	2. 87	190. 66
	2017 年	126. 08	20. 33	26. 97	8. 17	181. 55
京津冀地区	2001 年	192. 21	40. 81	33. 16	0. 60	266. 78
	2005 年	181. 33	37. 12	34. 96	2. 50	255. 91
	2010 年	169. 59	33. 42	37. 18	8. 09	248. 28
	2017 年	141. 90	29. 34	51. 38	25. 92	248. 54
	平均	171. 26	35. 17	39. 17	9. 28	254. 88

表 3-13　京津冀地区社会用水量汇总情况

类别		农业用水	工业用水	生活用水	聚落生态环境用水	合计
北京	用水量/亿 m³	11. 78	6. 15	14. 61	4. 50	37. 03
	比例/%	31. 80	16. 60	39. 44	12. 14	100
天津	用水量/亿 m³	11. 42	4. 91	5. 01	1. 71	23. 05
	比例/%	49. 54	21. 30	21. 74	7. 42	100
河北	用水量/亿 m³	148. 06	24. 12	19. 56	3. 07	194. 81
	比例/%	76. 00	12. 38	10. 04	1. 58	100
京津冀地区	用水量/亿 m³	171. 26	35. 17	39. 17	9. 28	254. 88
	比例/%	67. 19	13. 80	15. 37	3. 64	100

从四年平均来看，研究区农业用水量最大，为 171. 26 亿 m^3，生活用水和工业用水远远低于农业用水，分别为 39. 17 亿 m^3 和 35. 17 亿 m^3，聚落生态环境用水量最小，为 9. 28 亿 m^3。不同用水行业用水量变化表现为农业和工业用水量从 2001 年到 2017 年呈现逐渐降低趋势，生活和聚落生态环境用水量是上升趋势。

从区域整体来看，北京的生活用水量和农业用水量较大，两类用水量合计占总用水量比例为 71. 24%。天津和河北的农业用水量占总用水量的比例较大，分别占天津和河北总用水量比例的 49. 54% 和 76. 00%。

(4) 京津冀地区用水量空间分布格局分析

利用各类需水量核算方法与用水量空间分布矢量化方法，评测分析 2001 ~ 2017 年京津冀地区需水量空间格局，得到栅格尺度的需水量多年平均值。利用 ArcGIS 的重分类模块，结合研究区实际，按单位面积需水量将京津冀地区分为 5 级。研究发现，京津冀地区需水量极强区主要分布在北京、天津、石家庄、唐山等大中城市区，单位面积需水量大于 3050m^3/hm^2，燕山、太行山区、坝上草原等区域需水量较小，单位面积需水量小于 1955m^3/hm^2，见表 3-14 和图 3-6。

表 3-14　京津冀地区多年平均需水量分级表

类型	单位面积需水量/(m^3/hm^2)	面积/km^2	占京津冀地区面积比例/%	分布
一般需水区	0 ~ 1 955	137 509. 32	63. 31	北京北部、承德及张家口
比较需水区	1 955 ~ 1 965	8 079. 84	3. 72	北京西部、保定西北部、石家庄西部及邢台西部
重要需水区	1 965 ~ 2 000	22 393. 32	10. 31	北京东部、天津北部、秦皇岛北部、唐山南部、沧州东部及邯郸西部
高度需水区	2 000 ~ 3 050	43 244. 52	19. 91	天津中西部、唐山中部、保定东部、衡水、石家庄东部、邢台中部及邯郸中部
极需水区	>3 050	5 973	2. 75	北京中部、天津中部及大中城市所在地

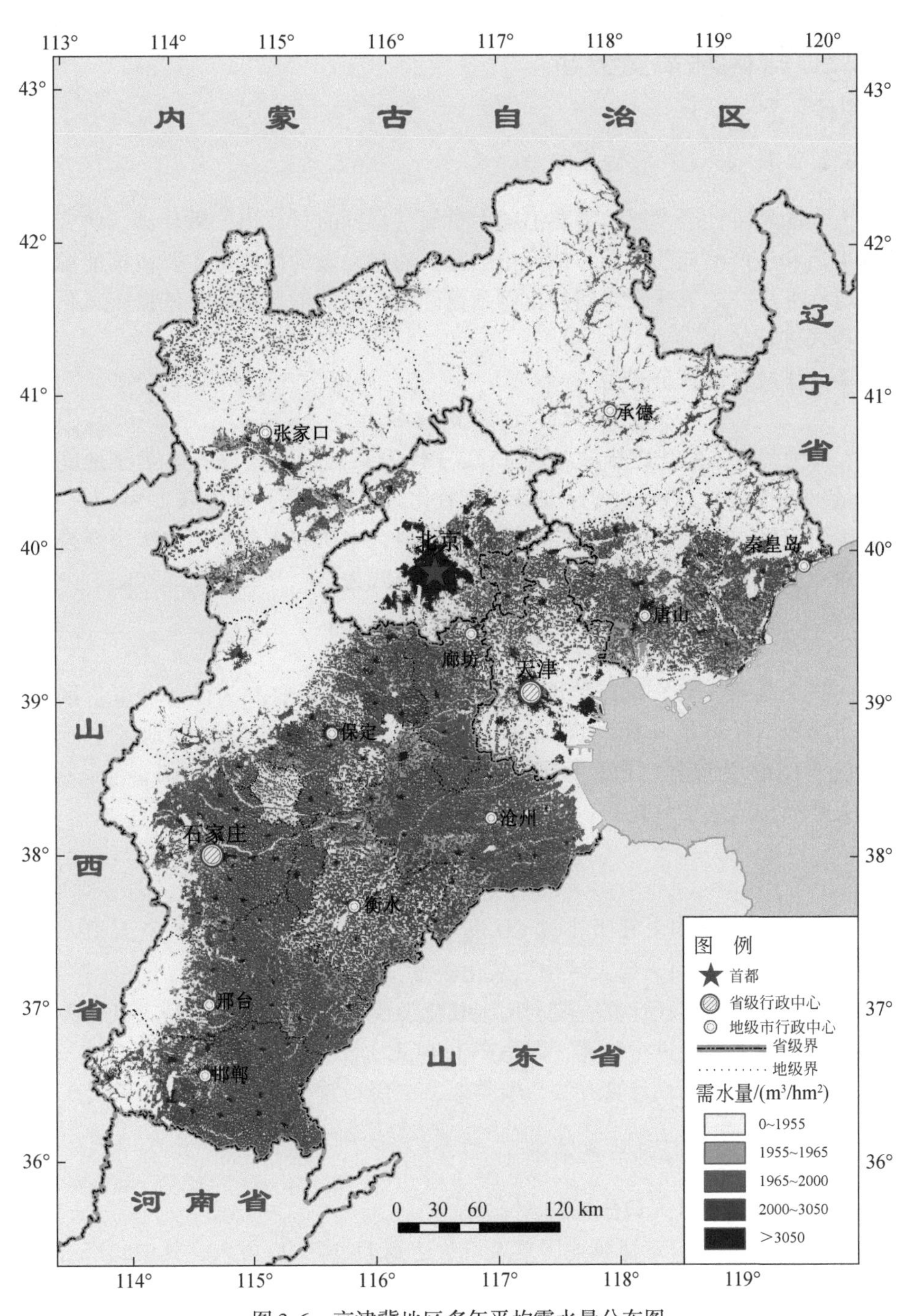

图 3-6　京津冀地区多年平均需水量分布图

3.2.2 排碳耗氧量分析

3.2.2.1 排碳耗氧估算方法

人类的经济社会发展，需要消耗大量氧气，同时排放出二氧化碳。研究主要根据生活和生产消耗的能源，估算排碳耗氧的量。碳的排放量主要依据能源消耗总量与标准煤、二氧化碳之间的比例系数确定；氧的消耗量主要依据碳氧化学反应方程式进行估算。

碳的排放量计算公式为

$$C_i = M_i \times k \tag{3-25}$$

式中，C 为某地二氧化碳排放总量（t）；i 代表某县（市）区；M 为某地能源消耗总量（标准煤）（t）；k 为标准煤和二氧化碳转换系数，此处取 2.54t/t。

因研究区内多数县区没有能源消耗量资料，本研究主要采用地级市规模以上工业企业能源消耗总量进行估算，主要计算公式为

$$M_i = \frac{\mathrm{GDP}_i}{\mathrm{GDP}_j} \times M_j \tag{3-26}$$

式中，M_i为某县（市）区能源消耗总量（标准煤）（t）；M_j为该县（市）区所在地级市能源消耗总量（标准煤）（t）；GDP_i 为某县（市）区的地区生产总值（万元）；GDP_j 为该县（市）区所在地级市的地区生产总值（万元）。

人呼吸排放的二氧化碳：

$$D_{\mathrm{hx}} = \frac{D_{\mathrm{pop}}}{1000^2} \times l_{\mathrm{c}} \times 365 \tag{3-27}$$

式中，D_{hx}为单位面积人呼吸排放 CO_2 量 [$g/(m^2 \cdot a)$]；D_{pop} 为单位面积人口密度（人/km^2）；l_{c}为每人每天呼出二氧化碳量，数值为 0.75kg。

工业生产氧的消耗计算主要利用碳氧化学反应方程式，也就是二氧化碳的排放量对氧气的消耗量进行计算，即每产生 44gCO_2，需要消耗 36gO_2。

人类生活氧的消耗计算方法与碳类似，主要参数每人每天吸入的氧气 0.9kg。

3.2.2.2 排碳耗氧估算结果

（1）京津冀地区人口分析

截至2017年底，京津冀地区总人口数达到11 247.09万人，其中北京占京津冀地区总人口的19.3%，天津占13.84%，河北占66.86%。2001~2017年，京津冀地区人口增加量超过2100万，人口数量呈逐年上升的趋势，见表3-15。

表 3-15　京津冀地区不同年份人口统计情况

年份	北京		天津		河北		京津冀地区
	人口/万人	比例/%	人口/万人	比例/%	人口/万人	比例/%	人口/万人
2001	1 385.1	15.24	1 004.06	11.05	6 699	73.71	9 088.16
2005	1 538	16.31	1 043	11.06	6 851	72.64	9 432
2010	1 961.9	18.89	1 229.29	11.84	7 194	69.27	10 385.19
2017	2 170.7	19.3	1 556.87	13.84	7 519.52	66.86	11 247.09
平均	1 763.93	17.57	1 208.31	12.04	7 065.88	70.39	10 038.11

注：数据来源于 2001 年、2005 年、2010 年和 2017 年京津冀三地统计年鉴。

利用 ArcGIS 软件平台和 2001 ~ 2017 年京津冀地区人口统计数据，得到京津冀地区多年平均人口密度空间分布格局。研究时间段内，京津冀地区人口密度分布呈现出东高西低、南高北低的空间格局，空间差异明显。燕山与太行山山区人口密度较小，多在 50 人/km^{2}以下，山间沟谷等平坦的地区人口密度略高。东部平原区社会经济发达，人口密度大，多在 200 人/km^{2}以上，人口密度最大的区域超过40 000 人/km^2，主要集中在北京、天津等城区附近。

(2) 京津冀地区 GDP 分析

2017 年末，京津冀区域地区生产总值达到 80 580.41 亿元，其中北京占京津冀区域地区生产总值的 34.77%，天津占 23.02%，河北占 42.21%。2001 ~ 2017 年，京津冀地区 GDP 增加量近 70 000 亿元，逐年上升的趋势明显。详见表 3-16。

表 3-16　京津冀地区不同年份 GDP 统计情况

年份	北京		天津		河北		京津冀地区
	GDP/亿元	比例/%	GDP/亿元	比例/%	GDP/亿元	比例/%	GDP/亿元
2001	3 708	33.27	1 919.09	17.22	5 516.76	49.50	11 143.85
2005	6 886.31	33.30	3 697.62	17.88	10 096.11	48.82	20 680.04
2010	14 113.58	32.27	9 224.46	21.09	20 394.26	46.63	43 732.30
2017	28 014.9	34.77	18 549.19	23.02	34 016.32	42.21	80 580.41
平均	13 180.70	33.77	8 347.59	21.39	17 505.86	44.85	39 034.15

注：数据来源于 2001 年、2005 年、2010 年和 2017 年京津冀三地统计年鉴。

利用 ArcGIS 软件平台以及 2001 ~ 2017 年京津冀地区诸市县 GDP 统计数据，得到京津冀地区多年平均单位面积 GDP 值空间分布格局。京津冀地区 GDP 整体分布不均衡，高值区主要集中在城镇附近，呈现团聚式分布，而低值区分布在大面积的山地区。另外，不同区域单位面积 GDP 差异显著，高值区单位面积 GDP 平均水平达到 13 000 万元/km^2，北京、天津等经济发展迅速的地区，单位面积 GDP 高达60 000 万元/km^2，而低值区单位面积 GDP 平均水平仅为 2000 万 ~ 4000 万元/km^2。由于东部平原地区地理条件优越，社会经济发展势头强劲，与西部、北部山区的差距明显，研究区经济发展不均衡现象突出。

(3) 京津冀地区排碳耗氧量空间格局分析

将人口密度、GDP 等社会经济数据转化为空间数据后，结合相关参数，利用排碳耗氧估算方法，评测 2001 ~ 2017 年京津冀地区排碳耗氧量空间格局，计算栅格尺度的排碳耗氧量多年平均值。利用 ArcGIS 的重分类模块，结合研究区实际，按单位面积排碳耗氧量将研究区分为 5 级。研究发现，京津冀地区排碳耗氧能力极强区主要分布在北京、天津等大中城市区，单位面积排碳耗氧量大于 205. 8t/hm^2，燕山、太行山区、坝上草原等区域排碳耗氧量较小，单位面积排碳耗氧量小于 0. 8t/hm^2，见表 3-17 和图 3-7。

表 3-17　京津冀地区多年平均排碳耗氧量分级表

类型	单位面积排碳耗氧能力/(t/hm^2)	面积/km^2	占京津冀地区面积比例/%	分布
很少	0 ~ 0. 8	58 732. 82	27. 04	北京西北部、承德及张家口东部
排耗量小	0. 8 ~ 5. 5	72 832. 60	33. 53	承德东部、张家口西部、保定西北部及邢台西部
中等	5. 5 ~ 33. 9	45 920. 40	21. 14	天津南部、秦皇岛南部、廊坊南部、沧州、衡水、保定东部、邢台东部及邯郸东部
排耗量较多	33. 9 ~ 205. 8	32 954. 51	15. 17	北京东部、天津北部、廊坊北部、唐山中部及石家庄中部
排耗量很多	>205. 8	6 759. 67	3. 11	北京中部及天津中部

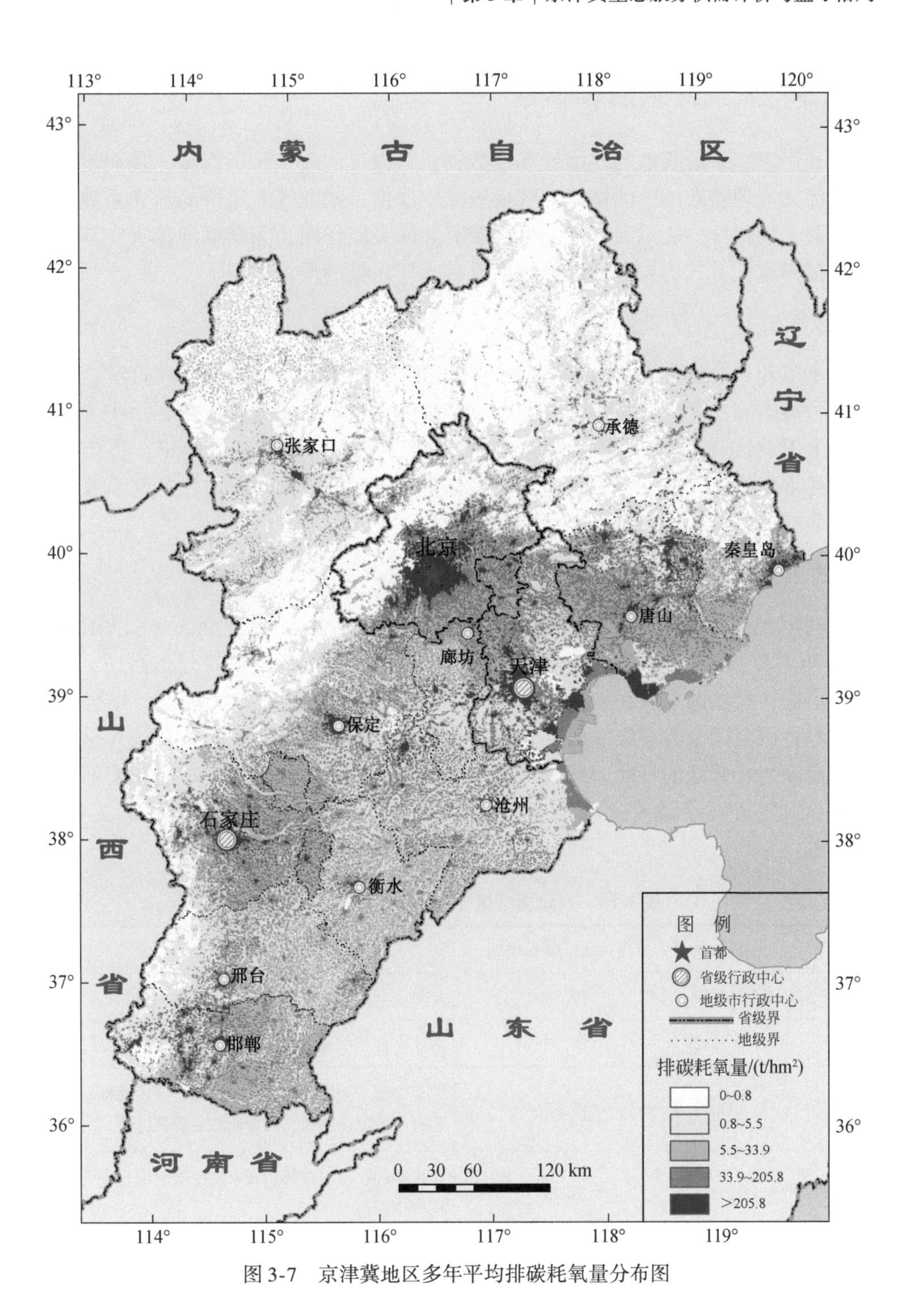

图 3-7 京津冀地区多年平均排碳耗氧量分布图

3.2.3 大气污染治理需求

利用遥感手段获取的气溶胶厚度数据，可以反演大气污染程度，进而表达出大气污染治理需求的空间格局。气溶胶光学厚度是指大气介质中的消光系数在垂直方向上的积分，表示大气中的气溶胶对光的衰减作用，光学厚度越大，其光辐射透过率越低。气溶胶光学厚度能够反映大气污染的严重程度。

3.2.3.1 数据来源与处理方法

本节利用 NASA 发布的 Level 2 级气溶胶产品，采用暗像元法进行反演得到，具有较高空间、时间分辨率和覆盖率，精度能满足本研究需求。在 LAADS DAAC 页面上下载 Aerosol 中的 MOD04_ L2 产品后，对数据进行几何校正、拼接与裁剪、异常值处理、统一分辨率等相关操作得到研究区不同时段内大气气溶胶光学厚度数据。

3.2.3.2 主要研究结果

利用 ArcGIS 和 ENVI 软件处理数据，分别得到 2001 年、2005 年、2010 年、2017 年 1 月、4 月、7 月、10 月及全年京津冀地区大气污染空间分布格局，然后计算出栅格尺度的大气污染多年平均值。利用 ArcGIS 的重分类模块，结合研究区实际将研究区分为 5 级。研究发现，大气气溶胶光厚度值空间分布格局呈现明显东南高西北部低的特征，反映出区域大气污染最严重区主要分布在东南部平原地区，大气污染较轻的区域是燕山、太行山区、坝上草原等地，见表 3-18 和图 3-8。

表 3-18 京津冀地区多年平均大气污染分级表

类型	面积/km^2	占京津冀地区面积比例/%	分布
污染很轻	42 015. 10	19. 34	承德北部及张家口北部
污染轻	44 267. 82	20. 38	北京北部、承德东南部、张家口南部、保定西北部
中等	43 333. 09	19. 95	北京中部、天津中西部、秦皇岛、唐山北部、保定西部、石家庄西部、邢台西部、邯郸西部
污染较重	44 013. 71	20. 26	唐山中部、保定中部、石家庄中部、邢台中西部及邯郸中南部
污染很重	43 570. 28	20. 06	廊坊南部、沧州、衡水、保定东南部、石家庄东部、邢台东部及邯郸东北部

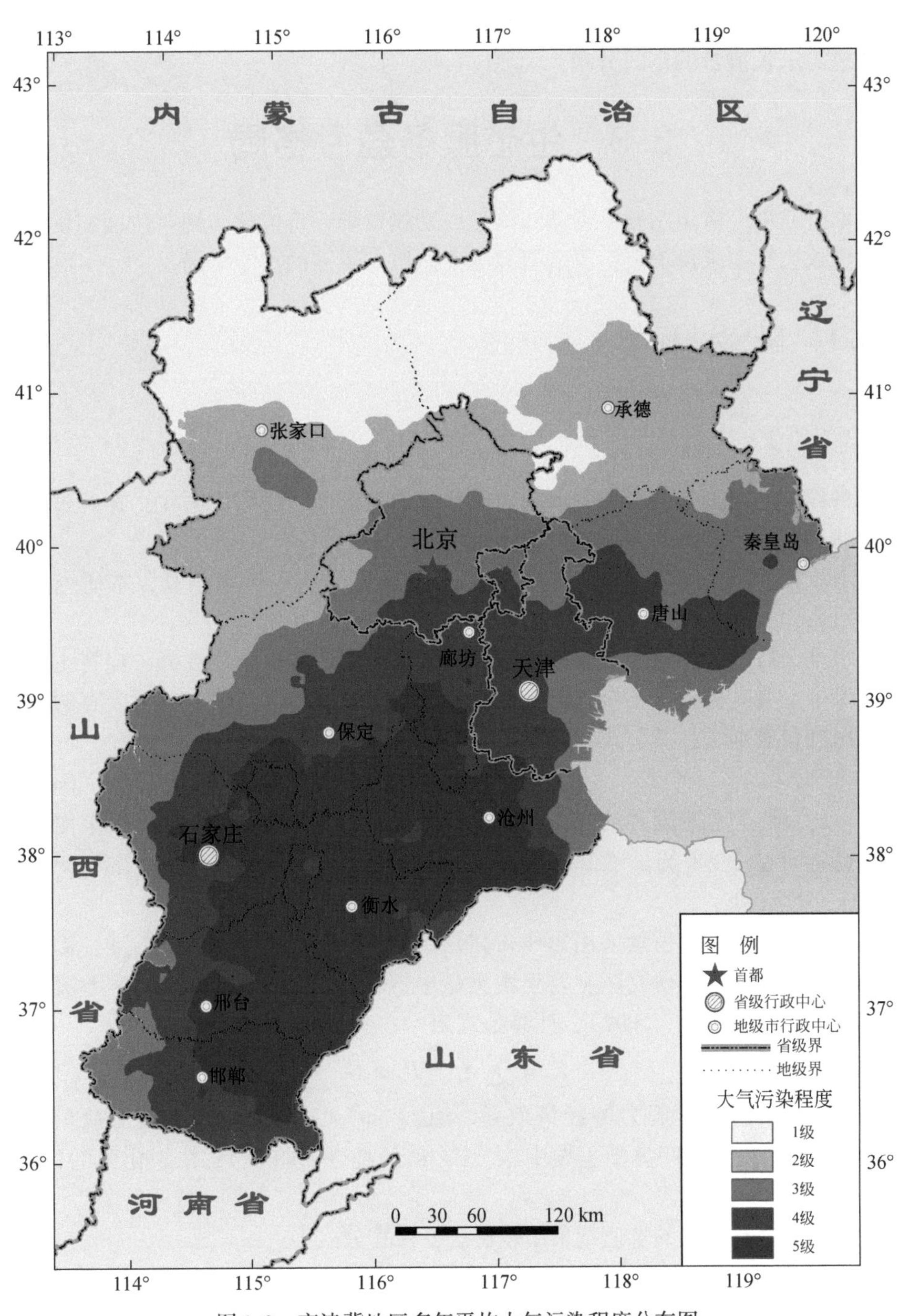

图 3-8 京津冀地区多年平均大气污染程度分布图

大气污染程度越严重，该区域对洁净空气的需求越强烈。后续研究将依据大气污染程度，计算大气污染治理所需花费的费用，可视化表达洁净空气或大气污染治理需求价值量的空间分布。

3.3 生态服务盈亏格局

本研究中，将生态服务供需物质量或功能量统一价值化，用单位面积供应总价值量减去总需求价值量，得到研究区生态服务供需的盈亏格局。

3.3.1 研究过程与主要方法

3.3.1.1 生态服务供需价值化方法

将各类生态服务供给和需求的物质量或功能量进行货币价值化，在此过程中单价的选取主要依据研究时段内物价水平。

水源涵养服务价值采用市场法，主要根据生活用水价格测算，本研究取值 3.70 元/m^3。

水土保持和防风固沙所保持土壤量的服务价值从减少土地废弃、保持土壤肥力和保持土壤有机碳等三个方面来测评（陈艳梅，2014）。减少土地废弃的价值量采用机会成本法，其公式为

$$E_i = B \times A_c / (\rho \times 0.5) \tag{3-28}$$

式中，E_i为减少土地废弃的经济价值［元/(km^2 · a)］；B 为单位面积年均收益［元/(km^2 · a)］；A_c为土壤保持量［t/(km^2 · a)］；ρ 为土壤密度（t/m^3），按土壤的干密度计算。

保持土壤肥力价值量采用影子价格法，主要测算各类土壤中 N、P、K 的流失量价值，需要获得研究区主要土壤类型中 N、P、K 的含量（河北省土壤普查成果汇总编辑委员会，1992），计算公式为

$$E_f = \sum A_c \times P_i \times C \tag{3-29}$$

式中，E_f为保护土壤肥力的经济效益［元/(hm^2 · a)］；A_c为土壤保持量［t/(hm^2 · a)］；P_i为不同类型土壤中 N、P、K 的纯含量（%）；C 为化肥的价格，平均价格取 2549 元/t。

保持土壤有机碳的价值量采用碳税法，计算公式为

$$E_c = A_c \times B_c \times V_c \tag{3-30}$$

式中，E_c为保持土壤有机碳的价值量［元/(hm^2 · a)］；A_c为土壤保持量［t/

$(hm^2 \cdot a)$]；B_c为不同类型土壤中平均有机碳含量（%）；V_c为碳价格，按北京2014～2017年碳交易均价，取51.2元/t（http://www.tanpaifang.com）。

固碳释氧价值算法采用碳税法和市场法，计算公式为

$$V_1 = A \times V_c \times R_c \tag{3-31}$$

$$V_2 = B \times C_o \tag{3-32}$$

式中，V_1和V_2分别为固碳价值、释氧价值［元/$(hm^2 \cdot a)$］；A和B分别为固定二氧化碳量和释放氧气量［t/$(hm^2 \cdot a)$］；V_c为碳价格；R_c为CO_2中C的含量，比例为27.27%；C_o为氧气的价格，按造林成本法，这里取353元/t（靳芳等，2005）。

净化大气污染物总价值量的计算公式如下：

$$E = \sum Q_i \times P_i \tag{3-33}$$

式中，E为净化大气污染物总价值量［元/$(hm^2 \cdot a)$］；Q_i为净化某类污染物的物质量［t/$(hm^2 \cdot a)$］；P_i为削减二氧化硫、氮氧化物、氟化物及粉尘的成本，其取值参考见表3-19。

表3-19 不同大气污染物削减成本

大气污染物	SO_2	NO_x	氟化物	粉尘
削减成本/(元/t)	1200	630	690	150

注：数据来源于文献（中华人民共和国林业局，2008；张彪，2009；靳芳等，2005）。

选用与上述生态服务供给物质量一致的货币价值化方法，分别测算水资源需求、排碳耗氧等生态服务需求价值量。大气污染治理需求利用统计年鉴数据，分析2001年、2005年、2010年和2017年京津冀三地的大气污染治理费用，叠加2017年大气污染防治专项资金，其中北京11.02亿元、天津22.63亿元、河北57.77亿元再叠加三地公众对大气污染治理支付意愿的调查结果，京津冀三地每人每年分别为381.09元、297.72元和269.66元（普思斯，2019）。将各个行政区大气污染治理投入资金，按研究区大气污染程度空间格局，在ArcGIS软件平台上模拟得到栅格尺度上大气污染治理需求价值量分布格局。

3.3.1.2 生态服务供需盈亏格局研究步骤

基于上述生态服务供需物质量和价值量研究方法，通过三个步骤得到研究区生态服务供需盈亏格局。首先，分别求取水源涵养、固碳释氧、防风固沙、水土保持以及净化空气等生态服务供给物质量的多年均值，将物质量通过货币价值化统一量纲。其次，分别测算水资源消耗、排碳耗氧、大气污染治理等生态服务需求量的多年均值，并进行货币价值化。最后，在ArcGIS平台中实现单位面积供

给价值量减去需求价值量，得到研究区每个栅格内净生态服务价值量，即研究区生态服务供需盈亏格局。

3.3.2 生态服务供给总价值量及其空间格局

在栅格水平上，将上述五种生态服务供给的多年平均价值量进行加和，得到京津冀地区生态服务供给价值量空间格局，见图 3-9。

京津冀生态服务供给能力不仅在燕山太行山、坝上高原和河北平原地区等大的地理单元间空间差异显著，同一地理单元内部其差异也非常明显。燕山、太行深山区生态服务供给能力突出，其次为坝上高原东部，供给能力较差区域为城市周边平原区与沿海平原区。燕山山区和太行深山区生态服务能力突出，单位面积生态服务供给价值量多介于 25 000 ~ 30 000 元/hm^2，高值区可达 80 000 元/hm^2左右，该区域位于海河、滦河及其支流的源头区，自然生态系统面积占比较大，植被生长状况良好，河流水系发达，是下游城市群和平原农业生产区的重要水源地，生态服务能力较好。太行丘陵区生态服务供给能力较差，多介于 4000 ~ 8000 元/hm^2，主要原因是人类开发利用历史悠久，旱地占比较高，且自然植被生长状况较差，水土流失严重。冀西北间山盆地西部生态服务能力不足，多数区域小于 5 000 元/hm^2，中部山地和盆地边缘山地可达 10 000 元/hm^2 以上。坝上草原区生态服务能力自东向西降低，该区域以草原生态系统为主，东北部草原单位面积供给价值量可达 10 000 元/hm^2以上，中部区域为 3000 ~ 6000 元/hm^2，到坝上西部区后不足 3000 元/hm^2，主要原因是降水量自东向西减少，生态服务能力随植被状况变差而降低。河北平原地区整体生态服务供给能力较差，多数区域单位面积供给价值量为 3000 ~ 7000 元/hm^2，平原中部有大面积果园，具有一定固碳释氧、净化空气能力，生态服务供应能力可达 8000 元/hm^2左右；大中城市或城镇周围，自然植被很少，生态服务能力较差，沧州、天津、唐山等沿海地区，由于盐渍化严重，农田生态系统质量较差，也属于低值区，单位面积供给总价值量小于 3000 元/hm^2，低值区周边多介于 3000 ~ 6000 元/hm^2。

京津冀地区范围内，河北是生态服务的主要提供者，按多年平均计算，每年提供的生态服务总价值量为 1319. 12 亿元，占区域总生态服务供给价值的 85. 88%，其次是北京，为 163. 08 亿元，占 10. 62%，天津占比最低，为 53. 72 亿元，仅占 3. 50%。河北供给生态服务的价值量分别是北京的 8. 09 倍，天津的 24. 56 倍，见表 3-20。

研究区各类生态服务价值供给量以固碳释氧服务价值量最高，其次是水源涵养、水土保持、净化空气和防风固沙，分别占区域总服务价值量的 35. 14%、

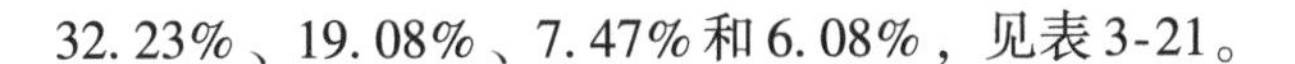

32.23%、19.08%、7.47%和6.08%，见表3-21。

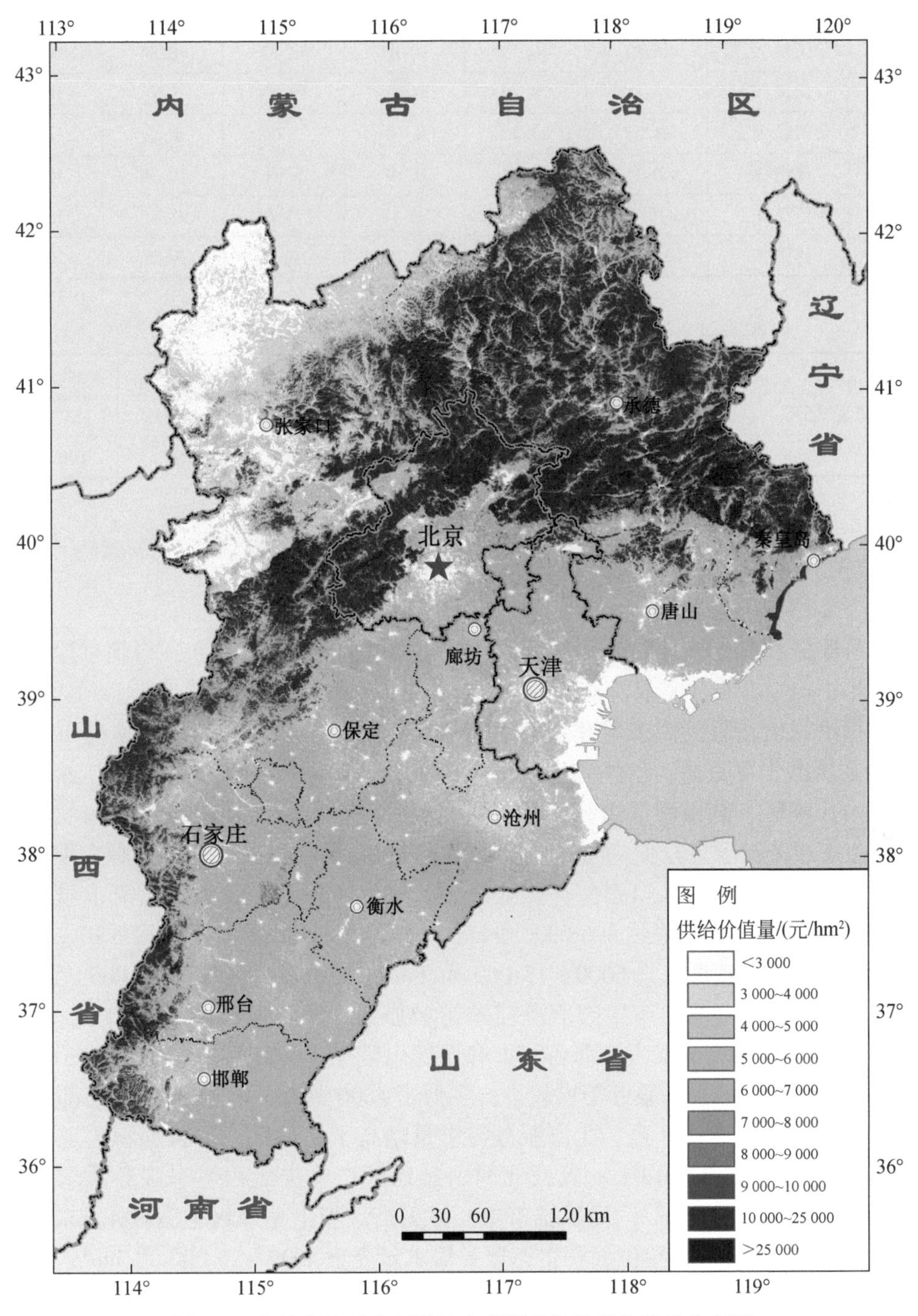

图 3-9 京津冀地区多年平均生态服务供给总价值量分布图

表 3-20　2001～2017 年京津冀地区分区生态服务供给价值构成

类别		水源涵养	固碳释氧	防风固沙	水土保持	净化空气	合计
北京	价值量/亿元	46.97	46.13	10.82	48.32	10.84	163.08
	比例/%	28.80	28.29	6.63	29.63	6.65	100
天津	价值量/亿元	21.57	23.45	0.10	3.18	5.42	53.72
	比例/%	40.15	43.65	0.19	5.92	10.09	100
河北	价值量/亿元	426.44	470.13	82.47	241.63	98.45	1319.12
	比例/%	32.33	35.64	6.25	18.32	7.46	100

表 3-21　2001～2017 年京津冀地区各类生态服务供给价值构成

类别	水源涵养	固碳释氧	防风固沙	水土保持	净化空气	合计
价值量/亿元	494.98	539.71	93.39	293.13	114.71	1535.92
比例/%	32.23	35.14	6.08	19.08	7.47	100.00

3.3.3　生态服务需求总价值量及其空间格局

将栅格水平上三种生态服务的多年平均需求价值量进行加和，得到京津冀地区多年平均生态服务需求价值量的空间分布情况，见图 3-10。

京津冀生态服务需求量在大的地理单元间空间差异显著，同一地理单元内部其差异也非常明显。京津冀生态服务需求量最大区域主要在平原区，其次是太行山丘陵区、燕山南部边缘区和冀西北间山盆地区，燕山山区北部和坝上高原区生态服务需求量较少。河北平原地区生态服务需求量最大，尤其是大中城市与城镇所在地，由于人口密集，工业集中，单位面积生态服务价值需求量超过 100 000 元/hm^2，最高值达 390 000 元/hm^2。平原区的大面积湿地或者农田、果园所在地，需求量较低，为 6000～15 000 元/hm^2，其余多数区域在 15 000 元/hm^2 以上。太行山区由北向南生态服务需求量增加，北部多为 3000～6000 元/hm^2，中部与南部地区的石家庄、邢台和邯郸西部山区介于 6000～15 000 元/hm^2。燕山山区北部和中部生态服务需求较少，多低于 4000 元/hm^2；燕山山区南部边缘区，由于大气污染较严重，生态服务需求量略高于北部区，单位面积生态服务需求量在 4000 元/hm^2 以上。冀西北间山盆地区，单位面积生态服务需求量多在 4000～15 000 元/hm^2，局部城市中心区更高。坝上草原区生态服务需求总量西部高、东部低，西部单位面积生态服务需求量介于 4000～15 000 元/hm^2，东部介于 2500～4000 元/hm^2，局部区域低于 2500 元/hm^2。

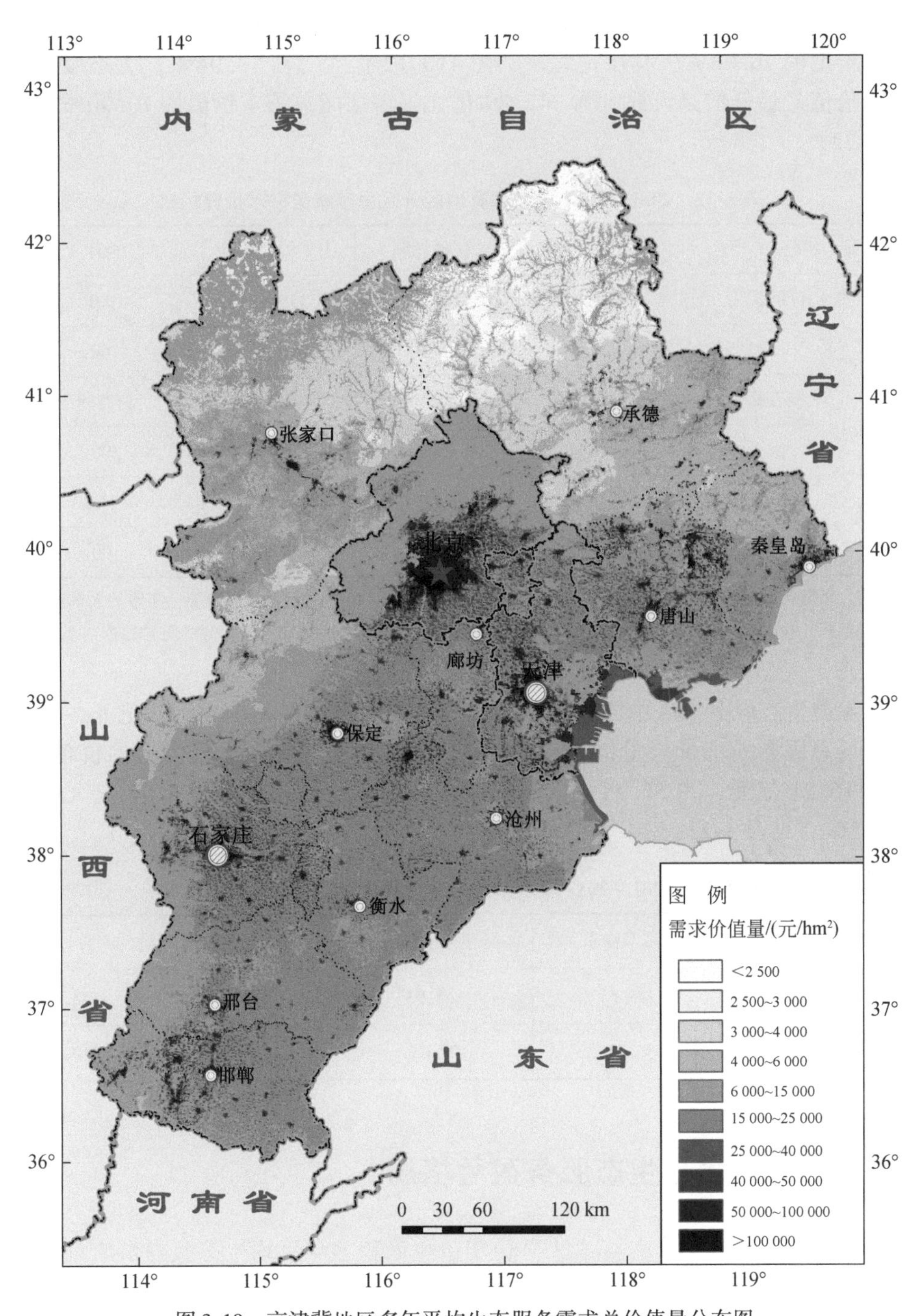

图 3-10　京津冀地区多年平均生态服务需求总价值量分布图

研究区内，河北生态服务需求总价值量最高，为2392.30亿元，占区域总需求价值的76.06%，其次是北京，为410.12亿元，占13.04%；生态服务需求总价值量最低的是天津，为342.89亿元，占区域总需求价值的10.90%，见表3-22。

表3-22　2001～2017年京津冀地区分区生态服务需求价值构成

类别		水资源需求	排碳耗氧	大气污染治理	合计
北京	价值量/亿元	105.59	167.72	136.81	410.12
	比例/%	25.75	40.90	33.36	100
天津	价值量/亿元	102.51	147.88	92.50	342.89
	比例/%	29.90	43.13	26.98	100
河北	价值量/亿元	951.47	553.33	887.50	2392.30
	比例/%	39.77	23.13	37.10	100

注：大气污染治理费用来源于2001年、2005年、2010年和2017年京津冀三地统计年鉴的大气污染治理费用数据，也包含2017年三地大气污染防治专项资金和公众对大气污染治理支付意愿的数据（普思斯，2019）。

各类生态服务需求中以水资源需求的价值量最高，达1159.57亿元，占多年平均总服务需求价值量的36.87%；其次，是大气污染治理需求的价值量，为1116.81亿元，占35.51%；最低是排碳耗氧价值量，为868.93亿元，占27.63%，见表3-23。

表3-23　2001～2017年京津冀地区分类生态服务需求价值构成

类别	水资源需求	排碳耗氧	大气污染治理	合计
价值量/亿元	1159.57	868.93	1116.81	3145.31
比例/%	36.87	27.63	35.51	100

3.3.4　栅格水平生态服务盈亏格局

在栅格水平上，基于ArcGIS平台用单位面积多年平均生态服务供给价值量减去生态服务需求价值量，得到研究区生态服务供需盈亏格局，见图3-11。

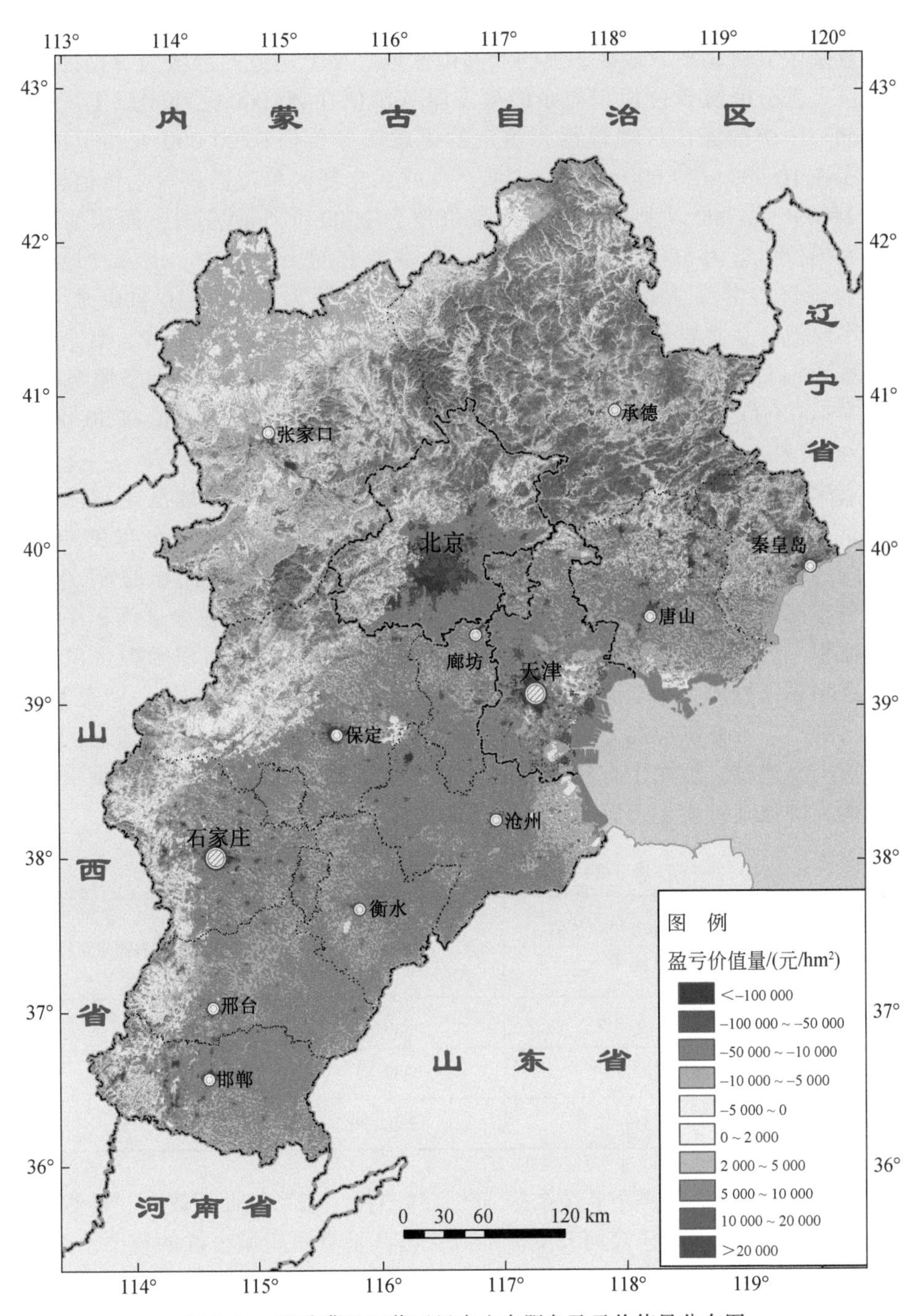

图 3-11 京津冀地区像元尺度生态服务盈亏价值量分布图

按自然地理单元分析，燕山山区北部、太行山深山区、坝上高原东部区是主要盈余区，河北平原地区、冀西北间山盆地、坝上高原西部区为亏损区。燕山山区大部分区域单位面积盈余的生态服务价值在 20 000 元/hm^2 以上。太行山北部与中南部深山区单位面积盈余的生态服务价值在 20 000 元/hm^2 以上，其余多在 10 000 ~ 20 000 元/hm^2。坝上高原东北部区单位面积盈余价值较高，可达 10 000 元/hm^2 以上，中部区盈余价值为 2000 元/hm^2 左右，西部为亏损区，亏损价值量为 5000 ~ 10 000 元/hm^2。冀西北间山盆地中，山区林地所在地为盈余区，其余大部分为亏损区，亏损价值量为 5000 ~ 10 000 元/hm^2。河北平原地区是主要亏损区，局部河流湿地、果园等区域亏损较少，其余大部分区域亏损价值量为 1000 ~ 50 000 元/hm^2；大中城市与城镇生态服务亏损价值在 100 000 ~ 389 000 元/hm^2，高值区周边生态服务亏损价值在 50 000 ~ 100 000 元/hm^2。

京津冀生态服务盈余区面积小于亏损区，且供应能力不能满足本区域需求。京津冀生态服务盈余区面积占研究区面积的 32. 93%，主要分布在自然生态系统为主的山区、高原等。生态服务亏损区面积占研究区面积的 67. 07%，集中分布在河北平原地区城市、城镇及其周边。研究区内，盈余区面积小于亏损区面积，盈余区单位面积供给价值量偏低，亏损区单位面积亏损价值量极大，京津冀区域内，生态服务需求总价值量是总供给量的 2. 05 倍，见表 3-24。区域自身生态服务供应能力不能满足区域经济社会发展需求，需要通过区域生态补偿机制建设，加大生态建设与生态保护投资力度，提高生态服务供给区生态功能，增强其供应生态服务与产品的能力。

表 3-24　京津冀地区生态服务供需总量

行政区	生态服务供应价值总量/亿元	生态服务需求价值总量/亿元	供给量约占需求量比例
北京	163. 08	410. 12	2/5
天津	53. 72	342. 89	1/6
河北	1319. 12	2392. 30	5/9

燕山山区是生态服务主要盈余区。该区域自然生态系统面积较大，自然条件好，河流水系发达，位于滦河及支流的源头区，是京津唐城市群的重要水源地，水源涵养能力较好；区域内植被生长状况良好，固碳释氧、净化空气、保持土壤等生态服务能力突出，单位面积生态服务供给能力高于其他区域。与此同时，该区域人口密度较低，经济发展相对落后，区域内水资源需求量、排碳耗氧量较

少，大气环境质量较好，治理大气污染的费用较低，单位面积生态服务需求量相对较低，因此整个区域生态服务供给量大于需求量，是京津冀地区主要的生态服务盈余区，也是生态保护的重点区域。

太行深山区生态服务盈余较明显，丘陵区略有亏损。该区域深山区是海河水系的大清河、子牙河、漳卫河系等十几条支流河流的发源地，还有发源于山西的唐河、沙河、滹沱河、漳河等从这里穿行。深山区以森林生态系统为主，植被状况较好，固碳释氧、净化空气、水源涵养、保持土壤等生态服务能力较强。该区域在深山区人口密度较低，经济发展相对落后，区域内水资源需求量、排碳耗氧量较少，大气环境质量较好，单位面积生态服务需求量较低，因此太行山深山区生态服务供给量大于需求量，单位面积生态服务能有盈余。但丘陵区植被盖度不及深山区，水土流失严重，生态服务能力不足，且丘陵区开发强度大于深山区，生态服务需求量也偏多，不能维持自身的需求。太行深山区是生态保护的重点区域，太行丘陵区是水土流失重点治理区，应进一步加大生态修复工程建设。

坝上草原东北部地区有盈余，西部地区亏损。该区域内以草原生态系统为主，具有一定的固碳释氧、净化空气、水源涵养、保持土壤与防风固沙等服务能力。由于降水量自东向西减少，植被状况也随水分条件限制越来越差，因此越向西部，生态服务能力越低。并且，西部区农业用地面积多于东部区，农业对水资源需求量较大。因此，东部区生态服务盈余，西部区亏损。该区域既是防风固沙重点区，更是沙漠化前沿，生态环境脆弱敏感，稍有不慎会引起土壤沙化，是区域生态修复和生态建设重点区，该区域生态环境质量的好坏直接关系到京津和广大平原区大气环境质量。

在冀西北间山盆地，除山区林地生态服务有盈余外，其余区域均呈亏损状态。该区域降水量偏少，自然植被以草地和灌丛为主，生态服务能力不足，但盆地中心区大气污染物不易扩散，净化空气服务需求量略大，且该区域也有大面积农业用地，水资源需求量也较大，因此，区域生态服务亏损面积比例较大。冀西北间山盆地中部与边缘山地森林植被较多，固碳释氧、净化空气、水源涵养、保持土壤等生态服务能力较好，冬春季节迎风坡区域防风固沙能力较好，生态服务价值有盈余。张家口市与宣化区等城镇所在地因人口密度大、工业相对集中，生态服务需求量较大，呈亏损状态。整体来看，该区域自然条件较差，是区域降水量最少的区域之一，生态环境脆弱敏感，水土流失与沙漠化均比较严重，是距离北京最近的一道生态防线，生态修复与生态建设已经迫在眉睫。

河北平原地区生态服务呈亏损状态，城市与城镇是亏损最严重的极值区。

区域内主要以农田生态系统为主，具有一定的固碳释氧和净化空气等服务能力，其他生态服务能力不足，且该区域人口密度大，经济发展水平相对较高，区域内水资源需求量、排碳耗氧量较大，大气污染严重，单位面积生态服务需求量很高，因此整个区域生态服务供给量远远小于需求量，生态服务亏损明显。同时，城市或城镇区人口密集，工业集中，自然植被较少，区域自产的生态服务更少，生态服务需求量却极大，主要靠其他区域为其供应水资源、干净的空气等，因此生态服务亏损极值区均位于城市或城镇周围。该区域由于开发时间长，自然植被很少，生态服务能力有限，环境质量有待提升，且这里是人口密集区和经济发展中心，是区域生态保护与修复工作的主要受益区，该区域应该在完成本区域生态环境保护任务前提下，主动帮扶其他区域进行生态建设与生态修复工作。

本章小结

京津冀地区生态服务供给价值量空间格局。京津冀地区生态服务供给价值量最高的区域主要集中在燕山和太行山深山区，单位面积供给总价值量大于25 000元/hm^2，坝上高原西部、沿海平原以及主要城镇附近生态服务供给价值量较低，单位面积供给总价值量小于3000元/hm^2；按行政区分析，京津冀地区范围内河北是生态服务的主要提供者，占区域总生态服务供给价值的85.88%，北京占10.62%，天津仅为3.50%。研究区各类生态服务价值供给量以固碳释氧服务价值量最高，其次是水源涵养、水土保持、净化空气和防风固沙。

京津冀地区生态服务需求价值量空间格局。生态服务需求价值量最高的区域主要集中在平原地区城镇附近，单位面积生态服务需求总价值量大于100 000元/hm^2，生态服务需求价值量低值区主要分布在燕山北部、太行山北部和坝上高原东北部地区，单位面积生态服务需求总价值量小于3000元/hm^2。按行政区分析，河北生态服务需求总价值量最高，占区域总需求价值的76.06%；其次是北京，占13.04%；天津占10.90%。各类生态服务需求中以水资源需求的价值量最高，其次是大气污染治理和排碳耗氧需求价值量。

京津冀地区生态服务供需空间错位现象明显，供应能力不能满足区域需求。在栅格尺度上，京津冀生态服务盈余区面积占研究区面积的32.93%，盈余区的高值区主要分布于燕山山区、太行山深山区，大部分区域单位面积盈余的生态服务价值在20 000元/hm^{2}左右。生态服务亏损区面积占研究区面积的67.07%，主要分布于平原区的各大城市所在地，亏损最多的是北京、天津等市区，亏损价值量在100 000元/hm^{2}以上。京津冀生态服务盈余区供给能力不足，亏损区需求总价值量极大，区域内生态服务需求总价值量是供给总价值量的 2.05 倍。

京津冀地区应分区明确生态建设方向。燕山山区和太行深山区是生态服务主要盈余区，该区域生态保护与维护工作是重点任务。太行山丘陵区和冀西北间山盆地西部区生态服务基本保持平衡或略有盈余，应加大区域生态修复与生态建设工作。坝上草原生态服务有所盈余，东西部差异显著，应兼顾生态保护与修复工作。河北平原地区整体生态服务亏损比较严重，应该为上游或上风向区域生态建设提供部分建设资金。

第4章 流域视角京津冀生态服务空间流转过程分析

生态服务通过一定的介质在空间上流转，以水为生态介质所产生的生态服务空间流转主要在流域内完成。在流域内通过河水流动过程，能够实现涵养水源、水土保持、净化水质等服务效益从上游区域向下游广大地区转移，河流的闸坝数量与分布、河流径流量、河流等级与河流水质等影响生态服务效益流转的过程与效率。

4.1 流域生态单元

流域生态单元是以水为生态介质，通过连续的陆面-水体过程将上中下游区域联结成的一个有机整体。流域生态单元包括自然、生态和经济社会诸要素，属于生态结构完整且具有特定生态功能的区域综合体。

流域生态单元内不同空间位置生态功能和生态服务类型不同。在特定的时空尺度下，以水为生态介质，可将流域生态单元按照相应生态服务的提供者和受益者分为流域生态服务的供体区和受体区。流域内生态供体区提供以水为生态介质流转的生态服务，生态受体区主要是获得或享用以水为生态介质流转的生态服务。一般而言，一个结构完整的流域，上游地区由于地势较高、林草资源丰富，具有较高的水源涵养和水土保持能力，属于生态服务供体区。流域下游地区，地势平坦，耕地所占比重较大，城镇密集，往往是人类集中聚居区或城市群，主要提供生产生活功能，通常属于生态服务受体区。中游地区湖泊湿地较多，以人类居住开发和洪水调蓄为主，通常提供生产生活基地、洪水调蓄和水环境净化等服务，兼有生态供体区和受体区综合特征。

与水文学上流域基本单元的划分不同，流域生态单元具有两个特点：一是更强调生态单元的发生统一性、空间完整性及功能一致性，是具有相对完整性的生态区域类型。二是在某个特定的分析研究尺度下，流域生态单元不仅可以向下细分成子流域，还可以按流域不同部位的生态功能或所提供生态服务类型进行生态区域的进一步分区。

从流域生态单元的构成要素上看，其构成要素不仅包括生态介质——水，还包括流域各种自然生态要素和经济社会要素。自然生态要素主要有森林、草地、河滨植被带、湿地、水库和湖泊、土壤和岩石等。经济社会要素主要为各级城镇体系、工农业生产体系等。各要素在维持自身结构和过程的同时，体现出所属生态供体区或受体区的多种复合功能。

4.1.1 流域生态介质

水是流域的生态介质，水的流动性及三态（液态、气态和固态）属性决定了它在流域中具有连接和纽带作用，连接着流域内多种生态过程。水的连接作用可以从三个方面进行描述：一是水平连接，指在水平或近水平方向，由河流上游至河流下游或由支流进入干流的网络性连接；二是垂直连接，指在河道的地表径流及其潜流层和地下水在垂直方向上的连接，也常指河道内地表水与地下水的交换，但不是所有的河道内部都存在垂直连接，是否能够连接取决于河床基质及更深层的地质结构；三是侧向连接，指通过地表径流、壤中流产生的连接，如河岸植被或陆地系统与河道中水的相连。水作为纽带将流域上、中、下游及所有的汇水范围，即整个流域连接为一个整体。

同时，水作为支持流域经济社会发展的重要自然资源，连接着众多经济和社会过程。随着流域尺度的增大，流域生态结构不仅包括自然结构，也包括城市、农村与农田等社会结构，流域中的水文过程事实上已将自然环境、社会与经济等众多过程连接起来。水的流动既与泥沙输送、物种栖息、水质净化、洪水调蓄等生态过程直接相关，又与航运、发电、灌溉、美学、文化、健康、工业用水等经济社会过程密切相关。正确处理或协调这些过程间的相互作用和联系对流域生态保护与发展十分重要。

流域中任一空间范围生态结构或过程发生变化，均会通过水的连接作用将这一变化扩散到其他生态过程或其他空间。例如，流域上游的林草区遭到破坏后，不仅直接影响水文过程或增加泥沙，还会扩展到其他方面，如导致下游水质下降、河流形态与水生栖息地发生变化、河道导流能力降低、水库淤积而降低使用年限、洪峰流量增加而诱发水灾等。又如工业区污染物排放不仅直接造成水质下降，还会影响到水生生物、旅游和人类健康等方面。

4.1.2 流域生态服务供体区

流域生态服务供体区主要是水源涵养区、土壤保持区、洪水调蓄区、水环境净化区等。流域生态供体区多表现为自然景观，包括林草区、河滨植被带、湿地、水库、湖泊和裸地等。生态供体区生态功能的充分发挥和生态服务或资源的持续供给，主要依靠区域自然景观的生态要素在结构上的合理配置和生态过程的连续通畅。

水源涵养区多是林草覆被盖度较大和降水量丰富的区域，具有良好的水源涵养能力。该区域一般位于流域上游林草茂密地方，林草冠层和枯枝落叶层能降低雨水的冲击作用，植物根系能够改善土壤结构，延长地表径流形成时间。如此，该区域从林草冠层到下部的土壤层均能暂时蓄积水分，这些水分通过土内径流或向下渗透到地下水等方式补给区域内的河流，起到调节径流和涵养水源作用。

土壤保持区多位于山区植被较好的区域，保育土壤能力突出。该区域内林草植被根系的固持土壤作用及截留、吸收和下渗作用等，降低降雨和地表径流对土壤表面的冲刷力，提高土壤抗侵蚀性能，减少水土流失量。在完全郁闭与发育较好的林草区，植被树冠通过对降雨的拦截使降雨的动能大为降低。特别是在有不同高度的灌木、草本植被及枯枝落叶存在的情况下，雨滴的动能几乎被这些拦截作用所消耗，对土壤颗粒的击溅作用降到很小，因此林草区多层植被及枯落物层具有非常好的保持土壤性能。土壤保持区保育土壤功能的发挥，对区域减少土地退化、减轻河道和水库泥沙淤积、增强水资源有效利用等方面均有重要作用。

洪水调蓄区一般是湿地、水库和湖泊所在地。该区域是流域内水的主要储存库，是人类生产和生活用水的主要来源，也是地下水的重要补给源。在雨季，洪水调蓄区可以吸纳大量的水，调节下游受体区的河川径流，削减流域洪峰流量，推迟下游地区洪峰到来，从而减轻洪水对下游受体区生产生活的威胁；在枯水季节，洪水调蓄区能增加河流水量，推迟枯水期到来，减小洪枯比，增加水资源利用效率。目前，湿地和湖泊遭受围垦而萎缩、关键林草区遭受破坏，必然会对全流域的防洪抗旱带来不利影响。

水环境净化区是河（湖）滨植被带和水塘系统。该区域植被带通过过滤、渗透、吸收、滞留、沉积等机械、化学与生物功能使进入地表和地下水的污染物毒性减弱、污染程度降低。该区的泥炭地，因其所具有较强的离子交换性能和吸附性，能减轻水体污染。该区还可以通过减少地表径流，降低泥石流的概率，稳固河岸、减少河岸的冲刷，减少水土流失，从而减少河道中的悬浮泥沙。保护沿河、沿库、沿湖的植被带，对于控制或过滤泥沙或污染物等有十分重要的作用。

4.1.3 流域生态服务受体区

流域生态受体区通常表现为人类聚集、经济发达的生产生活集中区。该区域在纵向上主要包括各级城镇体系和工农业生产体系，在空间上表现为生活居住区、农业发展区、工业生产区等。

城镇体系是指“在一个相对完整的区域或以中心城市为核心，由一系列不同等级规模、不同职能分工、相互密切联系的城镇组成的系统”（刘阳，2013）。该体系中，以城镇人口为主体，以空间利用为特点，需要从系统外部环境获得大量资源与能源。与此同时，该体系又具有本身特有功能，比如服务功能、管理功能、协调功能、集散功能、创新功能、文化功能等。

生活居住区主要是居民集中居住区。多位于城镇或城市中心位置，地势较高、景观优越、卫生条件较好、有适当的发展空间、不易遭受自然灾害。从大气环境、水环境等角度考虑，应尽可能少受环境污染的影响。该区的主要功能是方便居民生活。

农业发展区是从事农业生产活动的区域。早期，该区一般主要发展耕作业，种植粮食作物和经济作物，是农业自发形成的自然分区。目前，可以根据区域自然资源背景和生产特点的不同，划为各种类型的农业区，这些农业区相互依存又相对独立，共同组成农业生产地域综合体。

工业生产区多数是由工业企业群组成，体现着区域经济的某种特征。工业生产区多是在优越地理条件基础上，或是充分利用当地自然资源，或者充分发挥工业集聚优势逐步形成的。在通常情况下，工业生产区有共同的市政设施和动力供应系统，工业企业间有密切相互协作关系。该区主要具有生产功能，消耗资源能源，生产工业产品。

流域内的生态服务受体区持续稳定发展依赖流域上游生态供体区的生态支撑。流域内上游水源涵养、水土保持、洪水调蓄和水环境净化等生态服务稳定持续供应，下游生态受体区才能享有充足清洁的水资源。上游生态供体区积极进行生态保护、修复等工作，才能避免中下游河湖和水库泥沙淤积及富营养化，减少洪灾损失等。生态服务受体区内部经济社会系统的持续良性运转，需要上游生态供体区提供各种生态产品和资源能源；与此同时，下游生态受体区经济社会健康发展也才能为上游区提供更多生态建设资金，维护整个区域人地关系协调发展。

4.2 京津冀流域生态单元划分

4.2.1 京津冀区域子流域的划分

利用 DEM 高程数据和 ArcGIS 软件的水文分析工具模块提取得到京津冀流域数据。流域提取过程主要包括洼地填充、水流方向判断、河网提取、积水流域提取等，再结合现有研究区河流水文资料，综合分析得出京津冀诸子流域的分界线。

京津冀范围内主要有海河和滦河，具体包括位于区域东北部的滦河及冀东沿海诸河、北部的北三河、西北部的永定河、中部的大清河、中南部的子牙河，以及河北平原地区东南部的黑龙港及运东诸河等子流域。另外，京津冀范围内还包括辽河流域和漳卫河流域小部分区域，西北部内流河区。

滦河及冀东沿海诸河流域地处京津冀东北部地区，流域总面积为 54 400km^2，其中，位于京津冀地区的面积为 45 870km^2。该流域包括滦河和冀东沿海诸河两部分。滦河发源于河北省西北部的丰宁，包括小滦河、兴洲河、伊逊河、武烈河等小流域，诸河流蜿蜒于峡谷间，汇流到主河道后，流经平原地区汇入渤海。除此之外，还有陡河、洋河、石河等河流汇入冀东沿海，称为冀东沿海诸河，这里一并划入滦河流域。

北三河流域主要包括北运河、潮白河、蓟运河 3 条河流汇水范围，流域总面积为 35 808km^2，全部位于京津冀范围内。北运河发源于燕山南麓，北关闸以上河流部分称为温榆河，以下称北运河，河流流经河北香河和天津武清后与永定河汇流，流域面积 6166km^2。潮白河由潮河、白河两个重要支流构成。潮白河经北京密云，过顺义，进入平原区，吴村闸以下河流被称为潮白新河，途中接纳青龙湾减河，在天津宁车沽进入永定新河，流域面积 19 354km^2。蓟运河，主要支流有泃河、州河和还乡河。泃河与州河发源于燕山南麓承德兴隆县，汇合后沿途纳还乡河分洪道，最终汇入永定新河，进入渤海，流域面积 10 288km^2。

永定河流域范围涉及山西、内蒙古、河北、北京、天津五地，主要的支流有洋河、桑干河，流域面积 47 016km^2，其中位于京津冀地区面积为 22 435km^2。洋河发源于内蒙古兴和，由南洋河、东洋河、西洋河等支流，在怀安县汇合而成。桑干河发源于山西管涔山，于阳原县施家会进入河北，与洋河汇合后始称永定河，此后，进入官厅水库，经北京、廊坊入永定河洪泛区，最终，经永定新河汇入渤海。

大清河流域范围涉及山西和京津冀地区，流域总面积为 43 060km^2，其中位于京津冀地区的面积为 41 609. 7km^2。上游支流众多，至中游分为南北两大支流。北支主要为拒马河，该河出铁锁崖山口后在落堡滩分为北、南拒马河。北拒马河纳胡良河、琉璃河、小清河等支流，汇合后称白沟河；南拒马河支流有北易水、中易水等，与白沟河交汇后称大清河，最终由白沟引河进入白洋淀。大清河流域内南支外貌特征是明显的扇形流域，发源于太行山的磁、沙、唐、界、府、漕、瀑、萍等支流最终汇集，进入白洋淀，通过赵王新河进入东淀。最后经海河干流和独流减河进入渤海。

子牙河流域涉及河北、山西两地，流域总面积为 46 868km^2，位于河北的面积为 27 738. 3km^2。子牙河流域主要支流为滏阳河和滹沱河。滏阳河源于太行山东麓，呈扇形分布。主要支流有牤牛河、洺河、南澧河、泜河、午河、槐河、洨河等；滹沱河岗南水库以上支流主要有阳武河、清水河等，干流流经山西省忻定盆地，然后进入河北境内。此后，向下经石家庄、衡水、沧州在献县地区与滏阳河和滏阳新河汇合，通过子牙新河进入渤海。

黑龙港及运东诸河流域位于河北东南部，主要有南排水河和北排水河两大排水系统，总面积为 22 444km^2。南排水河主要支流有老漳河、滏东排河、老盐河、老沙河、清凉江等；北排水河主要支流为黑龙港河西支、中支、东支和本支等河流，并于兴济入海。运东地区有宣惠河、大浪淀排水渠、沧浪渠和石碑河等。

4. 2. 2　流域视角生态服务供体区与受体区划分

在研究区范围内，将水源涵养和水土保持两种生态服务评估所得的高度重要与极重要区叠加，得到流域视角生态服务供体区。根据京津冀区域用水量空间分布格局评估结果，将高度需水区和极需水区叠加，得到流域视角生态服务受体区。其中，生态服务供体区面积为 86 537. 21km^2，主要分布在燕山山区和太行山山区，坝上高原和平原地区有零星分布；生态服务受体区面积为 48 762. 82km^2，主要集中在东部平原及沿海地区，冀西北间山盆地也有零星分布。将流域视角生态服务供体区、受体区与京津冀诸流域分布范围进行叠加分析，得到京津冀诸流域生态服务供体区与受体区空间格局图，见图 4-1。

在京津冀诸流域中，滦河流域内生态服务供体区面积最大，为 35 434. 37km^2。生态服务受体区面积以大清河流域内为最大，达到 12 481. 62km^2，见表 4-1。

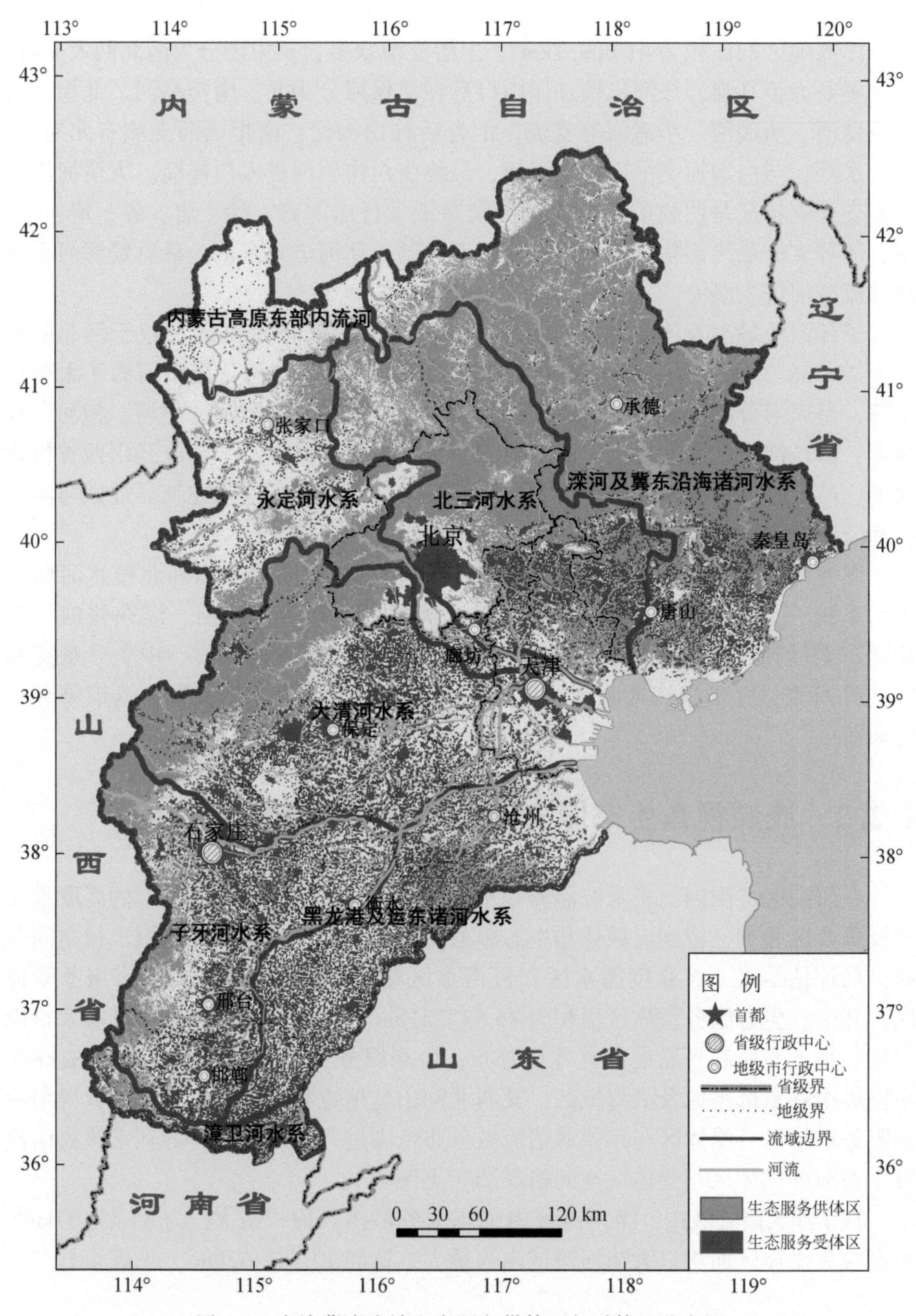

图 4-1　京津冀诸流域生态服务供体区与受体区分布图

表 4-1 京津冀流域内生态服务供体区与受体区划分

流域	生态服务供体区		生态服务受体区	
	面积/km^2	分布	面积/km^2	分布
滦河流域	35 434. 37	燕山山区，承德北部，秦皇岛北部、东部	5 377. 83	承德南部、秦皇岛南部、唐山大部
北三河流域	22 381. 29	张家口东部，北京西北、北部山区	6 794. 05	北京中部、东南部，廊坊北部，天津大部
永定河流域	5 897. 44	冀西北地区，张家口南部、东南部，北京西部山区	2 230. 36	北京南部
大清河流域	12 477. 76	保定北部和西部山区	12 481. 62	保定中部，沧州西北部，天津南部，廊坊南部
子牙河流域	5 733. 68	石家庄、邯郸和邢台西部山区	10 032. 99	石家庄和邢台平原区、衡水等

注：京津冀西北部内流河流域与黑龙港及运东诸河流域，从流域视角很难划定生态供受关系，漳卫河流域在京津冀范围内面积较小，未进行统计分析。

4. 3 流域生态服务流转连通性评估方法

流域上中游有大面积森林、草地、湿地、湖泊水库等自然生态系统，具有涵养水源、水土保持、净化水质等服务，从理论上看这些生态服务类型可以通过河流水资源的汇集与流动过程从上中游区域向广大下游地区流转，流转量多少受到诸多因素的影响或限制。通过建立流域生态服务流转连通性评估模型，定量评测不同级别河流及其所在流域的生态服务流转效率。

4. 3. 1 流域生态服务流转连通性测评模型构建

通过资料分析发现，影响流域生态服务流转连通性的因素主要包括河流径流量、河流级别、水利设施的修建和水质状况等。河流径流量越大，级别越高，水体流动速度越快，生态服务从上游向下游流转的连通性越好；反之，径流量小，级别低，连通性相应会弱。另外，河流上大量水利设施的修建，导致河流被截断，原有的连通状况遭到破坏；水质变差，营养物质积聚，水体富营养化，河流连通能力也会随之变差。

4. 3. 1. 1 测评模型

在保证流域生态结构合理的基础上，分析流域内生态服务流转的生态过程连通特征。流域生态服务流转连通性主要测评因子包括闸坝分布及其上下游长度、闸坝（水库、湖泊）阻力、径流量、河道级别、水质状况等。其测评模型如下：

$$P=\frac{L_{上}}{L}\times\frac{L-L_{上}}{L} \tag{4-1}$$

$$P_i=\frac{\sum_{t=1}^{m}P_t}{n} \tag{4-2}$$

$$F=\sum_{i=1}^{n}P_i\alpha_i\beta_i\frac{Q_i}{Q_0} \tag{4-3}$$

式中，P 为某闸坝阻力；P_i为某河流闸坝阻力平均值；$L_{上}$和 $L-L_{上}$分别为闸坝上、下河流的长度（m）；L 为某河流总长度（m）；F 为流域生态服务流转连通度；t 为某闸坝；m 为河流上闸坝总数量（座）；α 为河道重要度，根据河道级别确定；β 为河流水质状况；Q_i为某河流多年平均径流量（m^3）；Q_0为流域多年平均水资源总量（m^3）；n 为流域内河流总段数。

在计算 P 值过程中，假设某河流的长度为 1，闸坝数量和分布位置不同，P 值有所不同。假设闸坝均匀分布在河流上，利用式（4-1）计算 P 值，闸坝数量分别为 1、2、3 时，闸坝的阻力值的计算结果如表 4-2 所示。注意：实际河流上的闸坝并不是均匀分布，需根据闸坝上下游河流的实际长度进行测算。

表 4-2　P 值计算方法

闸坝数量	图示	计算方法	结果
1	——●——	$\frac{1}{2}\times\frac{2-1}{2}$	$\frac{1}{4}$
2	——●——●——	$\frac{1}{3}\times\frac{3-1}{3}+\frac{1+1}{3}\times\frac{3-1-1}{3}$	$\frac{4}{9}$
3	——●——●——●——	$\frac{1}{4}\times\frac{4-1}{4}+\frac{1+1}{4}\times\frac{4-1-1}{4}+\frac{1+1+1}{4}\times\frac{4-1-1-1}{4}$	$\frac{10}{16}$

4.3.1.2　计算指数标准化方法

由于各因素在取值过程中量纲不统一，在计算流域内生态服务流转连通性之前，需对现有的各指标进行统一的标准化处理，将全部数据变换至（0，1）。

当表达指标的数据为定量数据时，采用阈值法进行标准化的处理，评价指标分为两类，即正向指标（值越大连通性越好）和逆向指标（值越小连通性越好），其处理方法不同，具体如下。

逆向指标：
$$y_i = \frac{\max x_i + \min x_i - x_i}{\max x_i} \tag{4-4}$$

正向指标：
$$y_i = \frac{x_i}{\max x_i} \tag{4-5}$$

表达指标的数据为定性数据时，采用等级量化的方法，根据专家打分确定指标的取值，具体取值方法见表 4-3。

表 4-3　评价指标等级量化表

标准	E	D	C	B	A
评分	0 ~ 0.6	0.6 ~ 0.7	0.7 ~ 0.8	0.8 ~ 0.9	0.9 ~ 1.0

根据京津冀地区实际，将所选指标进行标准化处理，径流量数据和闸坝阻力等定量因素采用阈值法，河流级别和水质级别等采用专家打分方法，见表 4-4 和表 4-5。

表 4-4　河流级别等级量化表

河流级别	三级	四级	五级
分值	0.75	0.5	0.25

表 4-5　水质级别等级量化表

水质级别	Ⅱ	Ⅲ	Ⅳ	Ⅴ
分值	0.8	0.6	0.4	0.2

注：对于同一条河流上水质级别不同的河段根据其河段长度占总河长的比值估算。

4.3.1.3　连通性能分级方法

对流域内各流域的生态服务流转连通性测评值由大到小进行排序，在 ArcGIS 中运用自然间断分级法（Jenks）进行五级分类，对近似值进行综合分类，使各组之间的差异最大化。分级依次为极好、较好、一般、差、极差。

4.3.2　主要指标与参数选取

4.3.2.1　水利设施分布及其阻力

在分析流域生态单元内生态服务空间流转过程时，首先考虑水利设施的影响。京津冀诸流域生态单元水利设施主要涉及闸坝和水库两类，有 97 座水利设施，包括大型闸坝6个、中型闸坝50座、水库41座。另有2个大型湖泊：白洋淀和衡水湖，见表4-6。

表4-6　京津冀诸流域闸坝、水库、湖泊的情况

流域生态单元	大型闸坝量/个	中型闸坝量/个	水库、湖泊量/个	涉及水库、湖泊名称
滦河及冀东沿海诸河流域	1	0	13	陡河水库、飯依寨水库、石河水库、桃林口水库、洋河水库、大黑汀水库、潘家口水库、大庆水库、黄土梁水库、庙宫水库、丰宁水电站水库、孤石水库、闪电河水库
北三河流域	2	2	7	云州水库、密云水库、于桥水库、般若院水库、大河局水库、接官厅水库、邱庄水库
永定河流域	0	1	4	太平庄水库、壶流河水库、洋河水库、官厅水库
大清河流域	3	3	8	横山岭水库、王快水库、西大洋水库、龙潭水库、瀑河水库、安各庄水库、龙门水库、白洋淀
子牙河流域	0	10	9	东武仕水库、大洺远水库、朱庄水库、野沟门水库、临城水库、白草坪水库、张河湾水库、岗南水库、黄壁庄水库
黑龙港及运东诸河流域	0	34	2	黄灶水库、衡水湖
合计	6	50	43	—

注：数据来源于《河北省水利大全》，其中，闸坝数据主要为大、中型闸坝，大型闸坝过闸水量一般大于1000m^3/s，中型闸坝过闸水量一般在100～1000m^3/s。

在京津冀范围内，按诸流域闸坝分布情况统计，黑龙港及运东诸河流域闸坝分布最多，共有34座中型闸坝。该流域位于平原区，农业发达，大量修建闸坝，拦截上游来水，以满足工农业生产发展需求。其次，子牙河流域有10座中型闸坝，主要分布在滏阳河、滏阳新河和子牙河上。其他流域按闸坝个数依次为大清河流域6座，北三河流域4座，永定河流域1座中型闸坝，滦河及冀东沿海诸河流域1座大型闸坝。

在京津冀范围内，按诸流域水库分布情况统计，滦河及冀东沿海诸河流域水库最多，共有13座。该流域降水量丰富，径流量大，径流较深，水库最多，主要分布在河流中上游地区。其中，大黑汀水库和潘家口水库两座大型水利工程，库容量大，水资源储存量较大。其次是子牙河流域，共有水库9座，分布在太行山丘陵山地。再次是大清河流域，共有水库湖泊8个，水库均分布在太行山丘陵山地，白洋淀位于水系中游，截留整个水系的上游来水。其他流域的水库分布情况是北三河流域，涉及水库共7座；永定河流域水库有4座，均分布在河流中上游；黑龙港及运东诸河流域有湖泊水库 2 个，包括大型湖泊衡水湖。

水利设施阻力是指流域内以水为生态介质，闸坝、水库、湖泊等水利设施对生态服务流转过程的阻挡作用。本节以被水利设施截断河流上下游长度与水利设施的数量来估算诸流域每条河流水利设施阻力，见本章的式（4.1）~式（4.2）。P 值的取值范围为 0 ~ 1，河流上水利设施越多，水利设施位置越靠近河流中间部分，P 值越大，表明该流域生态服务向下游流转的连通性越差。各流域水利设施阻力的平均值 P_i 由小到大依次为滦河及冀东沿海诸河流域（0.004 772）、子牙河流域（0.005 299）、北三河流域（0.008 316）、永定河流域（0.009 793）、大清河流域（0.012 377）、黑龙港及运东地区诸河流域（0.017 197）。其中，滦河及冀东沿海诸河流域水利设施阻力值最小，黑龙港及运东地区诸河流域水利设施阻力值最大。

4.3.2.2 河流径流量

径流量是指在某一时间段内，通过某一监测过水断面的水量，径流量是影响流域生态单元内生态服务空间流转的重要因素。本节结合研究区内主要河流多年平均径流深度和流域面积计算得出各流域多年平均径流量。估算方法如下：

$$Q = 1000 \times A \times R \tag{4-6}$$

式中，Q 为年平均径流总量（m^3）；A 为流域面积（km^2）；R 为年平均径流深（mm）。

参考《河北省水利大全》，获得京津冀诸河流 1956 ~ 2000 年多年平均径流深。流域平均径流深由大到小依次为滦河及冀东沿海诸河、北三河、大清河、子牙河、永定河、黑龙港及运东地区诸河等流域。滦河及冀东沿海诸河流域径流深度最大，达到 136.59mm，其次为北三河、大清河、子牙河等流域，平均径流深分别为 105.51mm、84.54mm、76.67mm；永定河、黑龙港及运东地区诸河流域平均径流深较浅，仅为 36.12mm 和 22.38mm。

通过计算，得到在京津冀范围内，流域径流总量由大到小依次为大清河、子牙河、滦河及冀东沿海诸河、北三河、黑龙港及运东地区诸河、永定河等流域。大清河、子牙河、滦河及冀东沿海诸河流域，径流总量较大，年径流总量分别为 85.05 亿 m^3、81.47 亿 m^3、71.8 亿 m^3；北三河流域降水量不及滦河及冀东沿海诸河，但大于其西部永定河流域，年径流总量为 51.54 亿 m^3；黑龙港及运东地区诸河流域属平原地区，水量小，年径流总量为 21.81 亿 m^3；永定河流域，降水量较少，年径流总量仅为 17.21 亿 m^3。

滦河及冀东沿海诸河流域内，主干河流滦河汇水量多，径流量大，达到 35 亿 m^3；青龙河大部分流经燕山深山区，夏季暴雨集中，降水量较大，因此，径流量达到8亿m^3以上；其他支流除部分短小河流径流量相对较小以外，其他河流年径流量均在1亿~3亿m^3，见表4-7。

表4-7　滦河及冀东沿海诸河流域年平均径流量

河流名称	研究区内流域面积/km^2	年径流深/mm	径流总量/亿m^3	河流名称	研究区内流域面积/km^2	年径流深/mm	径流总量/亿m^3
陡河	1 340	106.6	1.43	小滦河	1 988.8	60.7	1.21
洋河	1 148	170.4	1.96	双岔子河	95	60.7	0.06
东洋河	349	234.3	0.82	兴洲河	1 966	83.7	1.65
石河	601.5	253.9	1.53	伊逊河	6 734	56.3	3.79
滦河	35 850.3	99.2	35.56	大唤起沟	299	59.9	0.18
沙河	902	122.7	1.11	蚁蚂吐河	2 421	62.9	1.52
老牛河	1 685	108.1	1.82	武烈河	2 603	94.1	2.45
柳河	1 196	204.9	2.45	瀑河	1 990	135.5	2.70
潵河南源	183	257.8	0.47	青龙河	4 685	177.4	8.31
潵河	1 137	246.2	2.80				

北三河流域中，主干河流潮白河（潮白新河）、蓟运河径流量大，均在16亿m^3以上，其次潮河位于流域上游，州河、黎河、还乡河位于燕山迎风坡，径流量较大，其他支流径流量较小，基本在1亿m^3左右，见表4-8。

表4-8　北三河流域年平均径流量

河流名称	研究区内流域面积/km^2	年径流深/mm	径流总量/亿m^3	河流名称	研究区内流域面积/km^2	年径流深/mm	径流总量/亿m^3
州河	1 030	267.1	2.75	汤河	1 262	81.5	1.03
黎河	529.4	233.5	1.24	潮河	6 498	97.6	6.34
还乡河	1 566	163.2	2.56	蓟运河	10 288	160.5	16.51
潮白河	19 354	87.7	16.97	温榆河	2 478	39.31	0.97
红河	1 256	40.7	0.51	青龙湾河	2 850	56.92	1.62
黑河	1 661	57.9	0.96	凤河	49	40.37	0.02
老栅子沟	111	45.3	0.05				

永定河流域中，主干河流永定河汇水量最大，年径流量为11.87亿m^3，支流中洋河径流量较大，为2.81亿m^3，其他支流年径流量相对较小，径流量在1亿m^3左右，部分支流径流量甚至不足0.5亿m^3，如洪塘河、南洋河、天堂河等，见表4-9。

表 4-9　永定河流域年平均径流量

河流名称	研究区内流域面积/km^2	年径流深/mm	径流总量/亿 m^3	河流名称	研究区内流域面积/km^2	年径流深/mm	径流总量/亿 m^3
永定河	28 265	41.99	11.87	南洋河	660.4	25.6	0.17
壶流河	3 171.8	39.5	1.25	清水河	2 326	30.1	0.70
洋河	9 363.2	30	2.81	天堂河	316.9	52.42	0.17
洪塘河	748.6	33.2	0.25				

大清河流域，河网密布，支流众多，汇水面积大，径流总量较大。主干河流大清河年平均径流量达到了 27.54 亿 m^3；其次，拒马河、白沟引河、赵王新河、潴龙河等汇水量较大河流径流量较大，在 5 亿 m^3 以上；除府河、老磁河、瀑河、牤牛河等短小河流径流量不足 1 亿 m^3 以外，其他支流年平均径流量均在 1 亿 ~ 3 亿 m^3，见表 4-10。

表 4-10　大清河流域年平均径流量

河流名称	研究区内流域面积/km^2	年径流深/mm	径流总量/亿 m^3	河流名称	研究区内流域面积/km^2	年径流深/mm	径流总量/亿 m^3
瀑河	545	96.5	0.53	南拒马河	2 156	60.18	1.30
磁河	2 100	153.4	3.22	北拒马河	2 654	58.67	1.56
沙河	2 795.5	134.2	3.75	白沟河	2 252	68.62	1.55
唐河	4 041.7	69.3	2.80	大清河	42 830	64.3	27.54
漕河	800	138	1.10	中亭河	2 994	66.36	1.99
清水河-界河-龙泉河	2 122	71.2	1.51	牤牛河	752	66.36	0.50
老磁河	553	68.07	0.38	琉璃河	1 285	95.6	1.23
府河	643	65.13	0.42	小白河	1 705	69.73	1.19
白沟引河	10 162	67.24	6.83	赵王新河	21 119	70.02	14.79
中易水	1 190	120.4	1.43	潴龙河	9 430	65.56	6.18
拒马河	4 938	106.5	5.26				

子牙河流域中，子牙新河、子牙河、滏阳新河、滏阳河径流总量较大；北澧河流域面积大，汇集上游支流包括南澧河-沙河、洺河、沙洺河等，径流量达到 7.37 亿 m^3；其他支流径流量均在 1 亿 ~3 亿 m^3，见表 4-11。

表 4-11　子牙河流域年平均径流量

河流名称	研究区内流域面积/km²	年径流深/mm	径流总量/亿 m³	河流名称	研究区内流域面积/km²	年径流深/mm	径流总量/亿 m³
南澧河-沙河	1 830	144. 4	2. 64	王庄河-牤牛河	241	47. 4	0. 11
泜河	945	103. 8	0. 98	天平沟	1 120	65. 94	0. 74
北沙河-槐河	978	93. 4	0. 91	滹沱河-奉良河	5 690. 3	66	3. 76
冶河	1 655. 7	70	1. 16	绵河	225. 7	58. 7	0. 13
洨水	1 658	50. 9	0. 84	子牙新河	46 868	65. 78	30. 83
北澧河	10 574	69. 66	7. 37	子牙河	9 700	61. 13	5. 93
沙洺河	2 836	113. 7	3. 22	洺河	3 122	113. 7	3. 55
滏阳河	21 511	43. 1	9. 27	滏阳新河	14 877	67. 35	10. 02

黑龙港及运东诸河流域中，除捷地减河汇水量大，径流量达到 17 亿 m³ 以外，其他支流平均径流深仅在 20mm，径流量基本在 1 亿 m³ 以下，见表 4-12。

表 4-12　黑龙港及运东诸河流域年平均径流量

河流名称	研究区内流域面积/km²	年径流深/mm	径流总量/亿 m³	河流名称	研究区内流域面积/km²	年径流深/mm	径流总量/亿 m³
宣惠河	2 861	25. 69	0. 73	滏东排河	4 409	23. 29	1. 03
江江河	2 410	28. 11	0. 68	北排水河	1 328	0. 51	0. 01
老盐河-索泸河	2 182	21. 07	0. 46	黑龙港河上段	150	16. 21	0. 02
南排水河	2 672	29. 3	0. 78	捷地减河	37 200	45. 87	17. 06
老漳河	1 897	11. 65	0. 22	清凉江-老沙河	3 894	22. 14	0. 86

4. 3. 2. 3　河流等级

河流等级是根据多个因子人为划定的一个综合指标，对于流域生态单元内生态服务空间流转有重要影响，一般河流等级越高，连通性越好。依据《河道管理条例》，利用流域面积、多年平均径流量、研究区范围内耕地、人口、城市、交通及工矿企业、水力资源理论蕴藏量、河道范围、生态重要性等因子，采用综合指标分级评价法，将河道划分为一级、二级、三级、四级、五级河道等 5 个级别。

京津冀地区主要涉及三级、四级、五级河流，总计 91 条，其中三级河流有 6 条，四级河流有 11 条，五级河流有 74 条，见表 4-13。

表 4-13　京津冀诸流域河流分级状况

水系	三级	四级	五级	涉及河流名称
滦河及冀东沿海诸河流域	1	0	18	三级：滦河 五级：陡河、洋河、东洋河、石河、沙河、老牛河、柳河、瀑河南源、瀑河、小滦河、双岔子河、兴洲河、伊逊河、大唤起沟、蚁蚂吐河、武烈河、瀑河、青龙河
北三河流域	0	2	12	四级：潮白河（潮白新河）、蓟运河 五级：州河、黎河、还乡河、红河、黑河、老栅子沟、汤河、潮河、温榆河、北京排污河、凤河、青龙湾河
永定河流域	1	1	5	三级：永定河 四级：洋河 五级：壶流河、洪塘河、南洋河、清水河、天堂河
大清河流域	0	5	15	四级：拒马河、南拒马河、北拒马河、白沟河、大清河 五级：瀑河、磁河、沙河、唐河、漕河、潴龙河、老磁河、府河、白沟引河、中易水、小白河、赵王新河、中亭河、牤牛河、清水河-界河-龙泉河
子牙河流域	4	3	12	三级：奉良河、子牙河、滹沱河、子牙新河 四级：王庄河-牤牛河、滏阳河、滏阳新河 五级：洺河、南澧河-沙河、泜河、北沙河-槐河、洨河、溜子河、沙洺河、北澧河、北澧老河、天平沟、冶河、绵河
黑龙港及运东诸河流域	0	0	12	五级：宣惠河、老宣惠河、沙河、江江河、老盐河-索泸河、南排水河、老漳河、滏东排河、北排水河、黑龙港河上段、捷地减河、清凉河
合计	6	11	74	—

4.3.2.4　河流水质目标

河流水质是决定流域生态单元内生态服务流转效益的重要影响因子，一般河流水质越好，连通性越好。目前多数河流水质较差，本研究采用河流水质目标表达流域内河流水质对生态服务流转的影响。河流水质目标根据区域水环境功能区划的水质要求和水环境质量现状确定，参考北京、天津、河北水环境功能区划和《地表水环境质量标准》（GB3838—2002）要求，以及《海河流域水资源质量公报》（2017 年第四期），综合确定京津冀地区诸流域河流水质目标。

京津冀地区主要涉及水质目标类型为Ⅱ类、Ⅲ类、Ⅳ类、Ⅴ类。其中，以Ⅳ类水质目标河流为主，共有 45 条，研究区内长度为 5195. 69km，占区域河流总长度的 46. 19%。其他水质目标类型占流域总长度的比值依次为Ⅲ类水质目标河流有33条，长度为3959.44km，占区域河流总长度的35.20%；Ⅱ类水质目标河流有14条，长度为1626.98km，占区域河流总长度的14.46%；Ⅴ类水质目标河流有5条，长度为466.97km，占区域河流总长度的4.15%。

滦河及冀东沿海诸河流域，生态环境较好，水环境质量相对较高，Ⅱ类水质目标河流有4条，主要为滦河上游的小滦河、双岔子河、大唤起沟等上游支流和燕山山区青龙河；Ⅲ类水质目标河流有13条，主要为滦河及其各支流，流域长度达到2013.38km，占到水系流域总长度的73.50%；Ⅳ类水质目标河流有2条，主要为分布在冀东沿海的陡河、沙河，流域长度占水系总长度的10.98%，见表4-14。

表4-14　滦河及冀东沿海诸河流域各河流水质目标

水质目标类别	河流数/条	流域长度/km	占水系流域总长度比例/%	涉及河流名称
Ⅱ	4	425.06	15.52	小滦河、双岔子河、大唤起沟、青龙河
Ⅲ	13	2013.38	73.50	洋河、东洋河、石河、滦河（闪电河、大滦河）、老牛河、柳河、澈河南源、澈河、兴洲河、伊逊河、蚁蚂吐河、武烈河、瀑河
Ⅳ	2	300.63	10.98	陡河、沙河
Ⅴ	—	—	—	—

北三河流域全部位于京津冀范围内，上游是京津水源地，水质级别要求高，Ⅱ类水质目标河流较多，共有6条，主要位于密云水库上游，流域长度达768.77km，占该流域总长度的40.48%；Ⅲ类和Ⅳ类水质目标河流各有3条，Ⅲ类河流主要位于主干河流的中上游地区，Ⅳ类河流主要位于中下游地区；Ⅴ类水质目标河流有4条，分别为温榆河、北京排污河、青龙湾河、凤河，流经京津人口密集区，水环境污染严重，水质较差，见表4-15。

表4-15　北三河流域各河流水质目标

水质目标类别	河流数/条	流域长度/km	占水系流域总长度比例/%	涉及河流名称
Ⅱ	6	768.77	40.48	潮白河密云水库以上段、红河、黑河、老栅子沟、汤河、潮河
Ⅲ	3	365.46	19.24	州河-黎河、潮白河中游、蓟运河中上游
Ⅳ	3	484.83	25.53	还乡河、潮白河下游、蓟运河中下游
Ⅴ	4	280.15	14.75	温榆河、北京排污河、青龙湾河、凤河

永定河流域，河流无Ⅱ类、Ⅴ类水质目标类型，主要为Ⅲ类、Ⅳ类水质目标类型，分别占水系流域总长度百分比的 41.78%、58.22%，见表 4-16。

表 4-16　永定河流域各河流水质目标

水质目标类别	河流数/条	流域长度/km	占水系流域总长度比例/%	涉及河流名称
Ⅱ	—	—	—	—
Ⅲ	4	414.66	41.78	壶流河、洪塘河、南洋河、清水河
Ⅳ	2	577.78	58.22	洋河、天堂河
Ⅴ	—	—	—	—

大清河流域，Ⅱ类水质目标河流有 2 条，主要为流域上游重要水源地；Ⅲ类水质目标河流有 8 条，主要为大清河北系河流，流域长度为 825.36km，占水系流域总长度的 38.16%；Ⅳ类水质目标河流有 13 条，区域内最主要水质目标类型，大部分为大清河南部支流，流域长度为 1149.18km，占水系流域总长度的 53.13%，见表 4-17。

表 4-17　大清河流域各河流水质目标

水质目标类别	河流数/条	流域长度/km	占水系流域总长度比例/%	涉及河流名称
Ⅱ	2	188.52	8.71	唐河西大洋水库以上段、漕河龙门水库以上段
Ⅲ	8	825.36	38.16	潴龙河、府河、中易水、拒马河、南拒马河、北拒马河、白沟河、小白河
Ⅳ	13	1149.18	53.13	瀑河、磁河、沙河、唐河西大洋水库以下段、漕河龙门水库以下段、老磁河、白沟引河、赵王新河、大清河、中亭河、牤牛河、清水河–界河–龙泉河、琉璃河
Ⅴ	—	—	—	—

子牙河流域，Ⅱ类水质目标河流有 1 条，为滹沱河岗南黄壁庄水库之间河段，是重要水源地；Ⅲ类水质目标河流有 4 条，多位于水库上游，如滏阳河东武仕水库以上、滹沱河岗南水库以上和太行山区的冶河、绵河，流域长度为 209.44km，占流域总长度的 10.03%；Ⅳ类水质为流域主要水质目标类型，流域长度为 1645.81km，占流域总长度的 78.80%；Ⅴ类水质目标类型河流 1 条，为子牙河，流经人口密集区，水质相对较差，见表 4-18。

表 4-18　子牙河流域各河流水质目标

水质目标类别	河流数/条	流域长度/km	占水系流域总长度比例/%	涉及河流名称
Ⅱ	1	46.64	2.23	滹沱河岗南黄壁庄水库之间
Ⅲ	4	209.44	10.03	滏阳河东武仕水库以上段、滹沱河岗南水库以上段、冶河、绵河
Ⅳ	15	1645.81	78.80	滏阳河东武仕水库以下段、王庄河-牤牛河、洺河、南澧河-沙河、泜河、北沙河-槐河、洨水、溜子河、沙洺河、北澧河、北澧老河、滏阳新河、天平沟、滹沱河黄壁庄水库以下段、子牙新河
Ⅴ	1	186.82	8.94	子牙河

黑龙港及运东诸河流域，Ⅱ类水质目标类型有1条，为清凉江，该支流是水系骨干排沥河道，同时担负着引黄河水进白洋淀，为天津、河北输水的任务，因此水质目标较高；Ⅲ类水质目标河流1条，为滏东排河，水系重要排沥河道；Ⅳ类水质目标类型河流共有10条，为流域主要水质目标类型，流域长度为1037.46km，占流域水系总长度的75.91%，见表4-19。

表 4-19　黑龙港及运东诸河流域各河流水质目标

水质目标类别	河流数/条	流域长度/km	占水系流域总长度比例/%	涉及河流名称
Ⅱ	1	197.99	14.49	清凉江
Ⅲ	1	131.14	9.60	滏东排河
Ⅳ	10	1037.46	75.91	宣惠河、老宣惠河、沙河、江江河、老盐河-索泸河、南排水河、老漳河、北排水河、黑龙港河上段、捷地减河
Ⅴ	—	—	—	—

4.4　京津冀流域生态服务流转的连通性研究结果

对上述相关影响因素或指标进行标准化处理，利用本章的式（4-1）~式（4-3），定量测算出京津冀诸流域内所有五级以上河流的生态服务流转连通性。流域主干河流连通性较好，采用标准不能与各支流一样，本研究没有给出分级标准。其他河流根据连通性测算结果由高到低分为五个等级，依次为极好（0.032 47 ~ 0.008 03）、较好（0.008 03 ~ 0.004 40）、一般（0.004 40 ~ 0.001 54）、差

(0.001 54 ~0.000 91)、极差 (0.000 91 ~0)。

滦河及冀东沿海诸河流域，生态服务流转的连通性较好，测算值为 0.288 425。除主干河流滦河连通性最高外，燕山深山区的青龙河，上游伊逊河-大唤起沟河等支流，连通性也较好，测算值分别为 0.023 127、0.008 108，相对较高；其他支流测算值较低，连通性一般，在 0.001 ~0.006，主要分布在水系中下游（表 4-20）。

表 4-20　滦河及冀东沿海诸河流域生态服务流转的连通性测算值

河流名称	F 值	连通性	河流名称	F 值	连通性
陡河	0.001 988	一般	小滦河-双岔子河	0.003 523	一般
洋河-东洋河	0.005 793	较好	兴洲河	0.003 437	一般
石河	0.003 190	一般	伊逊河-大唤起沟河	0.008 108	极好
滦河	0.208 031	—	蚁蚂吐河	0.003 181	一般
沙河	0.001 541	一般	武烈河	0.005 117	较好
老牛河	0.003 805	一般	瀑河	0.005 632	较好
柳河	0.005 119	较好	青龙河	0.023 127	极好
澈河南源-澈河	0.006 833	较好	合计	0.288 425	—

北三河流域，生态服务流转的连通性一般，连通性测算值为 0.226 208。主干河流潮白河（潮白新河）、蓟运河，连通性测算值较高。另外，流域上游汇水支流潮河和燕山迎风坡的州河-黎河，连通性也较好，测算值分别为 0.024 611、0.011 561；凤河几乎处于断流状态，连通性测算值在 0.0001 以下，连通性很差，其余支流生态过程连通性测算值在 0.001 ~0.01，连通性大多一般（表 4-21）。

表 4-21　北三河流域生态服务流转的连通性测算值

河流名称	F 值	连通性	河流名称	F 值	连通性
州河-黎河	0.011 561	极好	潮河	0.024 611	极好
还乡河	0.004 954	较好	蓟运河	0.075 719	极好
潮白河（潮白新河）	0.096 929	—	温榆河-青龙湾河	0.002 513	一般
红河	0.001 984	一般	凤河	0.000 019	极差
黑河-老栅子沟	0.003 927	一般	合计	0.226 208	—
汤河	0.003 991	一般			

永定河流域，总的连通性测算值为 0.248 229，生态服务流转连通性较好区域主要位于官厅水库上游。主干河流永定河连通性估算值最高，为 0.194 148，中上游区域的洋河、壶流河、清水河连通性能也较好，测算值分别为 0.032 471、

0.010 907、0.006 101，洪溏河和南洋河由于河流短小，径流量不足，导致连通性为一般或差，位于平原区域的天堂河连通性差，测算值为0.000 964（表4-22）。

表4-22　永定河流域生态服务流转的连通性测算值

河流名称	F值	连通性	河流名称	F值	连通性
永定河	0.194 148	—	南洋河	0.001 473	差
壶流河	0.010 907	极好	清水河	0.006 101	较好
洋河	0.032 471	极好	天堂河	0.000 964	差
洪塘河	0.002 165	一般	合计	0.248 229	—

大清河流域，生态服务流转的总体连通性一般，连通性测算值为0.237 801，各个河流连通性差距也较大。除了主干河流连通性测算值较高外，主要汇水支流潴龙河、拒马河、白沟引河、赵王新河、白洋淀等连通性非常好；沙河、唐河、南拒马河、北拒马河、白沟河等连通性也较好，瀑河、老磁河、府河等河流测算值在0.001以下，几乎断流，连通性极差，其他支流测算值在0.001～0.01，也相对较低（表4-23）。

表4-23　大清河流域生态服务流转的连通性测算值

河流名称	F值	连通性	河流名称	F值	连通性
瀑河	0.000 618	极差	南拒马河	0.004 577	较好
磁河	0.003 783	一般	北拒马河	0.005 493	较好
沙河	0.004 402	较好	白沟河	0.005 451	较好
唐河	0.005 005	较好	小白河	0.002 097	一般
漕河	0.001 848	一般	赵王新河	0.017 386	极好
潴龙河	0.010 904	极好	大清河	0.064 753	—
老磁河	0.000 443	极差	中亭河-牤牛河	0.002 917	一般
府河	0.000 739	极差	清水河-界河-龙泉河	0.001 776	一般
白沟引河	0.008 034	极好	琉璃河	0.001 444	差
中易水	0.002 526	一般	白洋淀	0.075 054	极好
拒马河	0.018 551	极好	合计	0.237 801	—

子牙河流域中，生态服务流转的总体连通性一般，测算值为0.216 068。除主干河流子牙新河连通性测算值最高外，滏阳河、滏阳新河、子牙河、滹沱河等重要汇水河流测算值均在0.01以上，连通性相对较好；其他8条支流测算值在0.01以下，相对差些，尤其天平沟测算值在0.001以下，生态服务流转的连通性

极差（表 4-24）。

表 4-24　子牙河流域生态服务流转的连通性测算值

河流名称	*F* 值	连通性	河流名称	*F* 值	连通性
滏阳河	0. 022 379	极好	滏阳新河	0. 024 565	极好
沙洺河-洺河	0. 008 302	极好	天平沟	0. 000 906	极差
南澧河-沙河	0. 003 239	一般	滹沱河	0. 017 483	极好
泜河	0. 001 203	差	冶河-绵河	0. 002 377	一般
北沙河-槐河	0. 001 121	差	子牙新河	0. 113 524	—
洨河	0. 001 036	差	子牙河	0. 010 892	极好
北澧河-北澧老河	0. 009 041	极差	合计	0. 216 068	—

黑龙港及运东诸河流域中，生态服务流转的总体连通性较差，水系生态过程连通性测算值为 0. 010 436。连通性最高的河流捷地减河测算值也仅为 0. 007 802，其他支流连通性测算值均在 0. 001 以下，尤其北排水河、黑龙港河上段，测算值在 0. 0001 以下，处于断流状态，生态服务流转能力最差（表 4-25）。

表 4-25　黑龙港及运东诸河流域生态服务流转的连通性测算值

河流名称	*F* 值	连通性	河流名称	*F* 值	连通性
宣惠河	0. 000 332	极差	北排水河	0. 000 003	极差
老盐河-索泸河	0. 000 209	极差	黑龙港河上段	0. 000 011	极差
南排水河	0. 000 357	极差	捷地减河	0. 007 802	—
老漳河	0. 000 101	极差	清凉江-老沙河	0. 000 922	极差
滏东排河	0. 000 699	极差	合计	0. 010 436	—

经上述分析可知，京津冀诸流域生态服务流转的连通性测算值由大到小依次为滦河及冀东沿海诸河流域（0. 288 425）、永定河流域（0. 248 229）、大清河流域（0. 237 801）、北三河流域（0. 226 208）、子牙河流域（0. 216 068），黑龙港及运东地区诸河流域（0. 010 436）。其中，滦河及冀东沿海诸河流域，水质良好，径流量较大，上游生态服务向下游流转的连通性最好；黑龙港及运东地区诸河水系河流几乎处于断流状态，生态服务流转的连通性最差。

4. 5　流域视角京津冀生态服务空间流转特征

在流域内上游地区水源涵养和水土保持等服务能力较好，下游区域便能获得较充足和干净的水资源。当上游有生态服务能力，下游有水资源需求，但若流域内生态服务流转的连通性能较差，也会影响整个流域的生态服务供受平衡。本节内容主要基于京津冀诸流域内生态服务流转的连通性，分析评价诸子流域生态服务流转的特征，为生态补偿机制建设和生态建设提供新思路（表4-26）。

表4-26 京津冀诸流域生态服务流转特征

流域	生态过程连通性测评值	生态服务流转性能	流转方向	生态服务流转效益及主要原因
滦河及冀东沿海诸河流域	0.288 425	最好	由承德流转向东南部秦皇岛、唐山	流域水资源供应较充足，主要原因为该流域降水量丰富，径流总量较大
北三河流域	0.226 208	一般	由张家口东部、北京西北部、北部山区流转向东南部平原区	流域水资源供应不足，主要原因为该流域生产生活用水量过大，平原区水质较差
永定河流域	0.248 229	一般	由张家口中南部流转向北京南部	流域水资源供应不足，主要原因为该流域生产生活用水量过大，平原区水质较差
大清河流域	0.237 801	一般	由西部和西北部太行山区向东半环状辐射流转向保定中东部、廊坊南部、天津南部、沧州西北部	流域水资源供应不足，主要原因为该流域生态供体区面积比例小，供应能力不足，平原区水质较差
子牙河流域	0.216 068	一般	由西部和西南部太行山区向东流转向石家庄、邢台、邯郸的广大平原地带	流域水资源供应不足，主要原因为该流域生态供体区面积比例小，供应能力不足，平原区水质较差
黑龙港及运东诸河流域	0.010 436	最差	几乎不能流转	流域水资源供应严重不足，主要原因为该流域位于平原区，涵养水源能力不足，水质较差，闸坝众多，工农业用水量过大

滦河及冀东沿海诸河流域生态服务流转的连通性最好，生态服务整体流转方向由西北向东南，由支流向主干河流。生态供体区主要位于中上游承德燕山山区的伊逊河–大唤起沟河、武烈河、瀫河、瀑河、柳河等小流域，以及秦皇岛的青龙河、东洋河等小流域，该区域降水量丰富，植被生长状况良好，具有良好的水源涵养和土壤保持能力；受体区主要位于滦河下游的唐山和秦皇岛的平原地区。滦河及冀东沿海诸河流域位于京津冀地区降水量相对丰富区，开发程度低、水质良好、径流量大，生态服务流转的连通性较好，能够为下游的平原地区提供较充

足的生活和工农业生产用水。该流域应继续加大上游生态供体区生态保护工作，维持其较好的生态服务供应能力。

北三河流域，生态服务流转的连通性一般，生态服务整体流转方向由张家口东部、北京西北部、北部山区向东南部平原区。生态供体区主要位于流域上游汇水支流潮河和燕山迎风坡的州河-黎河等流域，降水量较丰富，生态环境质量较好，水源涵养和土壤保持能力较好；受体区主要是北京、廊坊和天津等建成区和平原区，水资源需求量极大，仅靠流域上游供水远远不能满足生产生活需求，需要跨流域调水来满足水资源需求。北三河流域有水库 7 座，闸坝 4 座，中上游河流水质也较好，能够为下游的平原地区提供部分生活和工农业生产用水，但由于径流量相对不足，生态服务流转连通性一般，不能满足本流域水资源需求量。该流域下游生态受体区应积极推广节水技术，开源节流，减少本区域水资源消耗量，上游生态供体区加大生态修复与生态建设工作，提高上游生态服务供给能力。

永定河流域生态服务流转的连通性一般，连通性较好的区域位于流域中上游，通过官厅水库能够为下游北京南部地区提供部分水资源服务。生态供体区主要位于燕山山区西端清水河、妫水河流域等，以及太行山北端壶流河上游等区域，这里生态环境质量相对较好，具有一定的水源涵养和土壤保持能力；受体区主要是北京南部、廊坊中南部等建成区和平原区，水资源需求量极大，流域上游供水不能满足生产生活需求，需要跨流域调水来满足受体区水资源需求。永定河流域有水库 4 座，闸坝 1 座，中上游河流水质也较好，能够为下游的平原地区提供部分生活和工农业生产用水，但由于该区域位于京津冀地区降水量偏少的区域，径流量相对不足，生态服务流转连通性一般，不能满足本流域水资源需求量。该流域下游生态受体区应积极推广节水技术，减少水资源消耗量，在上游生态供体区加大生态修复与生态建设工作，提高上游生态服务与产品供给量。

大清河流域生态服务流转的连通性一般，呈现由西向东半环状辐射流转。生态供体区多是大清河流域中的拒马河、唐河上游、潴龙河、沙河、南拒马河、北拒马河等流域的太行山区部分，多为迎风坡，降水量丰富，植被覆盖度较高，水源涵养和土壤保持等服务能力较强。生态受体区为保定中东部、廊坊南部、天津南部、沧州西北部等地区，这里地形平坦，农业发达，用水量大，部分短小河流如府河、瀑河连通性极差，处于断流状态。大清河流域中上游河流水质相对较好，有水库湖泊 8 个，闸坝 6 座，能够为下游的平原地区提供部分生活和工农业生产用水，但由于该区域位于平原区的比例较大，人类对水资源流转过程干扰强烈，水资源供应相对不足，生态服务流转连通性总体一般，不能满足本流域水资源需求量。该流域下游生态受体区应减少本区域水资源消耗量，在上游生态供体区加大生态修复与生态保护工作，提高上游生态空间的生态功能和生态服务能力。

子牙河流域中，生态服务流转的总体连通性一般，滹沱河流域生态服务由西向东流转，滏阳河流域生态服务由西南向东北再向东流转，整体方向由太行山区向东部平原辐射流转。生态供体区为滹沱河上游太行山区，还包括滏阳河主要支流北澧河、南澧河、洺河、沙河、泜河等上游太行山区，该区域生态供体区面积占流域总面积的比例偏低。生态受体区为石家庄、邢台、邯郸广大的平原地带，这里开发强度大，工农业用水量大，水库、闸坝等水利设施众多，河道自然结构破坏严重。子牙河流域有水库 9 座，闸坝 10 座，径流总量偏少，且人类对水资源流转过程干扰强烈，水资源供应相对不足，生态服务流转连通性总体一般，不能满足本流域水资源需求量。该流域下游生态受体区应积极推广节水技术，使用跨区域调水，逐步缓和平原区严峻的水环境形势，在上游生态供体区加大生态修复与生态建设工作，逐步提高上游水资源供给量。

黑龙港及运东诸河流域，生态服务流转连通性在京津冀范围内最差。该流域为封闭洼地，历史上受黄河、漳河泛滥影响，沙垄岗坡起伏，古河道碟形洼地交错分布，河流多是平原排水河道。整个流域供体区与受体区重合，这里农业发达、人口密集，用水量大，一条河流上修建数十座闸坝用于取水，河流几乎处于断流状态，区域生态服务连通性极差，在南水北调工程实施以前，工农业及生活用水主要依靠过量开采地下水。该流域应逐步转变经济发展模式，节约水资源，使用跨区域调水，逐步解决区域水环境危机。

综上分析可知，京津冀诸流域除了滦河及冀东沿海诸河流域水资源供需能基本平衡外，其余诸流域均不能满足基本水资源需求。滦河及冀东沿海诸河流域山区面积比例较大，且位于燕山夏季迎风坡上，降水量丰富，径流量较大，且人类干扰较轻，尽管有 13 座水库、湖泊，但流域内整体生态服务流通性较好，基本满足下游水资源需求。永定河流域、大清河流域、北三河流域和子牙河流域等一般上游地区水质较好、径流量较大，连通性较好，但这些流域河流多从中游或水库以下处于断流状态，有水也多是排放的生活污水，生态服务流转的连通性能急转直下，仅能靠上中游的水库或湖泊为下游提供工农业和生活用水，这些流域水资源供给量均不能满足需求。黑龙港及运东地区诸河流域，所有河流均是人工修造的平原排水河道，多是处于断流状态，生态服务流转连通性最差，是整个京津冀地区水资源最缺乏的区域。近期自南水北调工程向北方供水后，各流域水资源供需矛盾有所缓解。

本章小结

从流域视角划分生态服务供体区和受体区。利用 DEM 高程数据和 ArcGIS 软件的水文分析工具，结合现有河流水文资料，综合分析得出京津冀诸子流域的分界线。叠加生态服务供需评估所得重要区，识别出滦河及冀东沿海诸河流域、北三河流域、永定河流域、大清河流域、子牙河流域、黑龙港及运东诸河流域等诸子流域的生态服务主要供体区和主要受体区。

构建流域生态服务流转连通性评测模型。根据区域实际情况，选取河流径流量、河流级别、水质级别、流域内水利设施数量与分布等作为主要测评因子，对评测因子或指标进行标准化处理，构建流域视角生态服务流转评测模型，测算出京津冀诸流域内所有五级以上河流的生态服务流转连通性。

分析京津冀诸流域生态服务流转的连通性特征。京津冀区域内滦河及冀东沿海诸河流域生态服务流转性能最好，黑龙港及运东诸河流域最差，其他流域一般。生态服务流转性能较好的主要原因是流域降水量丰富，径流总量较大，闸坝较少，生态过程连续通畅；生态服务流转性能较差的主要原因是流域生态供体区涵养水源能力较差，闸坝较多，流域内水污染严重，平原区生产生活用水量过大等，导致生态过程被阻断。

第5章 风域视角京津冀生态服务空间流转过程分析

风域内生态系统固碳释氧服务所释放的氧气，防风固沙和空气净化服务所产生的洁净空气等通过风从上风向地区向下风向地区流转。风域内生态服务产品流转需要识别出流转的通道，即风环境下的生态廊道，风域内生态廊道的形成与生态服务流转的连通性能主要影响因子有土地利用类型、地形起伏、河流及线性工程、风向等，这些因子对空气水平运动产生作用，进而影响生态服务流转效率。值得注意的是，以风为生态介质所发生的生态服务流转会随着风向的变化而变化，尤其是在京津冀地区这样的季风区，生态服务流转方向会产生180°的方向变化。

5.1 风域生态单元

风域生态单元是指以空气为传播介质形成的生态单元（高吉喜，2013）。太阳辐射在地球表面分布不均匀，形成相对高温区和低温区，从而产生空气垂直运动和高低压区域，形成热力环流和不同尺度的风域。

以海陆之间的热力差异和热力过程说明风域的形成过程。大陆表面升温快，冷却也快，温度升降变化比较剧烈，而海洋表面升温慢，降温也慢，温度变化比较和缓。在同一纬度带上，冬季海洋及沿海地区是暖区，大陆是相对冷区；夏季正好相反，海洋成为相对冷区，陆地成为高温暖区。冬天海洋是相对高温区，空气上升，陆地是相对低温区，空气下沉，海面低层形成低压，陆地低层形成冷高压，近地面形成由陆地吹向海洋的风。夏天正好相反，海洋是相对低温区，空气下沉，陆地是相对高温区，空气上升，海面低层形成高压，陆地低层形成热低压，近地面会形成由海洋吹向陆地的风。冬夏季节因海洋与陆面热力性质差异引起的海陆气温差异，形成海洋与陆地之间的热力环流，这是形成和维持季风风域最主要的过程与原理。

中小尺度，湖泊水库与陆面、高山和深谷、高原和平原、林地和草地、湿区和干区等不同下垫面性质之间的热力差异，与上述海陆之间形成风域的原理类似。另外，高纬度地区与低纬度地区主要因太阳高度角的差异获得太阳辐射量不同，下垫面大气增温和冷却过程和特点不同，形成相对高温区和低温区，进而在近地面形成低压区与高压区，这是地表形成不同尺度、不同类型的风域的基本原理。

需要说明的是，风域生态单元的地理空间取决于生态介质的扩展范围，或者某一生态过程涉及的空间范围，这一空间范围不像流域范围一样明确固定，如沙尘暴将浑善达克沙地与北京、华北平原，甚至再向东的韩国、日本等地区联系了起来，此时可以根据风速大小及沙尘暴影响范围确定风域生态单元地理空间。

5.1.1 风域生态介质

在风域内，主要以空气为生态介质或载体，通过空气的垂直运动或水平运动来传播物质流和能量流。通过空气的流动将上、下风向地区连接成为一个有机整体。因此，作为生态介质的空气，其组成成分非常重要。

空气是由多种气体、浮悬其中的液态和固态杂质混合物组成的。在空气的组成成分中，与生态过程联系比较密切的是二氧化碳、氧气、水汽及各种污染物质。

空气中的氧气和二氧化碳是一切生命活动和植物光合作用不可或缺的物质，是生物界与环境之间产生联系的重要介质。动植物要呼吸氧气，通过氧化作用获得热能以维持生命。二氧化碳在大气中的含量虽不高，但作用却相当突出，它是光合作用的主要原料，也是吸收地面长波辐射的主要物质之一，具有大气保温效应。绿色植物通过光合作用不断地吸收二氧化碳和释放氧气，制造出有机物质，不仅供给自身生长需要，还为人类社会提供大量原材料。同时，正是由于大量绿色植物参与光合作用，才能保障着大气中碳氧基本保持平衡。

水汽是风域生态介质中非常重要的可变成分，能影响区域内能量重新分配，对生态环境影响巨大。水汽在大气中含量较低，但变化幅度较大，在 0 ~ 4%，不同区域近地表水汽含量差异悬殊，比如森林区域水汽含量丰沛，沙漠区水汽含量极低；垂直方向主要集中在对流层下层大气中，约有 3/4 的水汽集中在 4km 以下。水汽是参与天气变化的主要成分，也能强烈吸收地表的长波辐射，直接影响地面和大气之间的能量平衡，影响大气的运动状态。在大气环流和局地环流过程中，实现水汽在空间和时间上的再分配，形成全球尺度和局地尺度的气候带、生态地带和局地小气候和特色生态景观。

大气污染物是自然或人为向大气环境释放的有害物质，破坏或影响大气环境质量。大气污染物有天然污染物和人为污染物之分，天然大气污染物来源于自然过程产生的尘沙、火山灰、流星燃烧微粒、海上蒸发的盐粒、植物的孢子花粉，以及空气中的细菌、微生物等；人为大气污染物主要来源于燃料燃烧和大规模的工矿企业排放物，如烟尘、硫化物、氮氧化物、有机化合物、卤化物、碳化合物等。目前，大气中对生态环境影响巨大的污染物质主要是酸性物质和大气气溶胶颗粒，前者形成酸雨地带，后者形成区域尺度雾霾天气等。大气中污染物质的成分与含量直接影响着整个风域内的大气环境质量，并对其他生态过程产生重要作用，比如对降雨过程、地表径流过程甚至地表植被生长过程均会产生一定影响。

5.1.2 风域生态服务供体区与受体区

风域内空气的流动可以将上风向和下风向地区连接成整体。风域内生态供体区与受体区划分的目的是为整个风域的产业布局、产业结构调整、发展方式选择以及为生态建设方向确定等提供科学依据。由于风向的变化性，与流域生态单元的划分有所不同，风域生态单元划分时，更重视研究对象和目的，划分出的生态供体区与受体区具有相对性，这里举例说明。

局地尺度山谷风风域内，山坡和谷底受热不均形成典型的风向有明显昼夜变化的风域。白天，与山坡同高度的自由大气相比较，山坡空气受热增温快，密度小，从而形成从谷底吹向山坡的风，叫谷风。夜间，山坡空气辐射冷却比同高度自由大气快，空气密度增大，冷空气由山坡流向谷底，叫山风。这种昼夜循环交替的风叫山谷风。受山风和谷风所影响的局地范围，称为山谷风风域。在山谷风风域内，如果谷底内建有城镇或城市，谷底的建成区可以视为生态受体区，周边山坡的自然地带可以视为生态供体区，当吹谷风时谷地的建成区的污染源可以随着谷风向外迁移转化甚至稀释，当吹山风时周边山坡的自然地带新鲜空气可以吹向谷底建成区。昼夜交替的山谷风往往使山坡和山谷的生态环境成为整体。在山坡进行生态建设，整个山谷风风域内均会受益；同时，山谷或山坡上存在工矿企业或生态破坏，产生粉尘或扬尘等污染物，则会在山谷内这种稳定的闭合环境往返积累而达到很高的浓度，对山谷风风域内生活的居民产生不利影响。

针对宏观尺度的沙尘暴风域，从减缓和控制沙尘影响的目的出发，生态供体区为沙尘源区和沙尘加强区，生态受体区为沙尘影响区和远距离飘尘影响区。

值得特别重视的是，风域内的生态关系具有很强的隐蔽性。当上风向区域生态环境质量良好时，所提供的各类生态服务，如净化空气、防风固沙等，下风向地区的居民和政府往往会忽视。当上风向地区生态环境遭到破坏或污染后，下风向深受其害后才能正确理解上风向生态供体区生态建设的重要性和意义。目前，随着土地利用格局的变化，以及区域生态状况的变化，风域生态研究将越来越具有现实意义（高吉喜，2013）。

5.1.3 风域特征

不同尺度、不同类型的风域，诸如宏观尺度的沙尘暴风域，局地尺度的山谷风风域等，在其空气运动的时空范围内，均会形成具有整体性的风域生态单元，一般具有以下共同的特征。

不同尺度风域主导的影响因子不同。全球尺度风域，比如北半球地球表面将形成东北信风风域、盛行西风风域和极地东风风域等，这种全球尺度的风域是太阳辐射、地球自转、地表性质和地面摩擦作用等多因素的综合作用的结果，太阳辐射在高低纬间的热量收支不平衡是产生和维持大气环流的直接原动力，地球自转产生的偏转力迫使运动空气的方向偏离气压梯度力方向，形成了几乎遍及全球的纬向环流。地球表面有海洋和陆地，陆地上又有高山、平原、盆地及沙漠等，形成复杂而且性质不均匀的下垫面，下垫面在大气运动时所产生的地表摩擦作用使低层大气环流变得更复杂化。宏观尺度季风风域主要形成主导因子是海陆地表性质不同，再加上地球自转、地面摩擦等作用。中小尺度的风域主要受下垫面地表性质的影响，下垫面地形地貌、土地利用类型等均影响到空气水平运动方向、强度和范围，从而影响或决定风域的地理范围。

风域内风向变化具有一定规律和稳定性。宏观尺度，新疆、内蒙古和黑龙江北部地区，常年在西风带控制之下，以西风为主，即使盛夏也很少受到热带海洋季风的影响（王新生，1994）。季风风域内，盛行风向随着季节的变化而转变，冬、夏季风向基本相反，其风向或气压系统均有明显的季节变化，大致分布在中国东部，东北平原、华北平原和长江中下游平原等。再如，局地尺度山谷风风域的日变化规律。无论是宏观尺度还是局地尺度，这种规律性反映了风向具有一定的稳定性，这是识别不同尺度风环境下的生态廊道的基础，也为研究风域内生态服务流转提供了可能。

风域内水热过程对生态环境具有决定意义，风域内水热再分配形成一定的生态格局。无论宏观尺度还是局地尺度，风行过程中，空气中水热条件均会产生再分配，形成有一定规律的生态景观。例如，季风风域内夏季风的水分传输过程对中国东部生态格局影响巨大，中国东北平原和内蒙古高原一带是以能耐旱的多年生禾本科植物组成的草原为主，华北平原地带性植被属暖温带落叶阔叶林带，而原生植被多被农作物取代，长江以南至南岭以北为湿润亚热带常绿阔叶林带（中国植被编辑委员会，1980；侯学煜，1981）。再如，燕山夏季风的迎风坡，气流由山脚向上，降水量随高度的增加而递增，达到一定高度降水量最大，在这里形成大面积森林生态系统景观，植被覆盖率高，降水条件好，成为滦河、潮白河、辽河三大水系的水源涵养区。气流过山后空气下沉，形成雨影区，降水量偏少，形成比较干旱的自然景观，比如冀西北间山盆地在整个京津冀地区是少雨中心之一，森林覆盖率低，生态环境敏感脆弱。

风域内各种生态过程通过生态介质的连接作用，产生一定的生态功能与生态效应。风域内基于一定生态格局，依靠空气的水平运动和垂直运动，传播了能量、水分、二氧化碳、氧气、污染物、花粉和种子等，其生态功能分别表现为气候调节、气体调节、污染物扩散和传粉、播种功能等。

5.2 京津冀风环境特征

京津冀地区大部分区域位于季风区，本研究选取高空（1500m，850hPa）风作为高空引导气流，运行过程中受地面摩擦作用较小，风速偏大；选取近地面（10m）风作为后期生态廊道识别和生态服务流转连通性研究的重要依据，风向风速受地表性质影响相对较大，风场结构相对复杂。主要研究 1981 ~ 2010 年四季及全年的平均风场特征，以 1 月份 30 年平均风向风速均值代表冬季风风场，以 4 月份 30 年平均风向风速值代表春季风风场，以 7 月份 30 年平均风向风速值代表夏季风风场，以 10 月份 30 年平均风向风速值代表秋季风风场。

5.2.1 冬季风环境特征

1 月，京津冀及周围区域 1500m 高空附近多年平均高空风速呈现东北高西南低的特征。京津冀区域内风速自西向东递增，平均风速为 8.87m/s，在全年中风速最大，明显大于全国 1 月平均风速 5.50m/s。风速大于 9m/s 的地区集中在燕山山区及华北平原东部，主要包括承德市、秦皇岛市、唐山市、北京市、廊坊市、天津市等地区。风速小于 8m/s 的区域集中在研究区西部与南部地区，主要包括张家口市和保定市西部，石家庄市、邢台市、邯郸市等区域。高空引导风向主要为西北向。

1 月，京津冀地区近地面（10m）多年平均风速呈现中北部张家口—北京—天津一线高两侧低的格局，区域平均风速为 1.90m/s。区域风速大于 2.4m/s 的地区主要集中在西北部坝上地区和中东部沿海地区，主要包括张家口市中北部、唐山市东南部、天津市南部、沧州市东部。风速小于 1.5m/s 的地区主要集中在东部燕山山区和中西部太行山区及山前平原，主要包括承德市东南部、唐山市北部、保定市中北部、邯郸市和邢台市西部。张家口—北京—天津一线附近 1 月整体风速较大，是冬季主要的通风道。研究区冬季风向主要为偏北风，不同区域略有不同。大部分地区，包括坝上高原、燕山山区及山前平原主导风向为西北风，河北平原地区东部等部分地区为东北风（图 5-1）。

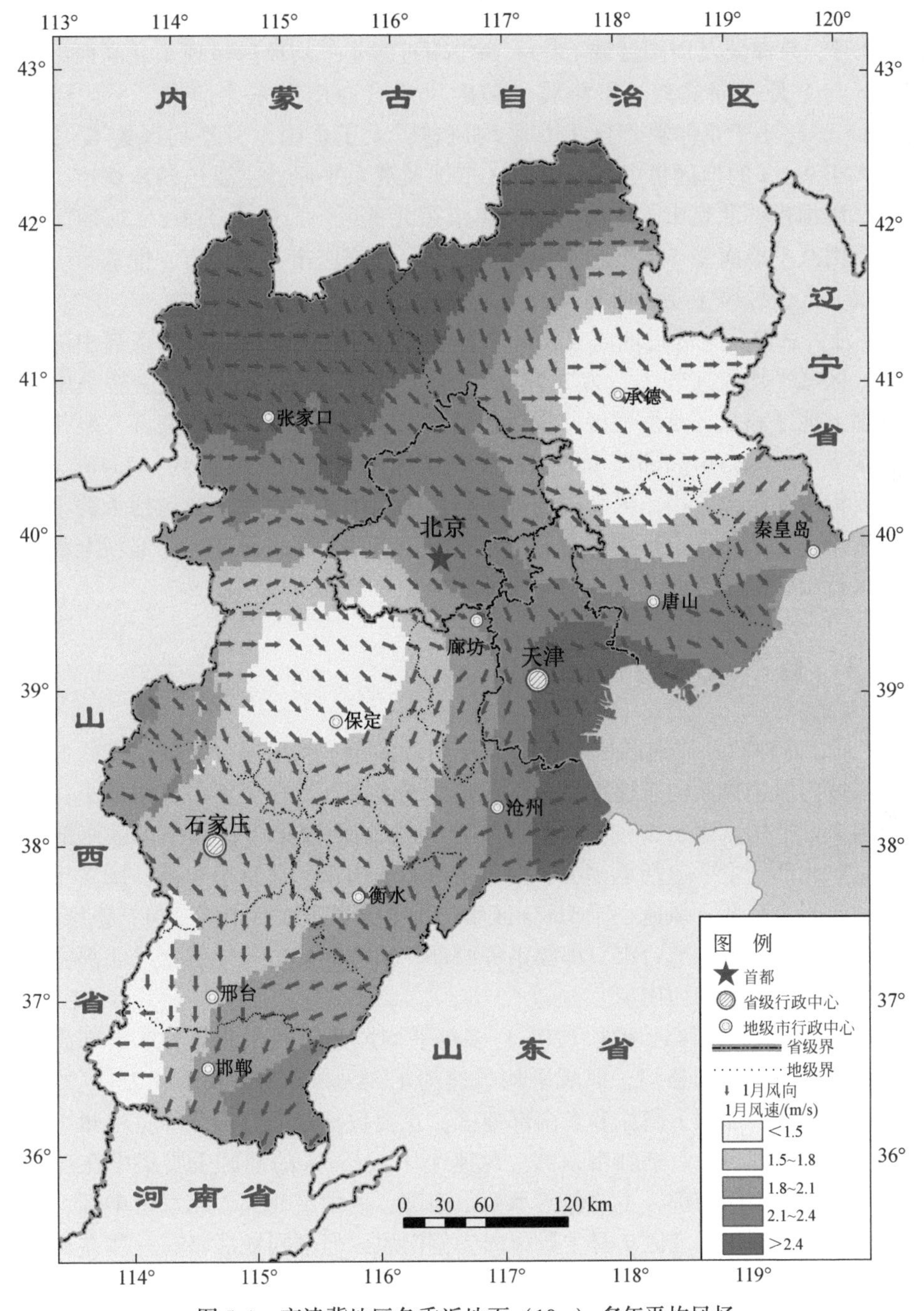

图 5-1　京津冀地区冬季近地面（10m）多年平均风场

5.2.2 春季风环境特征

4月，京津冀及周围区域1500m高空附近多年平均风速呈现东北高西南低的特征，与1月格局类似。京津冀区域内风速自西南向东北递增，平均风速为8.66m/s，略小于京津冀地区1月平均风速，大于全国4月平均风速6.42m/s。风速大于9m/s的地区集中在燕山山区东部及冀东平原，主要包括承德市、秦皇岛市、唐山市、北京市、廊坊市、天津市东北地区。风速小于8m/s区域的集中在太行山及平原南部，主要包括保定市西部、石家庄市、邢台市、邯郸市。研究区高层大气引导风主要为西北风。

4月，京津冀地区近地面（10m）多年平均风速呈现西北与东南高中部低的格局，区域平均风速较大，为2.78m/s。风速大于3.6m/s的区域主要集中在西北部坝上地区和东部沿海地区，主要包括张家口市北部，天津市南部、沧州市东部，衡水市、邢台市和邯郸市的东部平原区风速也较大。风速小于2.4m/s的地区主要集中在东部燕山山区和中西部太行山区及山前平原，主要包括承德市东南部、唐山市北部、保定市中部与北部、石家庄市西北部。研究区北部坝上高原及燕山太行山区主要为西北风，河北平原地区主要为偏南风（图5-2）。

5.2.3 夏季风环境特征

7月，京津冀及周边区域1500m高空附近多年平均风速，呈现东高西低的特征。区域内风速自西向东递增，平均风速为5.83m/s，在全年中风速最小，略大于全国7月平均风速5.26m/s。风速大于6m/s的地区集中在燕山山区东部及华北平原东北部，主要包括承德市、秦皇岛市、唐山市、北京市东部、廊坊市、天津市和沧州市东部。风速小于5m/s区域的主要分布于太行山区，包括张家口市、保定市、石家庄市、邢台市、邯郸市等西部。研究区高层大气引导风北部主要为西北风，南部地区为西南风。

7月，京津冀地区近地面（10m）多年平均风速呈现西北部和东南部高，中东部和西南部较低的格局，区域平均风速为1.88m/s。风速大于2.2m/s的地区主要集中在西北部坝上高原和东南部地区，主要包括张家口市北部，沧州市西南部，衡水市、邢台市、邯郸市东部。风速小于1.6m/s的地区主要集中在燕山山区中部和太行山区南部，主要包括承德市南部、唐山市北部、北京市中部、邯郸市和邢台市西部。研究区7月主导风向为偏南风，但不同地区略有一些差异，北部地区主要为东南风，南部平原区主要为南风和西南风（图5-3）。

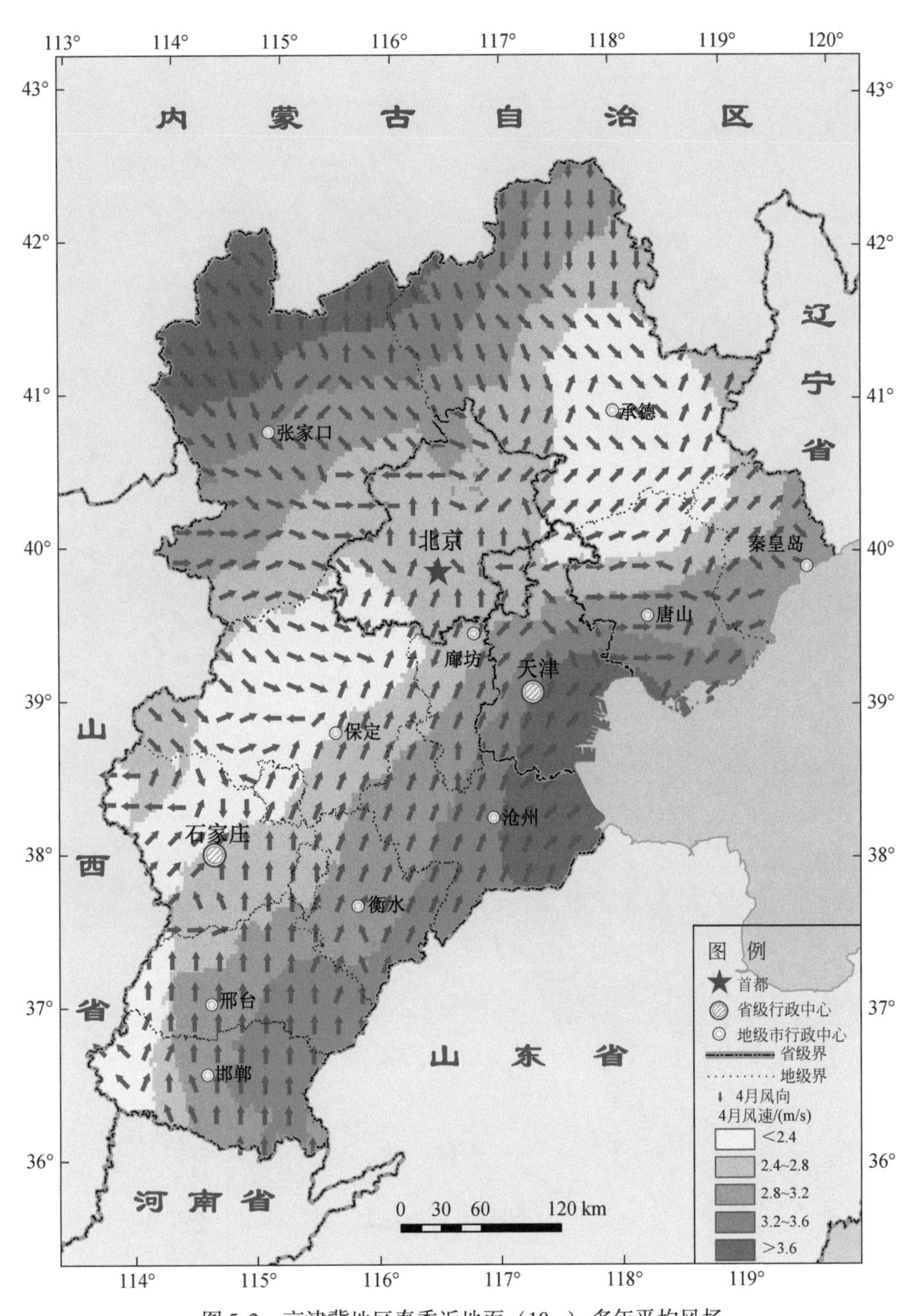

图 5-2　京津冀地区春季近地面（10m）多年平均风场

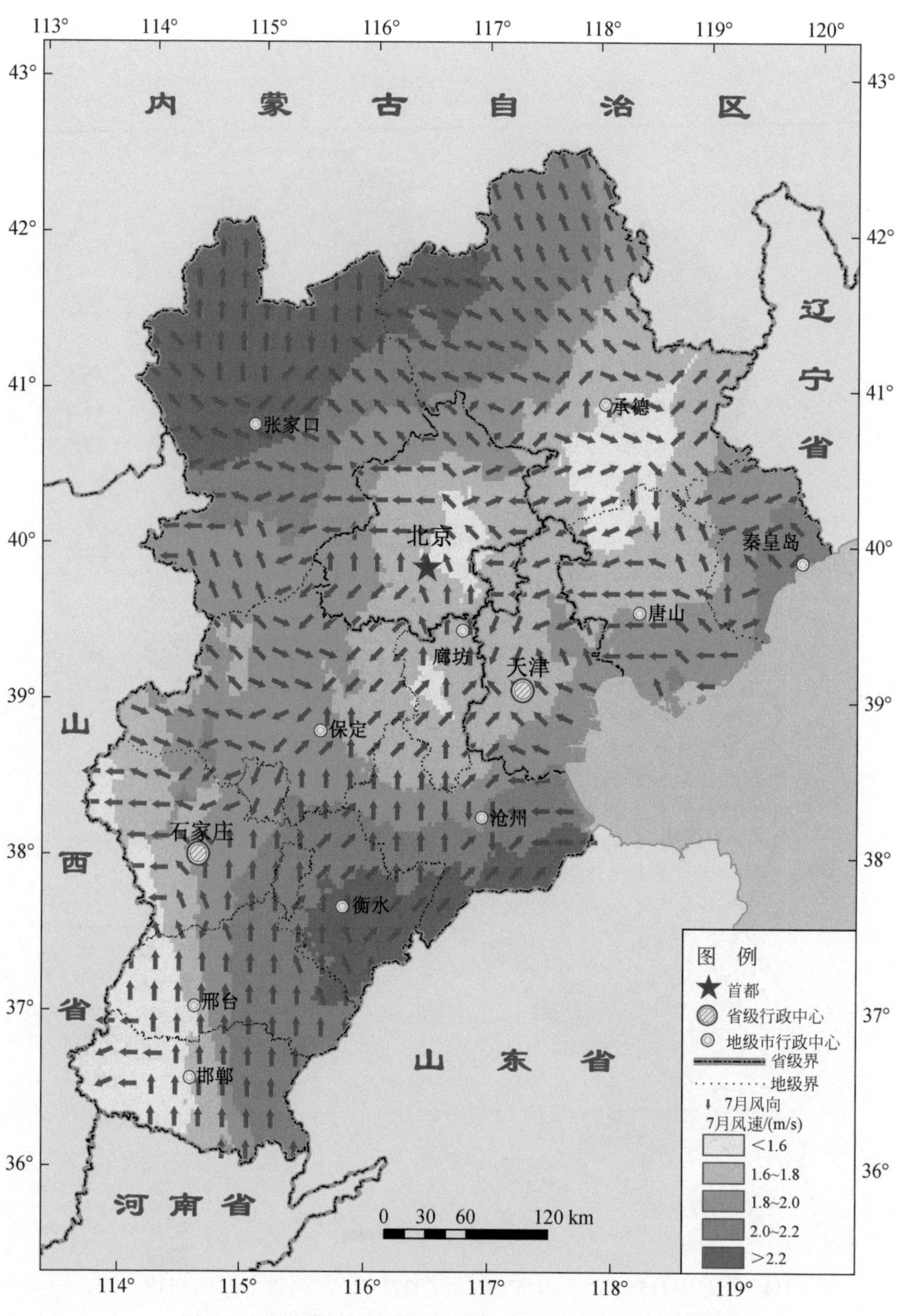

图 5-3 京津冀地区夏季近地面（10m）多年平均风场

5.2.4 秋季风环境特征

10 月，京津冀及周边区域 1500m 高空附近多年平均风速格局东北高西南低。区域内风速自西南向东北递增，平均风速为 7.88m/s，大于全国 10 月平均风速 5.42m/s。风速大于 8m/s 的地区集中在燕山山区及华北平原东部，主要包括承德市、秦皇岛市、唐山市、北京市、廊坊市、天津市及张家口市东部地区。风速小于 7m/s 的集中在太行山及南部平原，主要包括保定市西部、石家庄市、衡水市南部、邢台市和邯郸市。西北部高层大气引导风为西北风，东南部地区为东北风。

10 月，京津冀地区近地面（10m）多年平均风速呈现东南和西北部高、中部低的格局，平均风速为 1.82m/s。风速大于 2.4m/s 的区域主要集中在坝上高原和南部沿海地区，主要包括张家口市北部、天津市中南部、沧州市东部。风速小于 1.5m/s 的区域主要集中在东部燕山山区、西南部太行山区及山前平原，主要包括承德市东南部、唐山市北部、保定市和石家庄市北部。西北部坝上高原和东南部平原区风速较大。研究区 10 月风向各地区差异较大。北部坝上高原及燕山太行山区主要为西北风，冀东平原主要为西风，南部平原主要为南风和西南风（图 5-4）。

5.2.5 全年风环境特征

从全年来看，京津冀及周边区域 1500m 高空附近多年平均风速呈现东北高西南低的特征。京津冀区域内风速自西南向东北递增，平均风速为 7.67m/s，明显大于全国 5.71m/s 平均风速。风速大于 8m/s 的地区集中在燕山山区东部及冀东平原，主要包括承德市、秦皇岛市、唐山市，以及北京市、天津市、廊坊市东部地区。风速小于 6.5m/s 的地区集中在太行山南部，主要包括石家庄市、邢台市、邯郸市西部。

从全年来看，京津冀地区近地面（10m）多年平均风速空间特征呈现为西北坝上高原、燕山西部、东部沿海及平原区风速大，燕山东部、太行山北部区风速小；北部地区主要盛行偏北风，南部地区主要为偏南风。研究区全年多年平均风速为 2.07m/s，风速大于 2.5m/s 的地区主要集中在西北部坝上地区和中东部沿海地区，主要包括张家口市北部、唐山市东南部、天津市南部、沧州市东部。风速小于 1.6m/s 的地区主要集中在东部燕山山区和中部太行山区，主要包括承德市东部、保定市西北部。张家口—北京—天津是主要的通风道。研究区西北部山区及坝上地区主要为偏北风，南部平原主要为偏南风，冀东平原的唐山和秦皇岛以偏西风为主，太行山北部以偏北风为主，中南部以偏东风或偏南风为主（图5-5）。

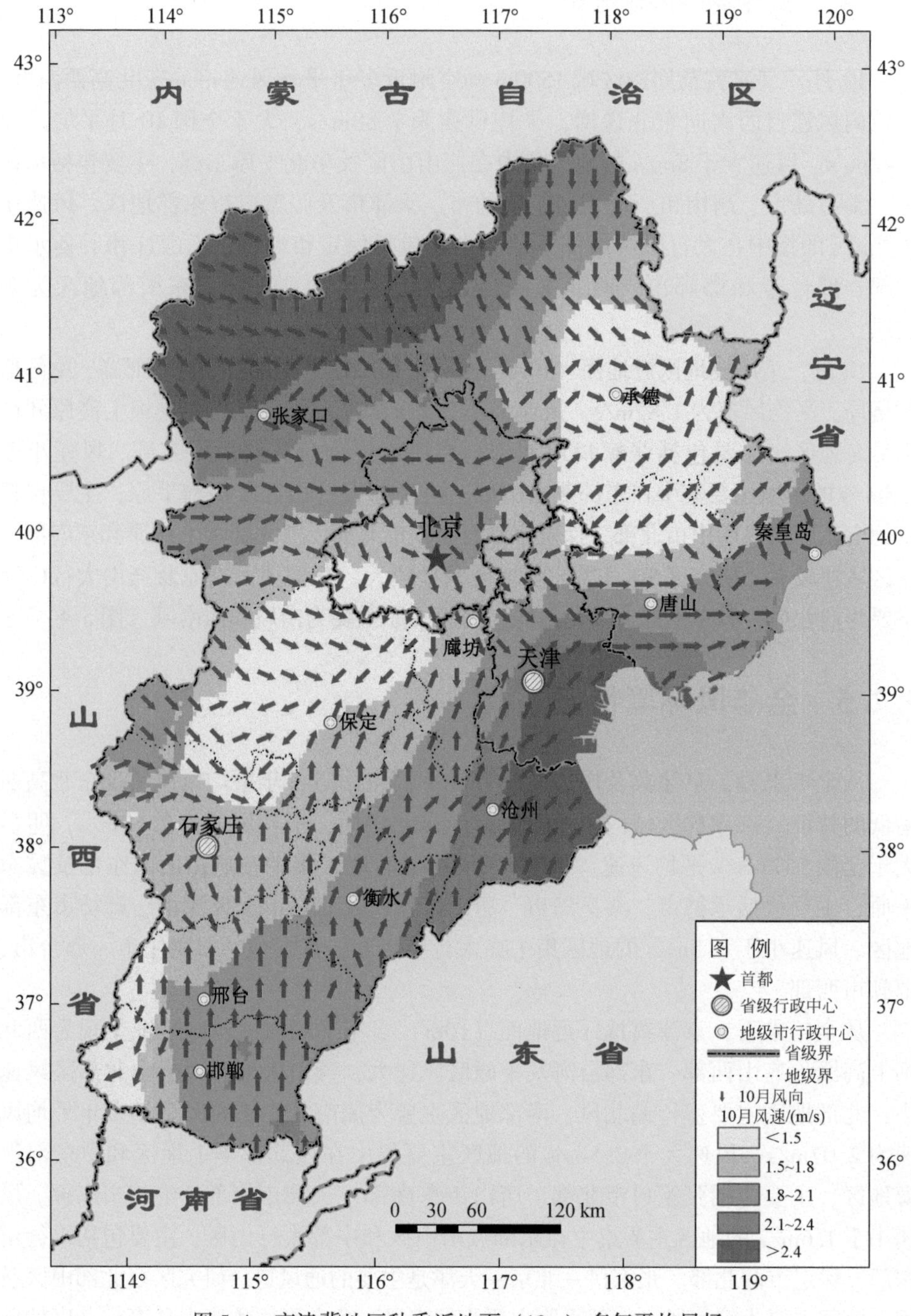

图5-4 京津冀地区秋季近地面（10m）多年平均风场

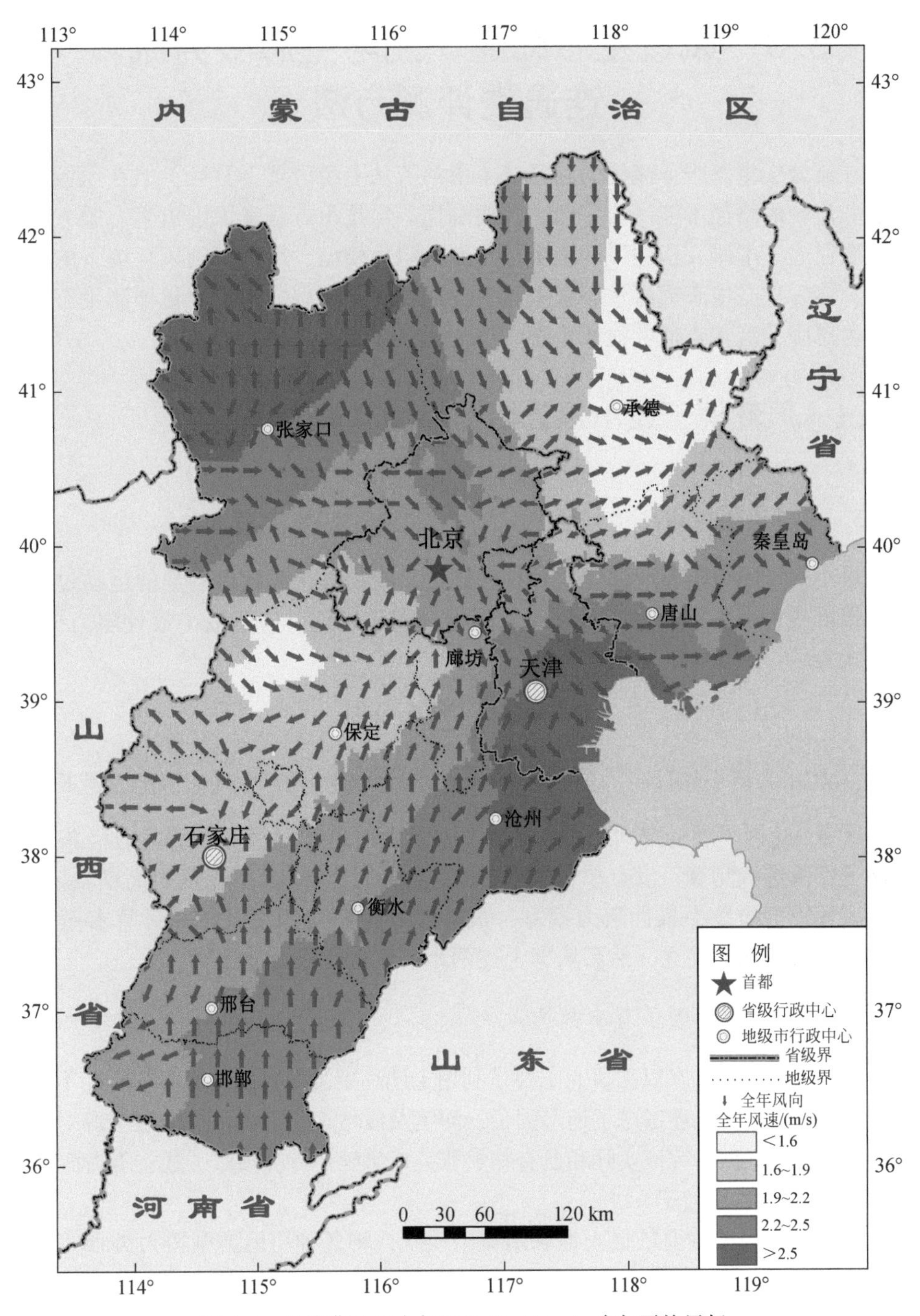

图 5-5　京津冀地区全年近地面（10m）多年平均风场

5.3 风域生态廊道识别与生态服务流转连通性评测方法

在流域中生态服务流转的路径基本沿河流从上游区到下游区，但在风域中生态服务流转的路径不能一目了然，需要利用一定技术方法来识别出生态服务流转的主要通道。本研究构建风环境下最小累计阻力模型，用以识别风环境下的生态廊道，然后建立生态廊道生态服务流转连通性评测模型，用于定量评测生态廊道中的生态服务流转连通性能和生态廊道通风效应。

5.3.1 风环境下最小累计阻力模型构建

5.3.1.1 模型构建

最小累计阻力模型起源于物种扩散理论，指物种从源到目的地的运动过程所需的代价或费用，本研究针对风环境下生态廊道识别，构建最小累计阻力模型。用下式表示：

$$\mathrm{MCR} = \int_{\min} \sum D_{ij} \times R_i \tag{5-1}$$

式中，MCR 为最小累计阻力值；$\int_{\min}$为最小阻力函数；D_{ij}为风从源地 j 到下一个源地所穿越 i 因子面的空间距离；R_i为 i 因子面的单元网格对风的阻力（根据各个因子赋值进行测算，没有单位）。该模型可通过 ArcGIS 中耗费距离模块实现。建立风环境下的最小累计阻力模型，最关键的是阻力因子及相关计算参数的选取，其次是源地的确立，然后依据上述两个要素进行阻力面运算。

5.3.1.2 主要因子与参数选取

阻力面的确定，在以往研究主要是利用土地利用类型直接赋值。本研究不仅选取了土地利用因子，还考虑了地形因子、河流及线性工程因子、风向因子等对地面风场的影响，根据研究区实际和已有相关研究成果确定计算参数，建立阻力面。

（1）土地利用因子

土地利用因子主要依据土地利用类型现状，将各种用地类型按大类合并为林地、草地、园地、耕地、水体、未利用地、道路及建设用地等类型。参考 Wieringa（1977）和李军等（2006）对地表粗糙长度的研究结果确定不同土地利用类型的地表粗糙度，如表 5-1 所示。

表 5-1　中国土地利用类型及地表粗糙度类别

土地利用类型	地表粗糙长度/m
城市和建设用地	8
耕地、牧场、农林、农牧交错地	3
草地	4
林地	5
水体湿地	0
未利用地	4

(2) 地形因子

地形因子分别选择地形起伏度和坡度，分别进行赋值。

地形起伏度利用 DEM 数据和窗口分析法获得，其表达式为

$$D_a = H_{amax} - H_{amin} \tag{5-2}$$

式中，D_a为以第 a 个栅格为中心的一定窗口内的地形起伏度；H_{amax}和 H_{amin}分别为该窗口内高程的最大值和最小值。窗口的大小是地形起伏度计算的关键，根据张竞等（2018）研究成果，将京津冀区域内地形起伏度在 400m 以下的地区窗口设置为 4.64km^2，400m 以上的地区设为 5.35km^2，窗口形状为圆形。利用 ArcGIS 中空间分析–邻域分析–焦点统计模块，运算获得研究区地形起伏度。

坡度主要基于 DEM 数据，利用 ArcGIS 的空间分析–表面分析–坡度分析模块运算得到。

参考其他学者在京津冀区域内的研究成果（刘金雅等，2018；孙丕苓，2017），将地形起伏度和坡度运算结果分为 0 ~ 4 五级，分别进行赋值。

(3) 河流及线性工程因子

河道本身就是风的通道，本研究根据距离河道中心线远近来设置对风的阻力值。考虑河流等级及各级河流周边地形，利用 ArcGIS 软件中的多环缓冲功能，将研究区内级别最高的河流即三级河流由河道中心线向河岸方向分别设 1km、2km、3km、4km、5km 缓冲区，四级河流设 0.5km、1km、1.5km、2km、2.5km 缓冲区，五级河流设 0.2km、0.4km、0.6km、0.8km、1km 缓冲区，然后分级赋值。

除河流因子外，道路也是重要的因子，特别是山区，高速公路及高铁的修建有利于形成风环境下的生态廊道。选取京津冀区域内的公路和铁路，通过查阅相关文献，对公路和铁路分别设 0.2km、0.4km、0.6km、0.8km、1km 缓冲区，然后分级赋值。

将河流与所有线性工程的阻力值进行统筹分析，若两个线性工程紧邻，则重叠部分取两者的最小值，如此得到河流及线性工程阻力因子。

(4) 风向因子

风作为生态服务流转扩散的驱动力，将风向因子加入最小累计阻力面模型中，能够体现风环境下生态廊道识别研究的特色。通过对高空及近地面风环境特征的研究可以发现，研究区夏季主要盛行偏南风，冬季主要盛行偏北风。根据研究区不同季节风向与坡向关系，坡向与风向夹角 θ 的绝对值在 22.5°以下为平行风坡，θ 的绝对值在 22.5°～67.5°为斜风坡，θ 的绝对值在 67.5°～90°为垂直风坡，按照上述风向与坡向交角进行阻力赋值。

通过上述的相关研究，将上述土地利用因子、地形因子、河流及线性工程因子进行整理并辅以相同的权重，得到各类阻力值设置数据，确定研究区的每个因子阻力面基础参数，见表 5-2。

表 5-2　各类阻力值设置

主要因子	因子分类或分级			景观阻力（1月）	景观阻力（7月）	权重
土地利用因子	水体、道路			0	0	0.2
	草地、耕地、未利用土地			1	1	
	林地、园地			3	3	
	建设用地			0	4	
地形因子	地形起伏度/m	0～30		0		0.2
		30～70		1		
		70～200		2		
		200～500		3		
		>500		4		
	坡度/(°)	<5		0		0.2
		5～15		1		
		15～25		2		
		25～35		3		
		>35		4		
河流因子/km	三级	四级	五级	—		0.2
	<1	<0.5	<0.2	0		
	<2	<1	<0.4	1		
	<3	<1.5	<0.6	2		
	<4	<2	<0.8	3		
	<5	<2.5	<1	4		

续表

主要因子	因子分类或分级		景观阻力		权重
			（1 月）	（7 月）	
线性工程因子/km	<0.2		0		0.2
	<0.4		1		
	<0.6		2		
	<0.8		3		
	<1		4		
风向因子	风向与坡向夹角	0°±22.5°平行	0		0.2
		45°±22.5°斜交	3		
		90°±22.5°垂直	4		

5.3.1.3 源地的确立

运用最小累计阻力模型研究风环境下的生态廊道，需要设置源地。本研究选取两类源地：一类是生态源地，主要分布在生态条件较好的区域；另一类是社会经济源地，主要分布在人口密集经济发达地区，主要指污染源地。

（1）生态源地的确立

本研究选取生态功能较高的自然保护区和湖泊水库作为生态源地。区域内共有 45 个自然保护区，删除掉其中不具有生态功能的地质遗迹类自然保护区后，共有 41 个。另外，本研究还将区域内 27 个相对较大的湖泊水库作为生态源地，如表 5-3 所示。

表 5-3　研究区生态源地

地名		自然保护区	水库（湖泊湿地）
北京市		松山国家级自然保护区、百花山国家级自然保护区	官厅水库、密云水库
天津市		天津八仙山国家级自然保护区、古海岸与湿地国家级自然保护区、天津北大港湿地自然保护区、天津大黄堡湿地自然保护区	于桥水库、黄灶水库
河北省	石家庄市	驼梁国家级自然保护区、漫山省级自然保护区、嶂石岩省级自然保护区、南寺掌省级自然保护区	黄壁庄水库、岗南水库
	承德市	雾灵山国家级自然保护区、红松洼国家级自然保护区、滦河上游国家级自然保护区、塞罕坝国家级自然保护区、茅荆坝国家级自然保护区、滦河源草地省级自然保护区、御道口省级自然保护区、辽河源省级自然保护区、千鹤山省级自然保护区、宽城都山省级自然保护区、白草洼省级自然保护区、六里坪省级自然保护区、北大山省级自然保护区、古生物化石省级自然保护区	潘家口水利枢纽－水库工程

续表

地名		自然保护区	水库（湖泊湿地）
河北省	张家口市	小五台山国家级自然保护区、泥河湾地质遗迹国家级自然保护区、大海陀国家级自然保护区、黄羊滩省级自然保护区	官厅水库、安固里淖
	秦皇岛市	黄金海岸国家级自然保护区、柳江盆地地质遗迹国家级自然保护区、青龙都山省级自然保护区	桃林口水库、洋河水库
	唐山市	菩提岛诸岛省级自然保护区、唐海湿地与鸟类省级自然保护区	潘家口水利枢纽-水库工程、大黑汀水利枢纽-水库工程、陡河水库
	保定市	白洋淀湿地省级自然保护区、金华山-横岭子褐马鸡省级自然保护区、银河山省级自然保护区、大茂山省级自然保护区、摩天岭省级自然保护区	白洋淀、西大洋水库、王快水库、安格庄水库
	沧州市	南大港湿地和鸟类省级自然保护区、小山火山省级自然保护区、海兴湿地和鸟类保护区、古贝壳堤省级自然保护区	白洋淀、黄灶水库、大浪淀水库、南大港湿地、杨埕水库
	衡水市	衡水湖国家级自然保护区	衡水湖
	邢台市	三峰山省级自然保护区	临城水库、朱庄水库
	邯郸市	青崖寨国家级自然保护区	东武仕水库、岳城水库

研究区的生态源地分布较为分散，从地形地貌单元看主要分布在燕山、太行山区及沿海地区。

（2）社会经济源地的确立

本节将单位面积 GDP、人口密度和气溶胶光学厚度等栅格数据分别进行重分类后，按无量纲进行叠加分级，取最高级作为风力驱动下的社会经济源地。

1）社会经济评价。

本节主要选取京津冀地区多年平均的公里网格人口密度数据、公里网格 GDP 数据等分析区域经济发展现状，用于确定最小阻力计算时的社会经济源地。

京津冀地区人口密度较大，但区域内人口密度空间分布不均。研究区内人口分布呈东多西少、南多北少的格局。人口分布主要受到地理环境和经济发展水平的影响：燕山、太行山山区人口密度较小，山间沟谷平地人口密度略大。华北平原人口密度大，多在 200 人/km^2以上。在渤海湾沿岸区（除秦皇岛沿岸外），由于海岸类型的原因，人口密度也较小。区域内人口密度最高的地区为北京市、天津市主城区。

京津冀地区是北方经济最发达的地区，单位面积 GDP 较高，但区域发展不平衡。京津冀地区平均单位面积 GDP 高值区集中在东南部平原地区，低值区集中在西北部山区及坝上高原。研究区的经济重心在北部京津唐地区，是研究区经济最发达的区域；省会城市石家庄和研究区南部的邯郸也是两个经济较发达的区域，单位面积 GDP 也较高。张承地区平均单位面积 GDP 最低。

2）污染物浓度。

统计分析京津冀地区 1 月多年平均气溶胶光学厚度，发现其空间格局整体上呈现南高北低的态势。高值区集中在南部冀南平原，主要包括保定市、廊坊市南部、沧州市、衡水市、石家庄市、邢台市和邯郸市东部。低值区主要集中在燕山太行山区及坝上高原区，主要包括张家口市、承德市、秦皇岛市，以及石家庄市、邢台市和邯郸市的西部。

统计分析京津冀地区 7 月多年平均气溶胶光学厚度，发现其空间上呈现南高北低的态势，相较于 1 月高值区向北扩散，低值区主要聚集在东北部。高值区集中在平原区及太行山山区南部，主要包括保定市南部、廊坊市、天津市、沧州市西部、石家庄市、衡水市、邢台市、邯郸市北部。低值区主要集中在燕山山区及坝上高原区，主要包括张家口市、承德市、北京市西部，以及唐山市和秦皇岛市的北部。

3）社会经济源的确定。

通过上述对社会经济情况及气溶胶光学厚度的研究，将得出的结果分别按照自然间断点法分十级再重分类后叠加，得出京津冀地区社会经济叠加后的空间格局。

研究发现京津冀地区社会经济源高值区基本集中在南部平原地区，以及各级城市中心地区，但 1 月和 7 月略有不同。1 月高值区主要集中在华北平原中南部，7 月则向北偏移，且 1 月的社会经济源地最高值大于 7 月。

将 1 月和 7 月社会经济源求均值，按照自然间断点法分三级，取最高级进行矢量化。将得到的源地斑块面积累加，进而计算其与源地总面积的比值。研究发现，当源地斑块数量达到 42，累计面积占比为 70.13% 时，曲线到达拐点，见图 5-6。因此选择前 42 个斑块作为源地，集中连片，形成研究区社会经济源，面积为 18 478.91km^2。

社会经济源地分布呈现南多北少的特征。北部地区主要分布在地级市及其以上的主城区，包括张家口市、承德市、北京市、廊坊市、天津市、唐山市和秦皇岛市。南部地区源地较集中，主要分布在保定市南部、石家庄市东北部、沧州市西部、衡水市中南部、邢台市东部和邯郸市中东部。

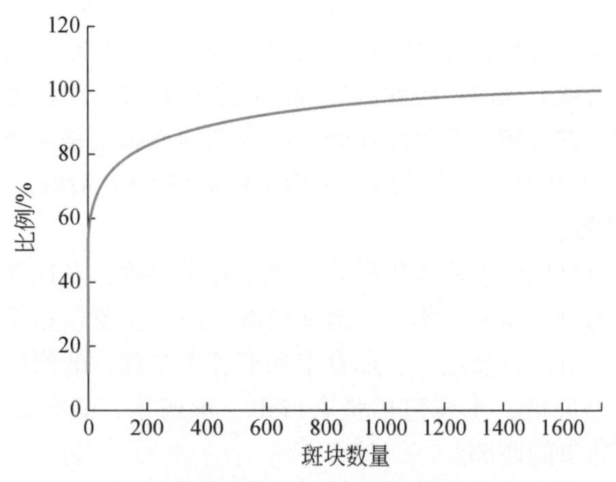

图 5-6　京津冀地区社会经济源地斑块累计占比

5.3.2　生态廊道生态服务流转连通性评测模型

识别出风环境下的生态廊道后，将生态廊道中心线两侧 500m 范围内作为生态廊道面，利用生态廊道生态服务流转连通性评测模型，评测生态廊道内通风效益和生态服务流转的连通性。

5.3.2.1　模型构建

当前，生态廊道通风能力研究主要集中在城市区，区域尺度廊道通风效应还较少。本研究参考杭州市城市风廊建设体系（俞布等，2018），以及盐城市大丰区生态廊道体系（刘瑞程等，2019），利用廊道长度、曲度、下垫面类型、阻力值、廊道内风速、廊道走向与风向的夹角、链接源地数量 7 个因子，参考计算耦合度的功效函数模型，构建生态廊道生态服务流转连通性评测模型。

$$u_i = \sum_{i}^{m} \begin{cases} (x_{ij} - \beta_{ij}) / (\alpha_{ij} - \beta_{ij}) & j \text{为正向因子} \\ (\alpha_{ij} - x_{ij}) / (\alpha_{ij} - \beta_{ij}) & j \text{为逆向因子} \end{cases} \tag{5-3}$$

式中，u_i为第 i 个廊道的通风效益评测指数，$i \in (1, 2, \cdots, m)$；x_{ij}为第 i 个廊道的 j 评测因子值；$j \in (1, 2, \cdots, n)$ 为评测因子；α_{ij}、β_{ij}分别为所有参评廊道中 j 评测因子的最大值和最小值。针对不同 j 因子对廊道评价的不同影响，将因子分为正向因子和逆向因子两种类型。其中正向因子随着因子数值越来越大，廊道通风性能越来越好；逆向因子随着因子数值增大，廊道通风性能越来越差。通过模型计算出生态廊道通风效益评测指数 u_i，按照 u_i对廊道划分不同级别，本节将生态廊道划分为一级、二级。通过大量样本研究得出

$$\begin{cases} u_i \geqslant \dfrac{n}{2} & \text{一级廊道} \\ u_i < \dfrac{n}{2} \text{且} u_i \geqslant \dfrac{n}{4} & \text{二级廊道} \end{cases} \tag{5-4}$$

式中，n 为评测因子数量，本节中 n 取 7，即当 $u_i \geqslant 3.5$ 为一级生态廊道，$1.75 \leqslant u_i < 3.5$ 为二级生态廊道。

5.3.2.2 主要因子与参数选取

构建生态廊道生态服务流转连通性评测模型时，主要用到 7 个因子，其中廊道曲度、廊道下垫面土地利用类型、廊道走向与风向夹角需要进一步阐释。

(1) 廊道曲度

廊道曲度可作为衡量廊道结构、气流水平运动能耗的量化指标。通常，曲度值越大，表示空气流通中受到的阻力越大，风速越低，连通性降低。

$$G_q = \frac{q}{l} \tag{5-5}$$

式中，G_q 为廊道曲度；q 为实际长度；l 为起点与终点间的直线距离。

(2) 廊道下垫面土地利用类型

将生态廊道中心线两侧 500m 范围内的生态廊道面提取出来后，按生态廊道面内的土地利用类型进行赋值，得到识别出的廊道土地利用类型量化栅格图，见表 5-4。

表 5-4 土地利用类型分类取值表

评价因子	土地利用类型	分类值
土地利用因子	水体、道路	0
	草地、耕地、未利用土地	1
	林地、园地	3
	建设用地	4

(3) 廊道走向与风向夹角

廊道走向与风向夹角之间的关系计算相对复杂：将廊道按照其走向分若干段，利用 ArcGIS 空间统计模块中的度量地理分布和线性方向求平均值功能，确定廊道各部分走向，得到走向与风向的夹角 θ。按照 θ 的取值确定分类值，具体见表 5-5。在实际计算过程中，由于廊道较长，一条廊道内各个区域的走向和途径地区的风向存在较大差异，难以存在完全与风向呈现某单一角度关系的廊道，因此对廊道采取分段评价，即将廊道按照走向划分若干段，对每一段进行赋值，再计算廊道的加权平均值。

表 5-5　廊道走向与风向的夹角评价分级表

角度 θ/(°)	角度关系	分类值
$0\leqslant\theta<22.5$，$157.5\leqslant\theta<202.5$，$337.5\leqslant\theta<360$	平行	0
$22.5\leqslant\theta<67.5$，$112.5\leqslant\theta<157.5$，$202.5\leqslant\theta<247.5$，$292.5\leqslant\theta<337.5$	斜交	3
$67.5\leqslant\theta<112.5$，$247.5\leqslant\theta<292.5$	垂直	4

另外，在模型构建过程中，依据不同的因子类型选择不同计算方法，评测因子分为正向因子和逆向因子，上述 7 个因子的类型如表 5-6 所示。

表 5-6　评测因子正逆类型

序号	评测因子	因子类型
1	廊道长度	正向因子
2	廊道曲度	逆向因子
3	下垫面类型	逆向因子
4	廊道内风速	正向因子
5	阻力值	逆向因子
6	廊道走向与风向的夹角	逆向因子
7	链接源地数量	正向因子

评价过程中，廊道长度、阻力值、廊道内风速、链接源地数量等因子的取值，主要基于前面的研究成果，通过 ArcGIS 软件平台直接获取。

5.4　京津冀风域内生态服务流转的主要通道

研究区内，生态服务流转的路径是利用最小累计阻力模型，识别出来的累计阻力面的低值区，也就是我们要建立的生态廊道。借助生态廊道生态服务流转连通性评测模型，进一步弄清楚生态廊道的连通性能，基于此对生态服务流转通道的空间格局进行优化完善。

5.4.1　生态服务流转通道初步识别结果

运用 ArcGIS 空间分析-距离分析模块建立京津冀地区最小累积阻力面，依据区域内风环境特征，考虑到研究区冬季大气污染比较严重，夏季植物生长茂盛，生态功能最好，在 1 月建立以社会经济污染源为源地的阻力面，在 7 月建立以生态源为源地的阻力面。阻力值的高低标志着源地之间的连通性好劣，阻力值高表示风环境下生态服务流转的连通性较差，阻力值低表示连通性好。

1 月，京津冀地区社会经济源地最小累计阻力面呈现出燕山、太行山山区高，坝上高原次之，平原最低的趋势，见图 5-7。燕山、太行山区阻力值整体较

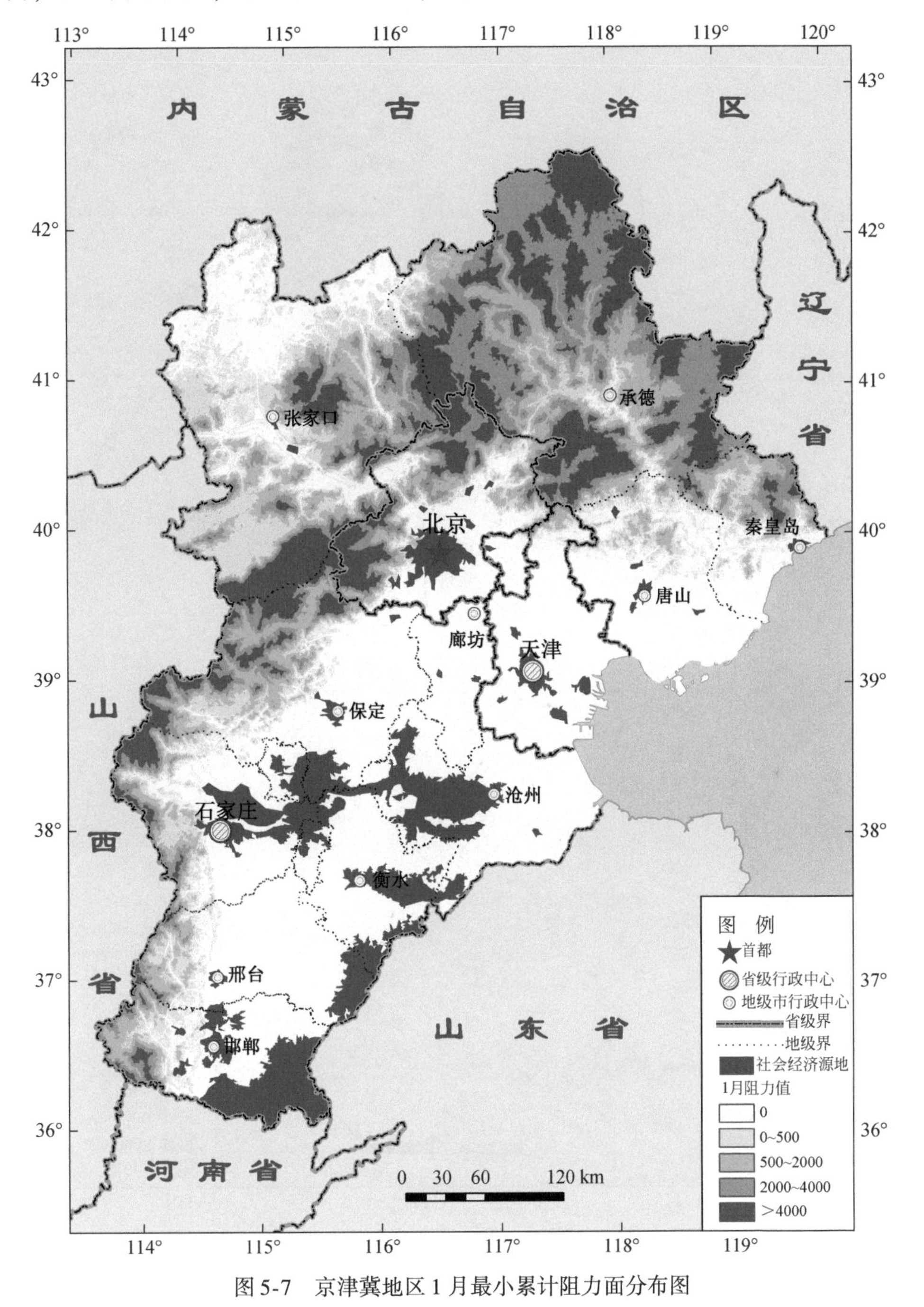

图 5-7　京津冀地区 1 月最小累计阻力面分布图

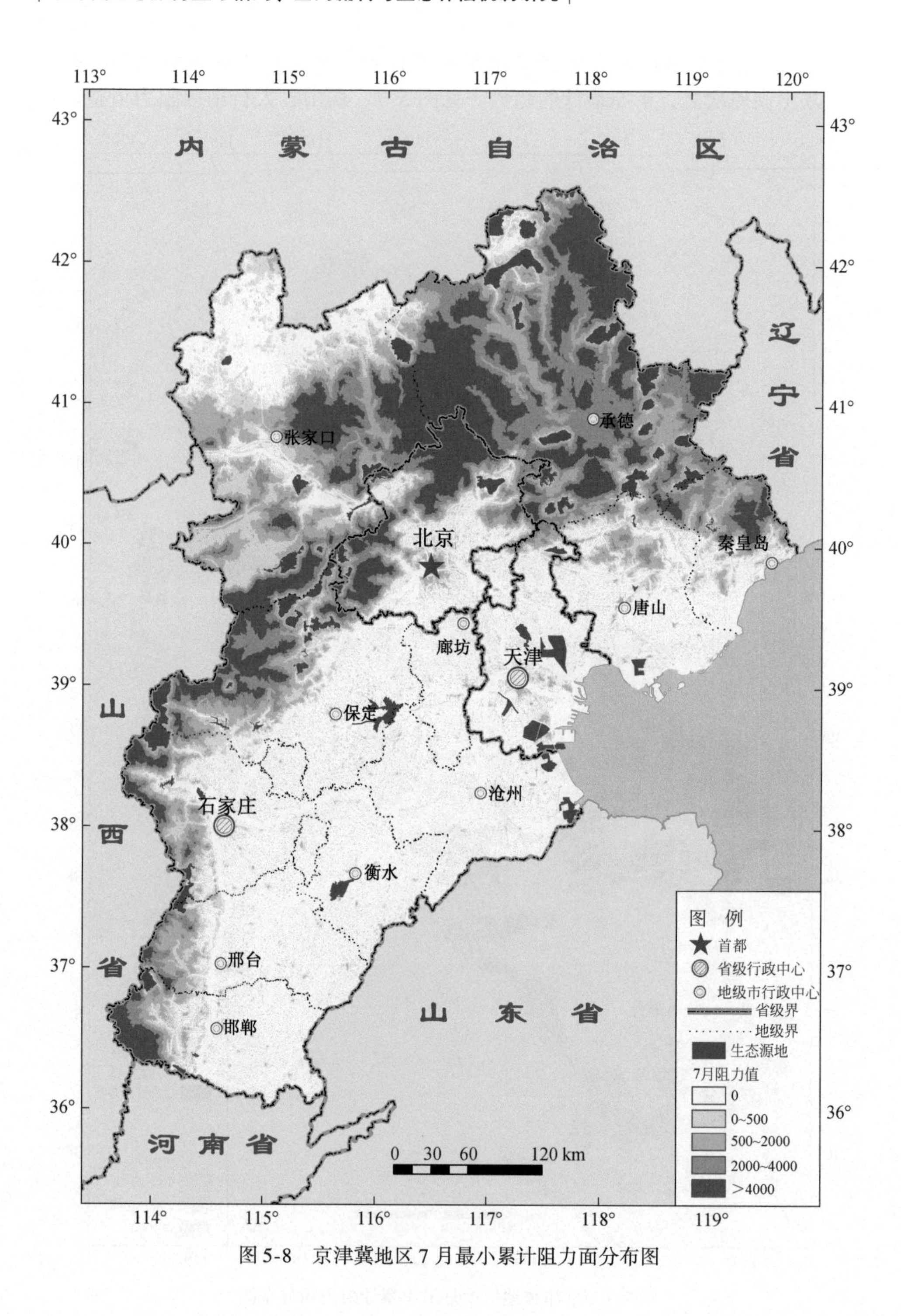

图 5-8　京津冀地区 7 月最小累计阻力面分布图

高，在风速垂直于山脉走向的区域，既不利于生态服务流转，也不利于污染物的扩散，主要沿着沟谷向下风向区域扩散或流转。坝上高原区阻力值整体居中，在冬季风的影响下，生态服务或污染物主要向南扩散。平原区内整体阻力值较小，以源地为中心容易在平原范围内扩散，但北部西部均有山脉阻挡，如果大气污染物排放量较大，容易在平原区发生大气污染。

7 月，京津冀地区生态源地最小累计阻力面格局也呈现出山区最高，高原次之，平原最低的趋势，见图 5-8。燕山、太行山区海拔较高、地形起伏较大的地区阻力值较大，扩散条件差，但是此时这里植物生长状况最好，生态功能较强，各类生态服务沿着沟谷向下风向区域扩散或流转。坝上高原区扩散条件居中，在夏季风的影响下，生态服务主要向北扩散。平原区内整体阻力值偏低，扩散条件较好，若进行大面积生态建设，可以改善区域环境质量。

在阻力面低值区中，将其中长度较长、与风向的一致性较高的区域初步识别出来，作为初步生态服务流转通道，即风环境下的生态廊道。其中 1 月针对社会经济源识别出 12 条廊道，7 月针对生态源识别出 11 条廊道。

5.4.2 生态廊道连通性能评测结果

针对不同源地初步识别出生态服务流转通道，即生态廊道，再借助生态廊道生态服务流转连通性评测模型，对其通风效益或连通性能进行定量评价，评价结果如表 5-7 所示。

表 5-7 生态廊道通风效益评测表

廊道		长度	曲度	下垫面性质	风速	阻力值	链接源地数量	廊道方向	合计
1 月	1	1.00	0.98	1.00	0.32	0.00	0.29	0.82	4.41
	2	0.00	0.65	0.17	0.21	0.99	0.14	0.69	2.85
	3	0.53	0.80	0.46	0.11	0.57	1.00	0.79	4.26
	4	0.81	1.00	0.41	1.00	0.87	0.14	0.42	4.65
	5	0.84	0.76	0.54	0.00	0.91	0.71	0.30	4.06
	6	0.47	0.79	0.10	0.52	1.00	0.14	0.75	3.77
	7	0.27	0.68	0.00	0.28	0.98	0.14	1.00	3.35
	8	0.27	0.01	0.31	0.16	0.97	0.57	0.22	2.51
	9	0.26	0.86	0.22	0.51	0.98	0.00	0.22	3.05
	10	0.18	0.24	0.43	0.19	0.99	0.29	0.04	2.36

续表

廊道		长度	曲度	下垫面性质	风速	阻力值	链接源地数量	廊道方向	合计
1月	11	0.19	0.00	0.46	0.36	0.99	0.29	0.40	2.69
	12	0.06	0.68	0.26	0.42	0.98	0.00	0.00	2.40
7月	1	0.00	0.72	0.53	0.86	0.26	0.13	0.33	2.83
	2	1.00	0.00	1.00	0.82	0.00	0.87	0.90	4.59
	3	0.13	0.06	0.28	0.37	0.90	0.33	0.54	2.61
	4	0.42	0.84	0.93	0.51	0.81	0.73	0.77	5.01
	5	0.77	0.76	0.27	0.68	0.63	0.33	0.55	3.99
	6	0.79	0.99	0.30	1.00	0.90	0.40	0.65	5.03
	7	0.70	0.74	0.27	0.75	0.94	1.00	1.00	5.40
	8	0.22	1.00	0.24	0.00	0.69	0.27	0.47	2.89
	9	0.29	0.52	0.40	0.63	1.00	0.13	0.27	3.24
	10	0.17	0.77	0.02	0.83	0.97	0.07	0.05	2.88
	11	0.06	0.51	0.00	0.37	0.94	0.00	0.00	1.88

从评价结果可以看出，南北向廊道的通风能力高于东西向廊道。根据一级、二级生态廊道划分标准，从1月生态廊道通风效益指数较高的廊道中筛选出一级廊道5条，7月筛选出5条，其余均为二级廊道。

京津冀区域内一级生态廊道主要呈南北走向，与冬夏季主导风向基本平行，贯穿区域内所有地级以上城市和主要生态源地，廊道下垫面以沟谷、河流、湖泊水库、道路防护绿地、裸地等为主。二级生态廊道基本呈东西走向，位于中南部平原区，廊道下垫面以道路防护绿地、河流、湖泊水库、裸地等为主。这些生态廊道均是京津冀范围内，以风为生态介质发生生态服务或产品流转的主要通道。

5.4.3 风环境下生态廊道的空间格局

在不同的源地情况下，1月、7月的一级生态廊道主干基本重叠，二级生态廊道也存在部分重叠。由于研究区多数站点冬季和夏季主导风向是180°变化，按照生态廊道通风效益评测 u_i 值，将其中 u_i 较大的16条生态廊道的主干合并精炼出10条生态廊道，再按照阈值分成两级，各级生态廊道分布情况见表5-8和图5-9。

表 5-8　一级和二级生态廊道分布情况表

廊道级别	廊道编号	主要走向	途经地市	主要下垫面情况
一级生态廊道	①	西北—东南	承德市、唐山市、秦皇岛市	滦河河谷湿地、谷地内开放空间（裸地和草地）、潘家口-大黑汀水库
	②	南—北	承德市、北京市、天津市、沧州市、衡水市	潮河、潮白河、运河河谷湿地和谷地内开放空间（裸地和草地）、密云水库
	③	南—北	张家口市、北京市、廊坊市、沧州市、衡水市、邢台市、邯郸市	潮白河河谷湿地和谷地内开放空间（裸地和草地）、官厅水库、白洋淀、衡水湖湿地、道路防护绿地
	④	西北—东南	张家口市、北京市、天津市	洋河与永定河河谷湿地、湖泊和谷地内开放空间（裸地和草地）、官厅水库、道路防护绿地
	⑤	南—北	北京市、保定市、石家庄市、邢台市、邯郸市	道路防护绿地、山前湿地、裸地和草地
二级生态廊道	⑥	西—东	北京市、廊坊市、天津市、唐山市、秦皇岛市	道路防护绿地、湿地水库、裸地和草地
	⑦	西—东	保定市、廊坊市、天津市	大清河上游水库、河流湿地、白洋淀湿地、河流周边裸地和草地
	⑧	西南—东北	石家庄市、衡水市、沧州市	子牙河上游水库、河流湿地、裸地和草地
	⑨	西南—东北	保定市、沧州市	道路防护绿地、裸地和草地
	⑩	西北—东南	石家庄市、邢台市	道路防护绿地、裸地和草地

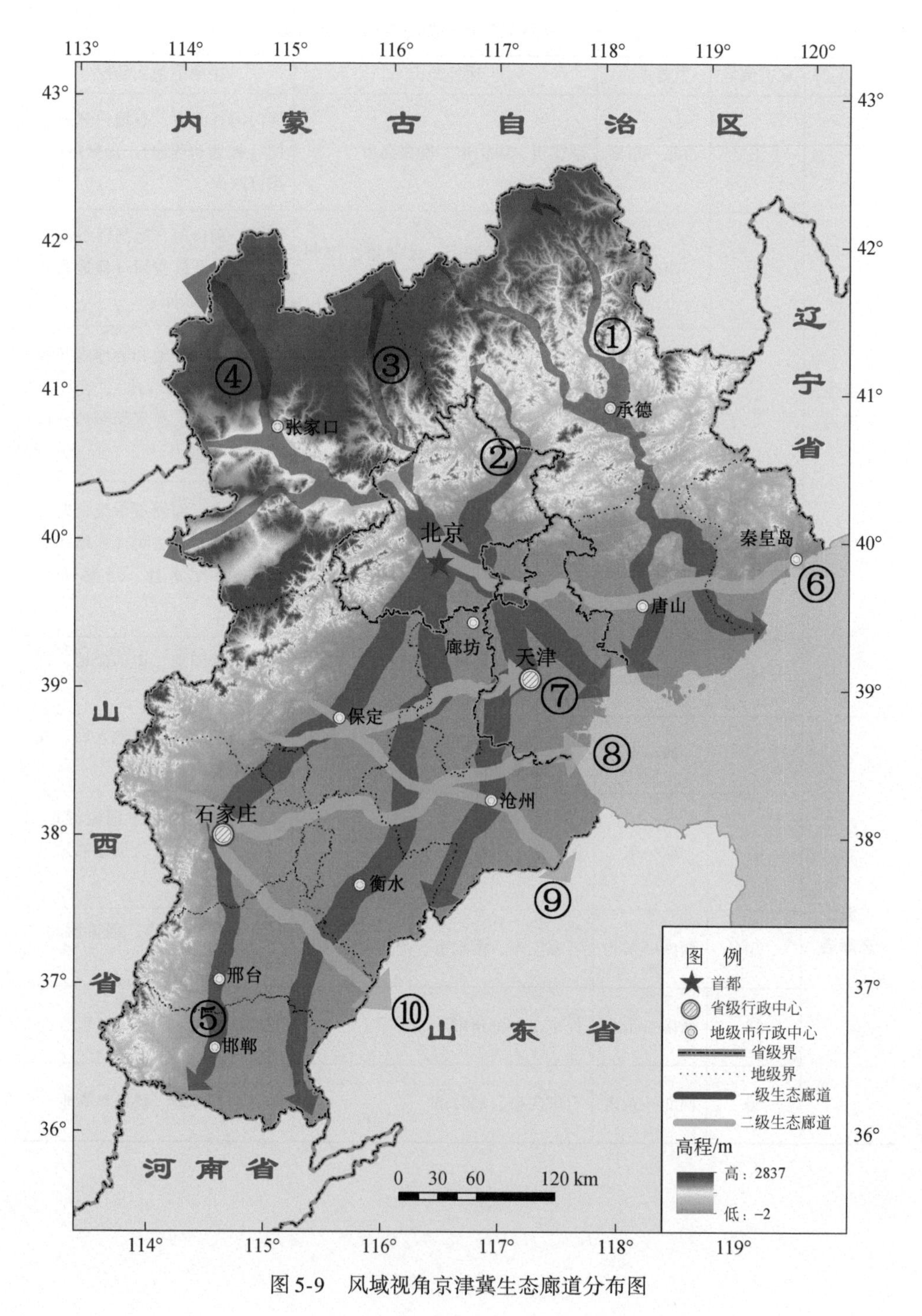

图 5-9　风域视角京津冀生态廊道分布图

基于上述研究结果，构建出风域视角京津冀“五纵五横”生态廊道空间格局。“五纵”自东向西分别是滦河谷地及下游生态廊道，潮河—运河生态廊道，白河—大广高速生态廊道，永定河—运河生态廊道，太行山山前生态廊道；“五横”自北向南为北京—秦皇岛生态廊道，保定—廊坊—天津生态廊道，石家庄—衡水—沧州生态廊道，保定—沧州生态廊道和石家庄—衡水生态廊道。“五纵”生态廊道呈南北走向，廊道较长，走势与冬夏主导风风向吻合度高，通风能力强，生态服务流转性能较好；跨越坝上高原、燕山、太行山区和平原区，下垫面以沟谷、河流、湖泊水库、道路防护绿地、裸地等为主；呈南北向串珠状链接了研究区除秦皇岛外的所有地级以上的行政中心，以及自然保护区、湿地公园和湖泊水库等。“五横”生态廊道呈东西走向，廊道相对较短，走势与主导风风向差异较大，通风能力相对较弱，也是生态服务流转的主要通道；主要分布在南部平原区，下垫面性质以河流湿地与道路防护绿地为主。“五横”生态廊道作为“五纵”的补充，增加了东西向通风性能。“五纵五横”生态廊道格局的识别，将有助于理解京津冀风环境下生态过程的连通性特征，风域视角下生态廊道连通性好有助于区域净化空气、固碳释氧、调节气温等生态服务向下风向流转。

5.5　风域视角京津冀生态服务空间流转特征

风域内，一般在上风向地区防风固沙、净化空气和固碳释氧等服务能力好，下风向区域便能获得洁净的空气。然而，由于风域内风向的多变性，生态服务供受关系常随风向的变化而发生变化，比如在季风区内，冬夏季节主导风向的变化，会使原来的生态源地变为污染源受体区。本节内容主要通过京津冀风域内的供受关系、生态廊道内服务流转的连通性，分析评价风域生态服务流转的特征，为生态补偿机制建设和生态建设提供参考。

5.5.1　风域视角生态服务供体区与受体区

根据研究所得风环境下生态服务评价结果，可以大致确定生态供体区和受体区。在研究区范围内，将固碳释氧、防风固沙和净化空气三种生态服务能力的极重要区叠加除重，得到风域视角生态服务供体区；将排碳耗氧及大气治理费用的四级区和五级区叠加除重，得到风域视角生态服务受体区。其中，生态服务供体区面积为 85 380.51km^2，主要分布在燕山山区和太行山山区，太行山山前平原植被生长较好的区域也有分布；生态服务受体区面积为 70 463.75km^2，主要集中在平原地区，在冀西北间山盆地和燕山山区有零星分布。

根据上述研究得到风域视角生态服务供体区和受体区空间分布，再叠加所识别出的风环境下生态廊道，得到风域视角京津冀生态服务供受格局，见图5-10。本研究分别从冬夏季节和全年平均风场状况，来分析区域生态服务流转特征。

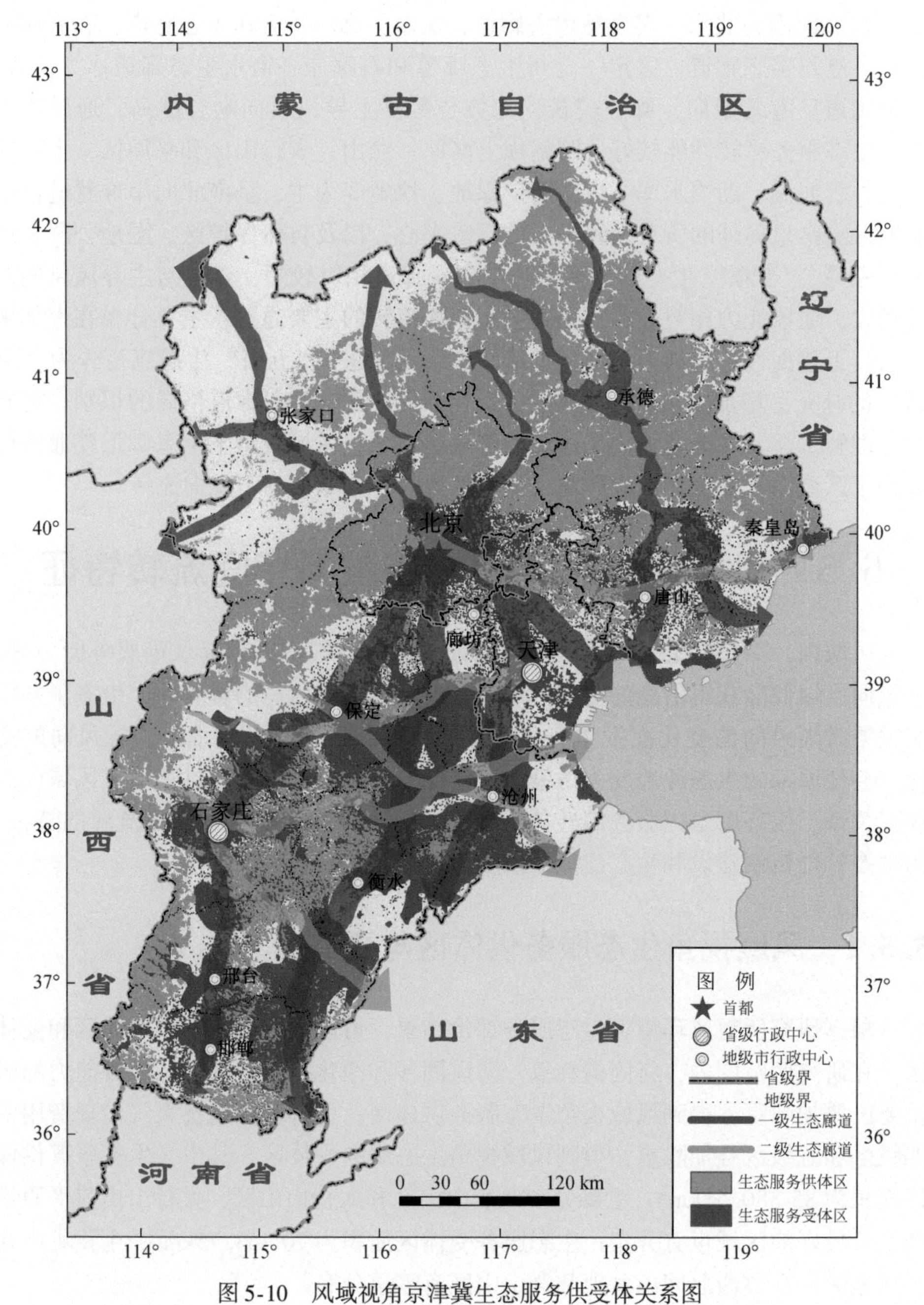

图5-10 风域视角京津冀生态服务供受体关系图

5.5.2 冬夏两季风域内生态服务流转特征

京津冀地区位于暖温带季风气候区，冬季盛行偏北风，夏季盛行偏南风，风域系统中以风为生态介质的生态服务流转及所产生的供受关系随季节变化而变化。

5.5.2.1 冬季风域内生态服务流转特点

1 月，京津冀风域系统中，生态服务类型主要是防风固沙和净化空气等，供体区主要位于西部太行山区、燕山山区，受体区主要位于东南部平原区、广大城市或城镇集中区。生态服务流转方向主要呈现由西北向东或向南。

冬季，京津冀不同区域生态服务流转方向不同。研究区东部，供体区为承德市及秦皇岛市和唐山市的北部山区，受体区主要为秦皇岛市、唐山市南部平原区；生态服务主要借助一级滦河谷地及下游一级生态廊道自西北向东南流转。研究区中部，供体区为张家口市、北京市北部燕山山区，受体区为北京市南部、廊坊市、天津市、河北中南部平原；生态服务主要借助潮河—运河生态廊道、白河—大广高速生态廊道、永定河—运河生态廊道、太行山山前生态廊道等四个生态廊道自西向东或自北向南流转。研究区南部，供体区为保定市、石家庄市、邢台市、邯郸市西部太行山区，受体区为保定市、石家庄市、邢台市、邯郸市东部平原，以及沧州市、衡水市；生态服务主要借助南部四个生态廊道自西向东流转。

冬季，近地面到高空平均风速均偏大，由西北、北部向东向南海拔逐渐降低，整体生态服务流转较畅通，流转性能较好；但是冬季地面气温较低，垂直方向对流较弱，混合层高度较低，加上冬季采暖期污染物排放量较大，平原或谷地城市或城镇集中区大气污染较严重。

5.5.2.2 夏季风域内生态服务流转特点

7 月，京津冀风域系统中，生态服务类型主要为净化空气和固碳释氧等，供体区仍主要位于西部太行山区和北部燕山山区，受体区主要位于冀西北间山盆地和坝上高原人口密集区，东南部平原区、广大城市或城镇集中区既是净化空气和固碳释氧等服务的受体区，同时，位于区域内上风向，如果污染物排放量较大则可能成为污染源地。7 月生态服务流转方向主要呈现由南向北、由东向西，与 1 月流转方向相反。

夏季，京津冀不同区域生态服务流转方向也不同。研究区东部，供体区为承德山地及秦皇岛、唐山市山区，受体区为该区域北部谷地或坝上的城镇集中区，此时秦皇岛、唐山市南部平原区，若大气污染物排放量大也会成为污染源地；生态服务或污染物主要借助一级生态廊道自东南向西北流转。研究区中部，供体区为张家口市、北京市北部山区，受体区为冀西北间山盆地的城市或城镇集中区，北京市南部、廊坊市、天津市也可能成为污染源地，生态服务或污染物主要借助一级生态廊道自东向西流转。研究区南部，供体区为自保定到邯郸的西部山区，受体区为广大的河北中南部平原，生态服务或污染物主要借助二级生态廊道自东向西、自南向北流转。

夏季，若东部和东南部平原大气污染严重，成为污染源地，大气污染物借助二级生态廊道自东向西部太行山区扩散。但是，夏季平均风速偏小，东部和东南部平原区由东南向西北、向北部海拔逐渐升高，污染物向西北、北部扩散时，会遇到燕山和太行山的阻挡，依靠生态廊道向北或西北扩散难度较大，因此东部平原和中南部平原污染物主要影响区域是本地。

此时，处于夏季，地面气温较高，垂直方向对流较强，混合层高度较高，污染物在垂直方向上扩散较好，加之夏季植被生长状况良好，对大气污染物有一定净化作用，夏季大气污染较轻。

5.5.3 全年平均风域内生态服务流转特征

从全年平均来看，南部和东部平原作为生态受体区，太行山和燕山是生态服务供体区。京津冀地区整个平原区，城镇或城市集中，人口密集，工农业较发达，需要干净的空气，是生态服务受体区。太行山东麓与燕山南坡的夏季风迎风坡上，降水量充沛，植被生长茂密，自然生态环境良好，是净化空气和固碳释氧等服务的供应地；京津冀境内太行山区西北坡和燕山山区北坡是冬季风迎风坡，与冬季西北风或北风风向垂直，能够阻挡北来的寒潮，降低南下的冷空气或大风风速，提供防风固沙或调节气温等服务。

另外，从全年平均来看，南部和东部平原既是各类生态服务受体区，也是污染物源地，太行山和燕山山区主体部分既是生态服务供体区也是生态服务流转或污染物转移的屏障。研究区内南部和东部平原，不仅需要各类生态服务，也是污染物排量较多的区域，如果处理不当也将是污染源地。太行山和燕山山区主体部分提供净化空气、防风固沙、固碳释氧等服务，冬季阻挡北来的寒潮，夏季也是南或东南污染空气向北、向西扩散的屏障。

因此，风域生态服务流转与流域不同之处，需要关注以下几方面。

第一，风向变化使风域内生态关系具有复杂性。风域视角的生态廊道既是生态服务流转的通道，也是沙尘暴、污染物输送的通道。太行山和燕山山区生态功能重要区既是生态服务供体区也是生态服务流转或污染物转移的屏障，南部和东部平原既是生态受体区，也是污染物源地。

第二，生态服务流转不能满足地-地之间的精确对应关系。流域内生态服务流转从上游向下游流转，上下游对应关系比较明确，但风域内生态服务流转，只能根据风向频率的大小，确定上风向区域为下风向区域提供生态服务概率的大小。

第三，风域视角生态廊道及其生态服务流转研究具有现实意义。风域内，风向虽然具有变化特征，但长期统计与监测证明，风向长时间段具有统计学上相对稳定性，比如研究区太行山区、燕山山区和河北平原地区，冬夏季风风向频率具有稳定性特征，因此该研究对于生态补偿机制建设具有重要现实作用。

本章小结

1981 ~2010 年高空与近地面风场多年平均特征。京津冀地区高空引导风速自西向东递增，引导风向以西北风为主，季节变化不大。近地面风场从全年平均分析，西北部和东南部风速较大，中部风速较低；北部地区主要为偏北风，南部地区主要为偏南风。近地面风场按季节分析，在 4 月风速最大，10 月风速最小；1 月全域盛行偏北风，4 月、10 月北部盛行偏北风，南部盛行偏南风；7 月全域盛行偏南风。

构建风域视角最小累计阻力模型与生态廊道生态服务流转连通性评测模型，识别出风域视角京津冀生态廊道空间格局。基于土地利用因子、地形因子、河流及线性工程因子、风向因子等构建最小累计阻力模型，利用廊道长度、曲度、下垫面土地利用类型、阻力值、廊道内风速、廊道走向与风向夹角、链接源地数量等因子，构建生态廊道生态服务流转连通性评测模型。利用所构建模型，识别出风域视角下京津冀生态廊道空间格局，共筛选出 5 条一级生态廊道，以南北向为主，5 条二级生态廊道，以东西向为主，形成京津冀“五纵五横”生态廊道格局。

风域视角京津冀生态服务流转连通性季节变化明显，生态关系复杂。京津冀区域内，冬夏季节生态服务流转方向和流转能力有季节变化，冬季生态服务流转性能好于夏季。研究区内风向和风速变化使研究内生态关系复杂。生态廊道既是生态服务流转的通道，也是沙尘暴、污染物输送的通道；太行山和燕山山区主体部分既是生态服务供体区也是生态服务流转或污染物转移的屏障，南部和东部平原既是生态受体区，也是污染物源地。风域内生态服务流转不能满足地-地之间的精确对应关系，根据风向频率的大小，能够确定上风向区域为下风向区域提供生态服务概率的大小。

第6章　京津冀生态补偿机制

6.1　生态补偿机制建设应遵循的基本原则

京津冀生态补偿属于区域生态补偿，本研究以生态服务供求关系为依据，按照“受益者补偿，保护者获益”和“区域共建共享”的理念，遵循“因地制宜循序渐进”与“政府主导、市场配合”等原则，充分体现生态补偿的本质和目的，进行区域生态补偿机制建设。

6.1.1　以生态服务供求关系为依据的原则

京津冀生态补偿最直接的目的是保护具有水源涵养、土壤保持、防风固沙、固碳释氧和净化空气等能力的生态空间，保障其生态服务可持续地为下游或下风向区域供应。研究区生态服务供给价值量和生态服务需求价值量，以及区域之间生态服务供求关系，是生态补偿机制建设的最重要科学依据。

6.1.2　责权利统一的原则

京津冀生态补偿涉及北京、天津和河北三方利益关系，生态补偿机制建设必须科学分析各利益相关方的相应责任、权利和义务，确保利益相关方责、权、利的均衡统一。区域上风上水的生态服务供体区应该承担生态建设和生态保护责任，同时因做出贡献与牺牲，应得到其投资成本与机会成本等补偿，广大下游生态服务受体区城乡居民与政府作为受益者，应当补偿服务供应方或提供者的利益损失。这是生态补偿机制建设应该遵循的基本原则。

6.1.3　共建共享协调发展的原则

共建共享本身就是平衡区域之间的利益关系，谋求区域整体社会净福利最大化。共建是基础，共享是结果，先共建后共享，充分体现区域之间的公平性，使生态服务供体区生态环境得到有效保护和治理，生态服务受体区能够提供相应的资金资助和其他方式的帮助，实现区域之间生态公平和经济社会共同发展。尤其是对于京津冀三地，经济与社会发展落差较大，更应该通过生态共建共享促进三地之间经济社会协调发展。

6.1.4 因地制宜循序渐进的原则

中国生态补偿实践处于探索发展阶段，以京津冀地区作为典型区域开展补偿机制建设实践，既要结合区域实际，解决当前区域生态保护与经济社会协调发展建设的紧要问题，又应充分认识到补偿机制建设是一项实施周期长、投资力度大的系统性环境保护与生态建设工程，需要进行生态补偿标准、补偿方式、补偿政策等科学研究探索，循序渐进处理好理论支撑和制度设计等问题。

6.1.5 政府主导、市场配合的原则

京津冀地区已有的生态补偿实践多数是以政府为主导的，应继续坚持政府的主导地位不动摇，进一步增加政府资金投入，提升各级政府和职能部门对京津冀生态补偿机制建设的支持力度。同时，要不断扩大全社会对京津冀生态补偿的关注度和参与度，积极吸纳社会资本和民营资本，拓展京津冀生态补偿市场化与社会化渠道，逐步引导建立政府主导下多元化的筹资渠道和市场化运作方式。

6.2 京津冀生态补偿主体与客体

在中国，早期研究生态补偿的学者认为生态补偿主体就是指对生态系统和自然资源造成破坏或污染的损害者，后来随着对生态补偿内涵理解的深化，学者们在定义生态补偿主体时，不仅考虑生态破坏或污染行为，还将生态保护与生态建设的受益客观事实考虑在内，因此生态补偿主体不仅包括生态环境的破坏或污染者，还包括获得生态服务与产品的区域的个人、单位和政府。生态补偿客体是上述生态环境的保护建设者或者阻止生态破坏的个人、单位或政府。本研究主要基于生态服务供体区与受体区划分、空间流转特征等确定补偿主体与客体的地理范围。

6.2.1 流域视角补偿主体与客体的地理范围

利用第 4 章流域视角下京津冀子流域划分成果，结合现有河流水系资料及每

个流域内生态服务供体区与受体区空间分布格局（图 4-1），综合分析诸流域生态服务流转的连通性研究结果，按照滦河及冀东沿海诸河流域、永定河流域、北三河流域、大清河流域、子牙河流域分别确定生态补偿主体与客体的地理范围，具体结果见表 6-1。

表 6-1　流域视角京津冀生态补偿主体与客体地理范围

流域名称	补偿主体	补偿客体
滦河流域	唐山市区及迁西县、迁安市、滦州市、滦南县、乐亭县，秦皇岛市区及昌黎县、卢龙县	张家口市的沽源县东部、塞北管理区，承德市区及围场满族蒙古族自治县、御道口牧场管理区、丰宁满族自治县东部与北部、滦平县东部、隆化县、承德县、平泉市、宽城满族自治县、兴隆县中东部，秦皇岛市的青龙满族自治县等
永定河流域	北京市的丰台区、大兴区，廊坊市的广阳区、安次区、永清县，天津市北辰区北部、东丽区东北部等	北京市的门头沟区、延庆区西部，张家口市区及宣化区、下花园区、崇礼区、怀安县、尚义县南部、阳原县、蔚县、涿鹿县北部、怀来县等
北三河流域	北京市的昌平区、顺义区、朝阳区、海淀区、平谷区、通州区等，天津市的蓟州区、宝坻区、武清区、宁河区等，廊坊市的三河市、大厂回族自治县、香河县，唐山市的遵化市、玉田县、汉沽管理区等	承德市的丰宁满族自治县西南部、滦平县西部、兴隆县西部，张家口市的赤城县，北京市的怀柔区、密云区及延庆区西部等
大清河流域	天津市的北辰区南部、津南区、滨海新区、西青区、河西区、静海区等，廊坊市的霸州市、文安县、固安县、大城县，沧州市的河间市、青县北部，保定市区及定州市、安国市、蠡县、雄安新区、高阳县，沧州市的任丘市、河间市、肃宁县，石家庄市新乐市、无极县西北部等	北京市的房山区，张家口市涿鹿县南部，保定市的涞水县、涞源县、阜平县、易县、唐县、曲阳县、顺平县等，石家庄市灵寿县、行唐县等
子牙河流域	石家庄市区及正定县、赵县、深泽县、安平县、晋州市、辛集市等，衡水市区及深州市、饶阳县、献县、武强县等，邢台市区及宁晋县、隆尧县、任县、南和县等，邯郸市区及鸡泽县、永年县、肥乡县等	石家庄市的平山县、井陉县及矿区、元氏县、赞皇县等太行山区区域，邢台市临城县、内丘县、邢台县、沙河市等太行山区区域，邯郸市的武安市西部山区

京津冀范围内的黑龙港及运东诸河流域，由于自身为封闭洼地，没有明显生态供体区，未进行补偿主客体范围划分。漳卫河流域在研究区内面积较小，也未进行分析。

6.2.2 风域视角补偿主体与客体的地理范围

利用前面第 5 章风域视角下生态廊道识别、生态服务流转特征研究结果等，参考风域视角京津冀生态服务供受体关系（图 5-10），综合分析风域生态服务流转的连通性特征，确定生态补偿主体与客体的地理范围，具体结果见表 6-2。

表 6-2 风域视角京津冀生态补偿主体与客体地理范围

区域范围		补偿主体	补偿客体
京津冀全域		冀东平原、冀中南部平原，包括北京市南部平原	河北坝上、燕山山区、太行山区、冀西北间山盆地
分区	东北部	秦皇岛市西南部和唐山市，包括卢龙县、昌黎县、北戴河新区、唐山市区、迁西县、迁安市、滦州市、滦南县、曹妃甸区及乐亭县	承德市区及御道口牧场管理区、围场满族蒙古族自治县、丰宁满族自治县、隆化县、滦平县、兴隆县、承德县、宽城满族自治县，秦皇岛市的青龙满族自治县
	西北部与中部	北京市除西部山区以外的所有区，天津市所有区，廊坊市区及三河市、香河县及大厂回族自治县等	北京市北部及张家口市，包括延庆区、密云区、门头沟区，张家口市区及万全区、崇礼区、沽源县、赤城县、康保县、张北县、尚义县、怀安县、阳原县、蔚县、涿鹿县、怀来县
	中南部	保定市区及安新县、高阳县、蠡县等，石家庄市区及晋州市、辛集市、赵县等，邢台市区及南宫市、清河县、威县、临西县等，邯郸市区及曲周县、邱县、馆陶县、大名县等，廊坊市的霸州市、文安县、大城县，沧州市区及河间市、献县、沧县、黄骅市、盐山县等，衡水市区及景县、故城县等	保定市的涞源县、易县、顺平县、阜平县、唐县、曲阳县，石家庄市的行唐县、灵寿县、平山县、井陉县、元氏县、赞皇县、高邑县，邢台市的临城县、内丘县、邢台县、沙河市，邯郸市的武安市、涉县、磁县等

从风域视角划分生态补偿主体与客体的地理范围，由于风向的变化性，没有流域视角的范围确切，但区域内各个季节风向也有一定的稳定性和规律性，因此从风域视角开展研究仍具有科学与实践意义。在京津冀地区，季风影响明显，冬夏季节风向基本呈 180°转向，再加上山区地形地貌对风的诱导作用，研究区从风域视角划分的生态供体区与受体区，与从流域视角划分的结果有一致性，比如滦河流域和太行山东部诸流域。最大的不同之处在于，张家口坝上地区内流河流

域，从流域视角很难确定生态供体区与受体区，从风域视角可以明确，张家口坝上高原西部诸县与北京、廊坊北三县与天津正好位于冬夏季节的通风性能良好的生态廊道上，因此，通过风域内生态过程连通性和生态服务供受关系分析，可以补充完善京津冀生态补偿主体与客体的地理范围。

6.2.3 区域整体视角补偿主客体类型划分与定位

统筹考虑流域与风域补偿主体与客体划分结果，分析京津冀生态服务供需空间错位现象，进一步对区域补偿主体与客体进行类型划分。

燕山山区和太行深山区是生态服务主要盈余区，该区域是整个研究区自然生态环境质量最好区域，生态服务与产品供给能力最强，通过风或水等生态介质，将生态服务和产品供给给下风向或下游区，该区域重点任务是做好生态保护与维护，划为生态保护型补偿客体区。

太行山丘陵区和冀西北间山盆地西部区，生态服务能力不足，由于自然环境敏感脆弱，加上经济开发历史悠久，是水土流失重点治理区。同时，无论从风域视角还是流域视角，该区域均是生态区位极其重要的地方，一旦发生生态退化或生态破坏现象，影响下风向和下游广大区域的大气环境质量与水环境质量，应进一步加大该区域生态修复工作，划为生态修复型补偿客体区。

坝上草原区东西部生态服务供给能力差异较大，东部区生态服务能力较强，应加强生态保护工作，划为生态保护型补偿客体区；西部区域生态服务能力差，又是沙漠化前沿，属于京津与华北平原的风沙源，稍有不慎会引起土壤沙化，该区域不仅要保护敏感脆弱的生态系统，还要对其进行生态修复，划为生态保护与修复并重型补偿客体区。

河北平原地区及京津冀地区广大城市所在地，在整体水平上，生态服务亏损比较严重，是人口密集区和经济发展中心，是区域生态保护、生态修复与生态建设等工作的主要受益区，一直以来享用着上游和上风向生态供体区的各类生态服务与产品，应该为上游或上风向区域生态修复与建设提供部分建设资金，统一划为生态补偿主体区，可以根据其享用生态服务与产品的数量进行补偿额度的等级划分。

6.3 京津冀生态补偿标准

本研究以京津冀生态服务评估为基础，分别从流域和风域视角，研究确定生态补偿标准的依据，再综合考虑多种生态服务价值量的盈亏格局，参考区域生态保护与生态建设成本，确定京津冀生态补偿客体区生态补偿参考标准，以及生态补偿主体区应提供补偿额度。

6.3.1 流域视角生态补偿客体区补偿标准参考值

基于流域水资源供给视角，本研究测算了该区域的栅格尺度水源涵养、水土保持两项生态服务价值总量。以青龙满族自治县代表冀燕山东部典型区，兴隆县代表燕山中部，赤城县代表燕山西部；以涿鹿代表冀西北间山盆地东部，蔚县代表冀西北间山盆地中部，阳原代表冀西北间山盆地西部；涞源代表太行山区北部，平山和临城代表太行山中部，涉县代表太行山南部；围场代表坝上高原东部，沽源代表坝上高原中部，康保代表坝上高原西部。分别提取生态补偿客体区各个典型县的各类生态空间单位面积生态服务价值量，研究结果见表 6-3。

表 6-3 流域视角京津冀生态补偿客体区典型县单位面积多年平均生态服务价值

（单位：元/hm^2）

典型区域		林地	草地	水域湿地	未利用土地
燕山山区	青龙	14 913	12 322	7 966	12 354
	兴隆	15 251	12 444	5 543	12 211
	赤城	14 239	10 010	4 659	7 004
冀西北间山盆地	涿鹿	11 977	8 570	6 538	3 456
	蔚县	12 140	5 784	2 710	2 988
	阳原	6 509	4 758	1 141	2 964
太行山山区	涞源	12 465	6 141	1 599	4 449
	平山	14 775	10 696	5 118	7 678
	临城	10 746	7 708	5 747	5 100
	涉县	12 611	15 300	8 892	5 249
坝上高原	围场	14 785	11 078	4 394	7 678
	沽源	8 533	6 501	4 889	2 065
	康保	4 519	4 239	2 568	1 965

注：林地包括有林地、灌木林和其他林地；草地包括天然牧草地、人工牧草地和其他草地；水域湿地包括河流、湖泊、水库、滩涂、沼泽等用地；未利用土地包括盐碱地、沙地和裸地等。下同。

在栅格尺度上，计算出京津冀地区上述两类生态服务价值后，又测算了水资源需求服务的价值量，单位面积生态服务供给价值量减去单位面积水资源需求价值量，得到单位面积净生态服务价值，该部分生态服务价值在生态服务供体区产生，在流域内通过流转为下游区域服务，此价值量是流域视角确定生态补偿客体区补偿标准的最重要依据。本研究从流域视角提取燕山山区、冀西北间山盆地、太行山区和坝上高原等典型县不同类型生态空间的净生态服务价值量，见表6-4。

表6-4　流域视角京津冀生态补偿客体区典型县单位面积多年平均净生态服务价值

（单位：元/hm²）

典型区域		林地	草地	水域湿地	未利用土地
燕山山区	青龙	12 247	9 542	4 896	9 561
	兴隆	13 346	9 087	1 766	9 605
	赤城	10 010	8 374	1 778	—
冀西北间山盆地	涿鹿	5 668	4 371	—	1 011
	蔚县	5 668	3 503	778	—
	阳原	3 658	1 493	—	—
太行山山区	涞源	7 075	2 775	—	810
	平山	7 422	3 357	2 628	1 867
	临城	6 592	2 205	1 321	822
	涉县	8 496	8 486	5 291	—
坝上高原	围场	9 021	4 982	1 449	4 353
	沽源	2 361	2 246	1 113	220
	康保	2 079	1 245	935	—

注：“—”代表没有计算结果，或者计算结果为负值。

表6-4研究结果反映了流域视角京津冀生态补偿客体区为区域外提供的净生态服务价值量，如果不考虑生态建设成本，此研究结果可以作为流域视角确定生态补偿标准的科学依据。

6.3.2　风域视角生态补偿客体区补偿标准参考值

基于风域大气环境质量改善视角，本研究测算了该区域栅格尺度净化空气、固碳释氧和防风固沙三项生态服务价值总量。分别提取生态补偿客体区典型县各类生态空间单位面积三类生态服务价值总量，研究结果见表6-5。

表6-5　风域视角京津冀生态补偿客体区典型县单位面积多年平均生态服务价值量

（单位：元/hm²）

典型区域		林地	草地	水域湿地	未利用土地
燕山山区	青龙	18 318	17 086	13 530	16 216
	兴隆	20 710	18 579	16 691	18 286
	赤城	20 556	16 534	7 994	16 913

续表

典型区域		林地	草地	水域湿地	未利用土地
冀西北间山盆地	涿鹿	22 710	11 967	13 090	13 254
	蔚县	20 980	8 401	6 983	7 706
	阳原	15 545	7 839	6 181	8 654
太行山山区	涞源	17 753	15 559	—	17 369
	平山	17 591	15 437	6 648	12 329
	临城	19 769	12 909	6 194	11 762
	涉县	18 927	16 324	13 893	17 082
坝上高原	围场	17 502	12 845	11 836	9 847
	沽源	12 367	9 683	9 112	7 542
	康保	8 569	6 518	5 100	5 496

注："—"代表没有计算结果，或者计算结果为负值。

基于栅格尺度，计算出京津冀地区上述三类生态服务价值后，又测算了排碳耗氧和大气污染治理等两种服务需求价值量，单位面积生态服务供给价值量减去单位面积生态服务需求价值量得到风域视角单位面积提供的净生态服务价值，该部分生态服务价值通过风的流转过程为其他区域提供服务，此价值量是风域视角生态补偿客体区生态补偿标准制定的最重要依据。从风域视角考虑，提取燕山山区、冀西北间山盆地、太行山区和坝上高原等典型县不同类型生态空间的净生态服务价值量，见表 6-6。

表 6-6　风域视角京津冀生态补偿客体区典型县单位面积多年平均净生态服务价值

（单位：元/hm^2）

典型区域		林地	草地	水域湿地	未利用土地
燕山山区	青龙	13 331	12 129	9 930	3 669
	兴隆	16 066	13 325	14 970	4 975
	赤城	17 457	14 063	6 757	5 378
冀西北间山盆地	涿鹿	18 864	7 962	—	6 956
	蔚县	17 954	5 347	3 810	2 635
	阳原	13 022	4 458	—	5 293
太行山山区	涞源	13 443	12 297	—	—
	平山	11 428	10 142	4 882	—
	临城	14 539	6 783	2 729	4 938
	涉县	9 243	5 636	—	—

续表

典型区域		林地	草地	水域湿地	未利用土地
坝上高原	围场	15 936	11 064	9 492	8 334
	沽源	9 628	7 324	7 012	4 548
	康保	6 614	4 761	3 758	—

注："—"代表没有计算结果，或者计算结果为负值。

表6-6研究结果反映了京津冀生态补偿客体区典型县从风环境视角为区域外提供的净生态服务价值量，如果不考虑生态建设成本，此研究结果可以作为风域内生态补偿客体区生态补偿标准。

6.3.3 生态补偿客体区生态补偿综合标准建议值

6.3.3.1 京津冀生态补偿客体区典型县单位面积生态服务价值

本研究针对京津冀区域自然生态系统特点，测算了该区域栅格尺度水源涵养、净化空气、水土保持、固碳释氧和防风固沙五项生态服务价值总量。分别提取典型代表区各类生态空间单位面积价值量，研究结果见表6-7。

表6-7 京津冀生态补偿客体区典型县单位面积多年平均生态服务价值

（单位：元/hm^2）

典型区域		林地	草地	水域湿地	未利用土地
燕山山区	青龙	33 231	29 408	21 496	28 570
	兴隆	35 961	31 023	22 234	30 497
	赤城	34 795	26 544	12 653	23 917
冀西北间山盆地	涿鹿	34 689	20 537	19 628	16 710
	蔚县	33 120	18 751	9 693	10 694
	阳原	22 054	12 597	7 322	11 618
太行山山区	涞源	30 218	21 700	—	21 818
	平山	32 366	26 133	11 766	20 007
	临城	30 515	20 617	11 941	16 862
	涉县	31 538	31 624	22 785	22 331
坝上高原	围场	32 287	23 923	16 230	17 525
	沽源	20 900	16 184	14 001	9 607
	康保	13 088	10 757	7 668	7 461

注："—"代表没有计算结果，或者计算结果为负值。

在栅格尺度上，计算出京津冀地区上述五类生态服务总价值量后，又测算了水资源需求、排碳耗氧和大气污染治理等三种服务需求总价值量，单位面积生态服务供给价值量减去单位面积生态服务需求价值量得到研究区栅格尺度生态服务供需的盈亏格局。对于生态服务供体区，单位面积提供的生态服务价值减去其本身所消耗的生态服务价值，得到单位面积提供的净生态服务价值，该部分生态服务价值通过风或水的流转为其他区域提供生态服务。本研究提取燕山山区、冀西北间山盆地、太行山山区和坝上高原等典型代表区不同类型生态空间的净生态服务价值量，见表 6-8。表 6-8 研究结果反映了京津冀生态补偿客体区典型县为区域外提供的净生态服务价值量，如果不考虑生态建设成本，此研究结果可以作为生态补偿客体区生态补偿标准的最重要依据。

表 6-8　京津冀生态补偿客体区典型县单位面积多年平均净生态服务价值

（单位：元/hm^2）

典型区域		林地	草地	水域湿地	未利用土地
燕山山区	青龙	25 578	21 671	14 826	13 230
	兴隆	29 412	22 412	16 736	14 580
	赤城	27 467	22 437	8 535	—
冀西北间山盆地	涿鹿	24 532	12 333	—	7 967
	蔚县	23 622	8 850	4 588	—
	阳原	16 680	5 951	—	4 976
太行山山区	涞源	20 518	15 072	—	3 323
	平山	18 850	13 499	7 510	—
	临城	21 131	8 988	4 050	5 760
	涉县	17 739	14 122	—	—
坝上高原	围场	24 957	16 046	10 951	12 697
	沽源	11 989	9 570	8 135	4 778
	康保	8 693	6 106	4 703	—

注：“—”代表没有计算结果，或者计算结果为负值。

本研究评估了五类生态服务供给价值和三类生态服务需求价值，如果以此作为当前生态补偿标准，以当前经济发展水平来分析，对于燕山山区、太行山区等生态服务能力较强的区域，比较合理。但是，其他生态服务能力有待提升的区域，如坝上高原西部和冀西北间山盆地，以此作为生态补偿标准则偏低，需要增加生态保护和建设投入，提高其生态空间供给生态服务的能力。还要参考过去已有的生态补偿标准和生态建设成本。

6.3.3.2 京津冀生态补偿客体区典型县生态补偿综合标准建议值

生态保护者为了保护生态环境而投入的人力、物力和财力应纳入补偿标准的计算之中，本研究梳理了京津冀地区已有生态建设项目的建设成本与过去已有的生态补偿标准，可以作为生态补偿标准确定的依据之一，见表6-9。

表6-9 基于生态建设与恢复成本的生态补偿标准参考值

生态建设或项目名称	补偿标准	来源
张承地区退耕还林还草补偿标准	2000～2006年，张家口和承德17个贫困县退耕获取补偿标准2100元/(hm^2·a)；2010年退耕还林执行标准4200元/(hm^2·a)，实际成本12 000～15 000元/(hm^2·a)，退耕还草实际成本6000元/(hm^2·a)	王彦芳，2018；李惠茹和丁艳如，2017
生态公益林和水源涵养林	张承地区生态公益林补偿标准为75～225元/(hm^2·a)，北京为450～600元/(hm^2·a)。北京水源涵养林建设成本2500元/(hm^2·a)	何树臣和王智慧，2016；祝尔娟和潘鹏，2018；王芳芳，2012
京津风沙源草原治理项目补偿标准	人工饲草地补贴标准2400元/(hm^2·a)，草种基地补贴标准7500元/(hm^2·a)，棚圈建设补贴标准2250元/(hm^2·a)	祝尔娟和潘鹏，2018
“稻改旱”工程补偿标准（2006年启动）	2006年，北京市财政局给予赤城县“稻改旱”农户的补偿标准为5250元/(hm^2·a)，2007年增至6750元/(hm^2·a)，2008年增至8250元/(hm^2·a)，对北京市内补助标准为12 450元/(hm^2·a)	王晓玥等，2016
工程造林项目	河北省人工造林补偿标准3000元/(hm^2·a)，实际成本7500元/(hm^2·a)以上，北京和天津人工造林每公顷补偿额度均是河北省的10倍以上	张贵和齐晓梦，2016；巩志宏，2015

通过分析已有的补偿标准发现，张承地区退耕还林还草、生态公益林等项目现执行的补偿标准数额不同，但均低于生态建设成本，且补偿年期有限。考虑到生态保护或生态建设效果是永续存在的，且林草的管护还需要当地持续投入，所以应适当提高补偿标准和延长补偿年限。

本研究基于各类生态用地单位面积净生态服务价值（表6-8），参考已有的生态补偿标准与区域生态建设成本（表6-9），确定京津冀生态补偿客体区各类生态空间应得到的生态补偿标准及其下限，见表6-10和表6-11。

表 6-10　京津冀生态补偿客体区典型县生态补偿综合标准建议值

（单位：元/hm²）

典型区域		林地	草地	水域湿地	未利用土地
燕山山区	青龙	25 000	20 000	18 000	15 000
	兴隆	25 000	20 000	18 000	15 000
	赤城	25 000	20 000	18 000	15 000
冀西北间山盆地	涿鹿	25 000	15 000	11 000	10 000
	蔚县	25 000	15 000	11 000	10 000
	阳原	25 000	15 000	11 000	10 000
太行山山区	涞源	22 000	15 000	10 000	10 000
	平山	22 000	15 000	10 000	10 000
	临城	22 000	15 000	10 000	10 000
	涉县	22 000	15 000	10 000	10 000
坝上高原	围场	20 000	18 000	12 000	15 000
	沽源	20 000	18 000	12 000	15 000
	康保	20 000	18 000	12 000	15 000

表 6-11　京津冀生态补偿客体区生态补偿标准的下限

（单位：元/hm²）

生态系统类型	林地	草地	水域湿地	未利用土地
生态补偿标准下限	12 000	10 000	9 000	9 000

京津冀区域范围内生态服务种类较多，本研究仅统计了涵养水源、保持土壤、净化空气、防风固沙、固碳释氧这五类生态服务，对于燕山山区和太行山生态功能较强区域来说，该区域单位面积为下游提供净生态服务价值较大，确定生态补偿标准值时，考虑其所提供的净生态服务价值，未考虑生态保护与建设成本。然而，太行山丘陵、冀西北间山盆地西部和坝上高原西部等区域单位面积所提供的净生态服务价值量还有待进一步提高，且这些区域区位条件特别重要，确定生态补偿标准值时，不仅要考虑其所提供的净生态服务价值，也应考虑生态保护与建设成本，确定的生态补偿标准要高于其净生态服务价值，以期能通过生态补偿活动加强这些区域的生态保护与生态建设，提高该区域生态空间提供生态服务的能力，为广大下游或下风向地区供应足质足量的生态服务。

6.3.4 生态补偿主体区应提供的生态补偿额度建议值

基于像元尺度计算结果，按县域行政区范围核算生态服务亏损区的县域平均值，用生态服务亏损区单位面积亏损价值量反映生态补偿主体区应当付多少钱反馈其享用的生态服务。结果显示，京津冀范围内生态补偿主体区主要包括北京、天津、唐山、廊坊、保定东部、石家庄中部、沧州、衡水、邢台东部及邯郸等经济发达区域。

生态服务亏损区最严重的区域，北京市（西城区）、天津市（和平区）等城市区，提供生态补偿额度应大于200 000元/hm^2。天津市（红桥区、南开区、河北区、河西区、河东区）、北京市（东城区、丰台区、朝阳区、海淀区）、石家庄市（桥西区、新华区、裕华区、长安区）、保定市（莲池区），提供生态补偿额度应大于100 000元/hm^2。

北京市（顺义区、石景山区）、天津市（滨海新区、津南区、西青区、北辰县）、邢台市（桥东区、桥西区、经济开发区）、沧州市（新华区、运河区、任丘市）、唐山市（路南区、路北区、开平区、南堡开发区、迁安市）、秦皇岛市（山海关区、海港区、经济技术开发区东区）、邯郸市（复兴区、丛台区、峰峰矿区、邯山区）、石家庄市（井陉矿区）、廊坊市（廊坊开发区、三河市）、张家口市（经开区），提供生态补偿额度应大于20 000元/hm^2。

天津市（武清区、东丽区、静海区）、石家庄市（正定县、藁城区、鹿泉区、新乐市、无极县、晋州市、高邑县、辛集市、深泽县）、北京市（通州区、大兴区、昌平区）、张家口市（桥西区）、唐山市（古冶区、丰润区、丰南区、滦县）、廊坊市（霸州市、广阳区、安次区、香河县）、衡水市（桃城区、工业新区）、秦皇岛市（北戴河区、经济技术开发区西区）、邯郸市（经济技术开发区、永年县、冀南新区）、保定市（容城县、白沟新区、涿州市、高阳县）、邢台市（清河县）、沧州市（肃宁县），提供生态补偿额度应大于5000元/hm^2。

保定市（雄县、安国市、清苑区、徐水区）、唐山市（遵化市、玉田县）、石家庄市（赵县、元氏县）、沧州市（河间市、孟村回族自治县、青县、沧县）、邯郸市（广平县、磁县）、张家口市（桥东区）、衡水市（滨湖新区）、保定市（高碑店市）、邯郸市（成安县、鸡泽县）、廊坊市（文安县），提供生态补偿额度应大于2000元/hm^2。

6.4 京津冀生态补偿的主要方式

目前，京津冀区域生态补偿以资金补偿为主，随着补偿制度的发展完善，还应鼓励采用多样化补偿方式，充分发挥多种补偿方式的综合作用，全面提高京津冀地区生态修复、治理和社会发展水平。

6.4.1 补偿方式

在京津冀研究区内，可供选择的补偿方法或途径很多，下面主要分析 7 种补偿方式，为区域生态补偿方式选择提供参考。

6.4.1.1 政策补偿

上一级政府部门对下一级政府的权力和机会进行补偿，常见政策补偿方式有分区管理、政策倾斜和差别待遇等。受偿一方在授权的权限内，通过制定或出台一系列优惠性或倾向性政策，促进补偿客体区的经济社会发展。对于京津冀三地，区域内发展不平衡，河北资金匮乏、经济薄弱，京津虽然经济发展较好但也存在环境问题严峻、资源依赖度高等问题。中央政府应该充分考虑河北省生态建设和经济发展的实际情况，制定一些减免税、贴息等优惠政策，弥补其在为京津两地提供生态服务时付出的代价，保证河北拥有更好的发展机会和前景。例如，中央政府通过出台招商引资的优惠政策，鼓励京津受益地区高新技术企业向河北进行投资，为河北生态环境保护和建设区提供就业机会，优先安排这些地区的劳动力。这样的政策倾向将促进区域协调发展，如此受益者不仅仅是河北，京津环境压力也将逐步降低。

6.4.1.2 资金补偿

资金补偿操作简单易行，且普遍适用于所有的生态补偿，目前已成为最常见的补偿形式，也是生态补偿客体区最欢迎的补偿方式。目前，京津冀区域资金补偿主要包括中央直接生态补偿资金、横向补偿资金、产业建设、生态奖补等，且主要依托于生态建设项目。建议该区域三地政府建立生态补偿专项资金，通过企业赠款、社会集资、政府退税或财政补贴等方式，进一步拓宽生态补偿金的来源。另外，京津两地政府作为生态建设的受益者，每年可以预留出一部分财政预算，充入当年的生态补偿专项基金，用于区域内生态服务供给区的生态补偿项目，具体如水源地环境治理、水土保持管理及促进上游地区经济发展工程等。

6.4.1.3 实物补偿

实物补偿是以住房建筑材料、粮食、生活用品、生产用具等实物甚至是某物的使用权等形式进行的经济补偿。实物补偿可以解决生态建设区部分的生产和生活要素，改善补偿客体区居民的生产生活状况，增强当地群众生产生活能力。在选用实物补偿方式时，补偿措施应该符合当地农户或牧户的生活现状，根据当地口粮消费习惯和农作物种植特点，合理确定补助农具、粮食的品种和数量。与其他补偿方式相比较，实物补偿更有利于提高生产要素的使用效率，有利于改善生态环境，是一项维护受偿者根本权益的补偿方式。结合京津冀地区实际状况，建议对河北省生态补偿客体区在进行实物补偿时，应该以小麦、玉米、水稻、谷类等符合当地生活习惯的农作物为主，辅以一些常用的农牧具或其他实用工具。

6.4.1.4 技术服务补偿

技术服务补偿是指国家、地方政府通过向受偿者免费提供相关技术咨询、指导、服务，以及免费培训受偿者的生产技能、经营管理水平等，对生态环境保护与建设者提供相应技术扶持和援助。技术服务补偿能够从根本上解决受偿区因环境保护和社会发展之间的矛盾带来的生存发展问题，为受偿区带来持久可持续发展动力。技术服务补偿是一种“授之以渔”的补偿方式，京津应该进一步加大对河北的技术补偿力度。例如，在一些京津冀生态补偿项目的建设和实践过程中，鼓励当地群众积极参与培训或学习，学到一些技术或生存技能，有助于他们将来彻底改善生活面貌。

6.4.1.5 人才智力补偿

为补偿客体区域实施高层次人才引进、创新型人才培养、首席技师培养等活动，初步形成人才引进、人才输送政策体系，提供产业发展的重要科技和人才支撑。人才补偿和技术服务补偿一样，也是一种彻底解决生态涵养区贫困与生态破坏问题的根本性途径，有助于引导生态补偿客体区居民逐渐转变原有生产生活方式，提升区域内在发展动力，维持其社会经济全面健康发展。建议充分发挥京津发达地区的辐射带动效应，从人才、技术、设备等方面给予帮助，改变河北生态功能重点区原来落后的发展模式；京津两地应辅助河北制定科学合理的区域发展规划，在专业人才输送方面应给予河北更多支持，并在生态服务供给区或生态补偿客体区逐步建立人才培养制度，提高区域民众教育水平与生存能力。

6.4.1.6 项目补偿

国家或上级政府出资设立生态保护和生态建设项目，由生态补偿客体区政府或居民负责项目的具体实施和维护。京津冀区域内已经开展的生态补偿相关项目包括京津风沙源治理工程、塞北林场工程、退耕还林还草工程、21 世纪首都水资源可持续利用工程等项目。将来，京津冀三地应继续积极参与项目合作，如植树造林、污水处理厂建设和发展清洁产业等项目，通过项目资金投入，鼓励当地群众积极参与生态建设活动，逐步实现生态效益和经济效益双赢的良好局面。

6.4.1.7 产业补偿

补偿主体区政府、企业或个人帮助生态保护或建设区发展替代产业，或者通过补助、补贴等方式发展无污染产业，增强补偿客体区自身的发展能力，缩小区域之间的发展落差，提高生态涵养区或生态保护区居民的生活水平。河北生态服务供给区或生态涵养区在产业发展过程中，应充分重视培养良好的生态保护和生态建设理念，以生态旅游产业发展为契机，积极发展劳动密集型与高技术低污染型产业，建设绿色产业和高新技术发展区，逐步形成区域绿色经济发展模式。

6.4.2 补偿模式的选择

根据京津冀地区经济社会发展现实状况不同，对具体区域生态补偿模式的选择，可以从以下两个方面进行考虑。

6.4.2.1 直接补偿和间接补偿相结合的模式

直接补偿是采用资金补偿或实物补偿等补偿方式直接对受偿者进行补偿。间接补偿是采用政策补偿与技术补偿等方式对受偿者进行补偿，是政府提供的一种潜在的补偿，受偿者必须通过自己的学习或劳作取得一定的成效，实现将潜在的补偿变为现实的补偿。选择补偿模式时，应以控制道德风险、方便受偿对象和降低实施成本为原则，也应具体问题具体分析，因地制宜地考虑具体的生态环境特点。在京津冀生态补偿实践中，中央和三地政府可以采用直接补偿和间接补偿相结合的模式。对某些容易定价的生态产品，比如水源涵养产生的水资源，采取直接补偿方式，对另一些生态产品，比如净化空气和防风固沙服务产生的干净空气，采取间接补偿方式；或者在生态补偿前期，采取直接补偿方式，而在后期经过一段时间的直接补偿后，受偿者实现了自我提高与自我完善，不再需要政府给予直接补偿，则可以采取间接补偿方式。

6.4.2.2 政府补偿为主，市场补偿配合的模式

政府补偿，是指以政府为主体，主要采取补贴、税收利率优惠等手段进行的补偿活动，包括财政转移支付、专项基金和生态环境税收三种形式。它是一种命令、控制式的生态补偿，也是生态补偿实施的主要方式。市场补偿，是指补偿主体利用相应的经济手段，在政府制定的各种生态补偿标准、法规基础上，通过市

场交易给予补偿客体区一定的经济补偿，从而改善生态状况的行为。在生态补偿领域，市场机制也具有较广泛、潜在的应用前景，是未来发展的主要方向。

在相应条件具备时，考虑政府补偿还是市场补偿，应按补偿项目具体实施过程，从提高生态补偿机制效率的角度出发进行选择，京津冀区域应采用政府主导下市场补偿配合的模式。比如，针对目前的一些生态建设项目，周期较长，在项目初期，市场体制机制不健全，产业发展水平较低，适宜选择政府补偿；到项目中期，生态建设项目建设逐步完善，可适当引入市场补偿模式来解决部分资金问题，但仍以政府补偿模式为主；到项目成熟期，可以借助两种模式的优势，逐渐培育区域优势生态产业，既能保护区域生态环境，又促进区域经济发展。需要注意的是，在生态补偿实践中，政府与市场扮演的角色不同，政府是引导者，市场是执行者，明确双方的角色定位，可避免出现补偿实践中的责权不清问题。

6.5 京津冀生态补偿机制建设的主要对策

6.5.1 树立区域整体理念，共同制定京津冀横向生态补偿规划

从生态资源配置角度来看，三地的区位条件决定了经济基础最差的河北需要承担区域主要的生态保护与建设任务，而京津作为生态建设的获益者尚没有科学合理地对河北进行补偿。从京津生态受益区来看，还没有形成享受上游生态服务产品必须付费的意识和觉悟。三地在生态建设与保护方面思想认识、利益诉求等均不一致，区域共同发展、协调发展等整体理念还未形成。

京津冀三地山水相连，唇齿相依，资源相互依赖，生态空间相互连通，环境污染物相互传输。三地政府应树立区域整体理念，打破“我的地盘我做主”的思想束缚，遵循地理单元的完整性和生态环境的整体性，将区域协同发展理念贯穿到生态保护和生态补偿实践中，逐步实现区域整体协调、健康、持续发展。

考虑区域整体性和协同发展需求，京津冀三地政府应共同制定区域横向生态补偿总体规划，明确规定补偿原则、补偿主客体、实施保障措施等内容，形成具有指导作用和实践价值的总体规划。首先，扩宽补偿领域，将各类生态空间的生态补偿内容纳入其中，制定有利于区域生态保护与修复的横向生态补偿方案；其次，制定区域内水源涵养、防风固沙等重要生态功能区横向生态补偿方案，鼓励燕山山区、太行山区和坝上高原等区域按照其提供生态服务的能力，申请生态补偿试点工程建设；最后，按诸流域地理范围和风域环境特征，建立区域生态保护

与生态建设的横向补偿方案，完善区域生态环境治理体系。

6.5.2 共建国家级生态合作试点区，科学确定补偿标准

现有生态补偿标准低于生态建设或生态保护项目运营成本，并且无法弥补当地产业发展受限带来的经济损失。同时，由于目前京津冀地区自然资源和生态环境的价值评价体制不完善，区域内部生态补偿标准差距悬殊。

建议以京津冀生态保护红线划定为契机，将河北、北京与天津地处相同地理单元内的红线区划定为京津冀生态保护重点区，三地共同申请国家级生态合作试点区。试点区建设既考虑区域生态环境背景、生态环境敏感脆弱性、生态功能空间异质性等，又考虑下游或下风向生态补偿受益区对生态服务的需求量或需求强度，统筹兼顾京津冀区域生态联系和自然规律。京津冀三地生态合作区既独立构建，又协同推进。在这里创新性或优惠性生态补偿政策应先行先试，为全国类似区域生态保护和建设工作探索新思路与新途径。

同时，在生态合作试点区内，进行深入科学研究与研究成果转化，对各类生态系统开展生态价值评价，对区域失去的发展机会成本进行测算，重视京津冀生态合作试点区内失去发展机会的落后或贫困区域，关注低收入的家庭和个人，使弱势群体能获得应有的生态补偿或经济收益。试验结果和科学评估数据应作为生态补偿标准确定的重要依据。另外，应充分考虑三地实施生态保护的地区的发展水平，采取统一且有差别的补偿标准。

6.5.3 实施造血型补偿方式，建立政府主导市场配合的生态补偿机制

京津冀生态补偿主体主要包括中央及京津冀政府部门，补偿方式以中央财政资金补偿为主，补偿方式单一，缺乏森林碳汇和水权交易等市场补偿手段。同时，目前的生态补偿多以项目工程为载体进行实施，在工程期限内，当地居民由于得到补偿金，会尽力配合相关部门进行生态保护、建设或修复活动。但是，由于缺乏生态补偿的长效管理机制，项目结束后，当地居民因缺乏基本的生活资料，只能重新进行就地开发或建设，区域内可能会出现新一轮生态破坏。

建议将张家口、承德、保定等水源涵养区、防风固沙区的生态补偿政策，与环首都贫困带的帮扶政策进行有机衔接，大力发展生态旅游产业，加大高新产业招商引资力度，为生态建设区居民提供更多就业机会，通过对生态建设者进行税费减免、技术服务补偿、人才智力补偿、签订绿色产品长期收购合同等多种造血

型补偿方式，对生态环境保护与建设区提供扶持和援助，帮助生态建设与保护区地方政府与当地群众实现自我发展，为受偿区带来可持续发展动力。

另外，应建设以中央政府补偿与地方间横向补偿为主、市场补偿为辅的生态补偿机制，政府和市场各负其责。中央政府应重点解决生态保护和建设区可持续发展的问题，如加强该区域基础设施建设和提高教育医疗水平等，保证受偿区生态补偿的持续性和稳定性。京津冀三地政府应根据“谁受益、谁付费”原则，实施政府间横向财政转移支付制度，对生态保护政策实施后在生态建设区所产生的增支减收问题给予合理补偿，可采取政策补偿、技术补偿及对口支援等多种补偿方式。同时，借鉴国内外生态补偿经验，引入市场机制，增加生态建设资金来源，大力发挥社会资金的优势与作用。

6.5.4 健全相关法律法规，加快出台京津冀生态补偿政策法规

生态补偿相关法律依据零星地散布于相关法律、政策文件中，如《中华人民共和国环境保护法》《中华人民共和国森林法》《中华人民共和国草原法》《中华人民共和国自然保护区条例》等法律中均有生态补偿的内容，但主要是原则性、鼓励性规范，未对具体实施过程制定出比较详细的制度条款。

目前，无论是国家还是京津冀三地生态补偿立法均存在缺位现象。国家层面，没有正式出台生态补偿相关的法律或条例，无专门法律针对生态关系各利益相关方的权利、义务、责任做出明确界定，造成实践操作过程中无章可依。区域层面，京津冀地区也缺乏三地联合发布的有针对性的生态补偿政策与地方性法规，实践中存在主体与客体权、责落实不到位，开发者生态保护义务履行不到位，受益者的生态建设责任落实不到位等问题，生态补偿法律制度急需完善。

在国家层面，建议尽快健全和完善相关法律法规。国家应该制定统一的生态补偿法律或条例，尽量体现区域一体化和依法治理等原则，起到指导和规范作用，并对生态补偿机制建设的具体内容做出详细的规定，为区域或地方政府开展生态补偿实践提供法律法规依据。

在区域层面，建议京津冀三地联合制定本区域的横向生态补偿政策与法规制度。相关内容应明确区域内生态补偿主客体的地理范围，生态补偿标准，生态补偿方式，以及补偿主客体之间的责、权、利情况等。如此，补偿客体区因提供优质的生态产品而获得补偿，补偿主体区因获得优质而足量的生态产品而进行补偿，实现京津冀横向生态补偿的目标。

6.5.5 以京津冀地区为试点，建立区域生态补偿综合管理体制

中国生态补偿实践还处于摸索阶段，尚未形成完善的综合管理体制。应借鉴国内外已有的管理经验，结合京津冀地区自然地理和社会经济特征，建立区域生态补偿综合管理体制，从国家、区域和基层三个层面，进行生态补偿主客体、补偿标准、补偿方式等内容的综合协调与管理。建议国家层面，在国务院京津冀协同发展领导小组下，设立京津冀生态补偿管理委员会，代表国家对区域生态补偿实践进行统一规划，负责建立三地政府间的横向财政转移支付制度，负责制定相关生态补偿政策和规定，完善相关的法律体系。区域层面，北京、天津、河北各自抽调相关管理人员，联合成立区域生态补偿和生态保护建设基金会，负责区域相关专项资金的统一管理与监督。此外，基金会负责与京津冀三方建立合作关系，协调好各自的利益诉求，明确补偿主体提供生态补偿的基金渠道、补偿客体的地理范围，完成生态服务价值供给量与需求量的测算，制定科学合理的生态补偿标准。在基层，地方各级政府成立各自专门的办事处，负责辖区内生态保护和建设工作的具体实施、生态补偿资金的落实等。

京津冀生态补偿机制属于区域生态文明建设的重要组成部分，是解决重大民生问题的关键影响因素，有利于形成让生态服务受益者付费、生态保护和建设者得到合理补偿的良性运行机制，从而提高区域内全民的生态环保意识，帮助地方产业结构进行优化或调整，促进区域之间的生态公平，增强区域经济社会发展活力，实现京津冀一体化发展目标。

本章小结

确定京津冀生态补偿机制建设原则。研究提出以生态服务供求关系为依据，按照“受益者补偿，保护者获益”和“区域共建共享”等理念，遵循“因地制宜，循序渐进”与“政府主导、市场配合”等原则，充分体现生态补偿的本质和目的，建设区域生态补偿机制。

明确京津冀生态补偿主客体、补偿标准和补偿方式。从流域和风域视角确定京津冀生态补偿主体与客体地理范围；利用单位面积生态服务盈亏格局研究成果，参考区域生态保护与生态建设成本，确定京津冀生态补偿客体区的补偿标准及生态补偿主体区应补偿的额度；鼓励采用政府补偿为主、市场补偿配合，直接补偿和间接补偿相结合的模式，充分发挥多种补偿方式综合作用。

基于区域生态服务特点提出生态补偿机制建设对策建议。建议树立区域整体

理念，共同制定京津冀横向生态补偿规划；共建国家级生态合作试点区，科学确定补偿标准；探索实施造血型补偿方式，建立政府主导市场配合的生态补偿机制；健全和完善相关法律法规，加快出台京津冀区域性生态补偿政策法规；以京津冀地区为试点，建立区域生态补偿综合管理体制。

主要参考文献

包蕊，刘峰，张建平，等.2018. 基于多目标线性规划的甲积峪小流域生态系统服务权衡优化［J］. 生态学报，38（3）：812-828.

毕晓丽，葛剑平.2004. 基于IGBP土地覆盖类型的中国陆地生态系统服务功能价值评估［J］. 山地学报，22（1）：48-53.

曹祥会，龙怀玉，雷秋良，等.2015. 河北省表层土壤可侵蚀性K值评估与分析［J］. 土壤，47（6）：1192-1198.

车越，吴阿娜，赵军，等.2009. 基于不同利益相关方认知的水源地生态补偿探讨——以上海市水源地和用水区居民问卷调查为例［J］. 自然资源学报，24（10）：1829-1836.

陈登帅，李晶，杨晓楠，等.2018. 渭河流域生态系统服务权衡优化研究［J］. 生态学报，38（9）：3260-3271.

陈江龙，徐梦月，苏曦，等.2014. 南京市生态系统服务的空间流转［J］. 生态学报，34（17）：5087-5095.

陈钦，魏远竹.2007. 公益林生态补偿标准、范围和方式探讨［J］. 科技导报，25（10）：64-66.

陈瑞莲，胡熠.2005. 我国流域区际生态补偿：依据、模式与机制［J］. 学术研究，（9）：71-74.

陈晓永，陈永国.2015. 京津冀跨域生态补偿与利益相关者耦合机制研究——基于“内卷化”机理的阐释［J］. 经济论坛，（3）：4-6.

陈艳梅.2014. 自然保护区生态系统服务评估体系及案例研究［M］. 北京：科学出版社.

陈艳霞.2012. 深圳福田红树林自然保护区生态系统服务功能价值评估及其生态补偿机制研究［D］. 福州：福建师范大学硕士学位论文.

陈仲新，张新时.2000. 中国生态系统效益的价值［J］. 科学通报，45（1）：17-22.

陈作成.2015. 新疆重点生态功能区生态补偿经济效应研究［J］. 西南民族大学学报（人文社科版），36（12）：162-167.

成福伟，张月丛.2016. 基于能值分析的京津冀生态支撑区绿色可持续发展评价——以河北承德为例［J］. 河北大学学报（哲学社会科学版），41（4）：106-113.

成炎.2015. 密云水库上游地区生态补偿方式研究［D］. 北京：北京林业大学硕士学位论文.

崔向慧.2009. 陆地生态系统服务功能及其价值评估——以中国荒漠生态系统为例［D］. 北京：中国林业科学研究院博士学位论文.

戴尔阜，王晓莉，朱建佳，等.2016. 生态系统服务权衡：方法、模型与研究框架［J］. 地理研究，35（6）：1005-1016.

戴其文，赵雪雁.2010. 生态补偿机制中若干关键科学问题——以甘南藏族自治州草地生态系统为例［J］. 地理学报，65（4）：494-506.

戴其文，赵雪雁，徐伟，等.2009. 生态补偿对象空间选择的研究进展及展望［J］. 自然资源学报，24（10）：1772-1784.

邓兵.2016. 区域生态服务价值关键参数遥感反演研究——以岷江上游地区为例［D］. 成都：

成都理工大学博士学位论文 .
邓妹凤 . 2016. 榆林市生态系统服务供需平衡研究 [D]. 西安：西北大学硕士学位论文 .
丁四保，王昱 . 2010. 区域生态补偿的基础理论与实践问题研究 [M]. 北京：科学出版社 .
杜景路 . 2014. 京津冀生态补偿法律问题研究 [D]. 保定：河北大学硕士学位论文 .
杜倩倩，张瑞红，马本 . 2017. 生态系统服务价值估算与生态补偿机制研究——以北京市怀柔区为例 [J]. 生态经济，33（11）：146-152，176.
段铸，程颖慧 . 2016. 京津冀协同发展视阈下横向财政转移支付制度的构建 [J]. 改革与战略，32（1）：38-42.
段铸，刘艳，孙晓然 . 2017. 京津冀横向生态补偿机制的财政思考 [J]. 生态经济，33（6）：146-150.
范树阳 . 2008. 自然保护区服务功能价值评估及可持续发展对策研究——以达里诺尔国家级自然保护区为例 [D]. 成都：中国科学院水利部成都山地灾害与环境研究所博士学位论文 .
范小杉 . 2008. 中国生态资产动态变化及环境效应分析 [D]. 成都：中国科学院水利部成都山地灾害与环境研究所博士学位论文 .
范小杉，高吉喜，温文 . 2007. 生态资产空间流转及价值评估模型初探 [J]. 环境科学研究，20（5）：160-164.
冯翠红，刘海学，余建民 . 2007. 基于生态服务功能的城市湖泊生态系统需水量分析 [J]. 水土保持研究，14（3）：161-162，165.
冯海波，王伟，万宝春，等 . 2015. 京津冀协同发展背景下河北省主要生态环境问题及对策 [J]. 经济与管理，29（5）：19-24.
冯艳芬，刘毅华，王芳，等 . 2009. 国内生态补偿实践进展 [J]. 生态经济，（8）：85-88，109.
傅伯杰 . 2010. 我国生态系统研究的发展趋势与优先领域 [J]. 地理研究，29（3）：383-396.
傅伯杰，于丹丹 . 2016. 生态系统服务权衡与集成方法 [J]. 资源科学，38（1）：1-9.
傅伯杰，张立伟 . 2014. 土地利用变化与生态系统服务：概念、方法与进展 [J]. 地理科学进展，33（4）：441-446.
傅伯杰，于丹丹，吕楠 . 2017. 中国生物多样性与生态系统服务评估指标体系 [J]. 生态学报，37（2）：341-348.
高吉喜 . 2013. 区域生态学基本理论探索 [J]. 中国环境科学，33（7）：1252-1262.
高吉喜 . 2015. 区域生态学 [M]. 北京：科学出版社.
高吉喜 . 2018. 区域生态学核心理论探究 [J]. 科学通报，63（8）：693-700.
龚高健 . 2011. 中国生态补偿若干问题研究 [M]. 北京：中国社会科学出版社.
巩志宏 . 2015-07-13. 京津冀生态补偿多是临时性政策 [N]. 经济参考报，A07 版 .
关文彬，王自力，陈建成，等 . 2002. 贡嘎山地区森林生态系统服务功能价值评估 [J]. 北京林业大学学报，24（4）：80-84.
郭宏伟，徐海量，赵新风，等 . 2017. 塔里木河流域最大灌溉面积与超载情况探讨 [J]. 中山大学学报（自然科学版），56（2）：140-150.
郭荣中，申海建，杨敏华 . 2016. 澧水流域生态系统服务价值与生态补偿策略 [J]. 环境科学研究，29（5）：774-782.

郭荣中，申海建，杨敏华 . 2017. 基于生态足迹和服务价值的长株潭地区生态补偿研究［J］. 土壤通报，48（1）：70-78.
郭伟 . 2012. 北京地区生态系统服务价值遥感估算与景观格局优化预测［D］. 北京：北京林业大学博士学位论文 .
郭中伟，李典谟 . 1999. 生物多样性经济价值评估的基本方法［J］. 生物多样性，7（1）：60-67.
郭中伟，李典谟，于丹 . 1998. 生态系统调节水量的价值评估——兴山实例［J］. 自然资源学报，13（3）：242-248.
哈特向 . 1959. 地理学性质的透视［M］. 北京：商务印书馆 .
韩德梁，刘荣霞，周海林，等 . 2009. 建立我国生态补偿制度的思考［J］. 生态环境学报，18（2）：799-804.
郝慧梅，任志远，薛亮，等 . 2007. 基于 3S 的榆林市土地利用/覆盖变化生态效应定量研究［J］. 地理科学进展，26（3）：96-106，130.
何承耕 . 2007. 多时空尺度视野下的生态补偿理论与应用研究［D］. 福州：福建师范大学博士学位论文 .
何辉利 . 2015. 京津冀协同发展中流域生态补偿的法律制度供给［J］. 河北联合大学学报（社会科学版），15（3）：14-17.
何军，马娅，张昌顺，等 . 2017. 基于生态服务价值的广州市生态补偿研究［J］. 生态经济，33（12）：184-188，218.
何树臣，王智慧 . 2016. 京津冀水源涵养功能区横向生态补偿的途径研究［J］. 河北林业，（3）：26-27.
河北省土壤普查成果汇总编辑委员会 . 1992. 河北土种志［M］. 石家庄：河北科学技术出版社 .
洪尚群，马丕京，郭慧光 . 2001. 生态补偿制度的探索［J］. 环境科学与技术，24（5）：40-43.
侯成成，赵雪雁，张丽，等 . 2012. 生态补偿对区域发展的影响——以甘南黄河水源补给区为例［J］. 自然资源学报，27（1）：50-61.
侯学煜 . 1981. 再论中国植被分区的原则和方案［J］. 植物生态学与地植物学丛刊，4（5）：290-301.
侯元兆，王琦 . 1995. 中国森林资源核算研究［J］. 世界林业研究，8（3）：51-56.
胡俊达 . 2016. 全面推进京津冀协同发展战略着力打造京津冀生态环境支撑区［J］. 河北林业，（9）：20-22.
胡淑恒 . 2015. 区域生态补偿机制研究——以安徽大别山区为例［D］. 合肥：合肥工业大学博士学位论文 .
胡小飞 . 2015. 生态文明视野下区域生态补偿机制研究——以江西省为例［D］. 南昌：南昌大学博士学位论文 .
胡旭珺，周翟尤佳，张惠远，等 . 2018. 国际生态补偿实践经验及对我国的启示［J］. 环境保护，46（2）：76-79.
胡振通，柳荻，靳乐山 . 2016. 草原生态补偿：生态绩效、收入影响和政策满意度［J］. 中国人口·资源与环境，26（1）：165-176.
环境科学大辞典编委会.1991. 环境科学大辞典［M］.北京：中国环境科学出版社.
黄昌硕，耿雷华，王淑云.2009. 水源区生态补偿的方式和政策研究［J］.生态经济，（3）：169-172.
黄从红.2014. 基于InVEST模型的生态系统服务功能研究——以四川宝兴县和北京门头沟区为例［D］.北京：北京林业大学硕士学位论文.
黄富祥，牛海山，王明星，等.2001. 毛乌素沙地植被覆盖率与风蚀输沙率定量关系［J］.地理学报，56（6）：700-710.
黄寰，肖霓，赵云名.2011. 区际生态补偿的价值基础与评估［J］.当代经济，（10）：9-11.
黄顺魁.2016. 生态资源属性对不同生态补偿方式的影响［J］.现代管理科学，（12）：58-60.
黄炎和，卢程隆，付勤，等.1993. 闽东南土壤流失预报研究［J］.水土保持学报，7（4）：13-18.
江秀娟.2010. 生态补偿类型与方式研究［D］.青岛：中国海洋大学硕士学位论文.
姜冬梅，张微，王亚梅.2007. “退牧还草”工程在牧户中的响应［J］.林业经济，（4）：67-70.
姜仁贵，解建仓，朱记伟，等.2015. 跨流域调水工程水源区生态补偿理论框架［J］.水土保持通报，35（3）：273-277，282.
姜一.2016. 承德在建设京津冀生态环境支撑区中的对策研究［J］.绿色科技，（12）：273-276.
蒋延玲，周广胜.1999. 中国主要森林生态系统公益的评估［J］.植物生态学报，23（5）：426-432.
蒋毓琪，陈珂.2017. 浑河流域上游森林生态服务空间流转价值及其对沈阳城市段供水量影响的通径分析［J］.水土保持通报，37（6）：285-290.
金波.2010. 区域生态补偿机制研究［D］.北京：北京林业大学博士学位论文.
金蓉，王雪平.2008. 祁连山水源涵养林恢复的生态补偿效应评估——以山丹段为例［J］.云南地理环境研究，20（1）：60-64.
金淑婷，杨永春，李博，等.2014. 内陆河流域生态补偿标准问题研究——以石羊河流域为例［J］.自然资源学报，29（4）：610-622.
靳芳.2005. 中国森林生态系统服务价值评估研究［D］.北京：北京林业大学博士学位论文.
靳芳，鲁绍伟，余新晓，等.2005. 中国森林生态系统服务功能及其价值评价［J］.应用生态学报，16（8）：1531-1536.
靳乐山.2016. 中国生态补偿全领域探索与进展［M］.北京：经济科学出版社.
孔德帅.2017. 区域生态补偿机制研究——以贵州省为例［D］.北京：中国农业大学博士学位论文.
孔令英，段少敏，张洪星.2014. 新疆生态补偿缓解贫困效应研究［J］.林业经济，36（3）：108-111.
赖力，黄贤金，刘伟良.2008. 生态补偿理论、方法研究进展［J］.生态学报，28（6）：2870-2877.
赖敏，吴绍洪，尹云鹤，等.2015. 三江源区基于生态系统服务价值的生态补偿额度［J］.生态学报，35（2）：227-236.
蓝盛芳，钦佩，陆宏芳 . 2002. 生态经济系统能值分析［M］. 北京：化学工业出版社 .
冷清波 . 2013. 主体功能区战略背景下构建我国流域生态补偿机制研究——以鄱阳湖流域为例［J］. 生态经济，(2)：151-155，160.
李长亮 . 2013. 西部地区生态补偿机制构建研究［M］. 北京：中国社会科学出版社 .
李超显，彭福清，陈鹤 . 2012. 流域生态补偿支付意愿的影响因素分析——以湘江流域长沙段为例［J］. 经济地理，32（4）：130-135.
李国平，李潇，萧代基 . 2013. 生态补偿的理论标准与测算方法探讨［J］. 经济学家，(2)：42-49.
李洪波，韦妮妮 . 2015. 城市湿地生态系统服务的空间流转过程研究——以泉州湾河口湿地为例［J］. 湿地科学，13（1）：98-102.
李惠茹，丁艳如 . 2017. 京津冀生态补偿核算机制构建及推进对策［J］. 宏观经济研究，(4)：148-155.
李加林，许继琴，童亿勤，等 . 2005. 杭州湾南岸滨海平原生态系统服务价值变化研究［J］. 经济地理，25（6）：804-809.
李军，游松财，黄敬峰 . 2006. 基于 GIS 的中国陆地表面粗糙度长度的空间分布［J］. 上海交通大学学报（农业科学版），24（2）：185-189.
李俊丽，盖凯程 . 2011. 三江源区际流域生态补偿机制研究［J］. 生态经济，(2)：171-173,187.
李明达 . 2014. 论京津冀生态环境的共建共享［J］. 燕山大学学报（哲学社会科学版），15（4）：135-137.
李青，张落成，武清华 . 2011. 太湖上游水源保护区生态补偿支付意愿问卷调查——以天目湖流域为例［J］. 湖泊科学，23（1）：143-149.
李沙 . 2013. 区域生态补偿立法探析［D］. 北京：中国社会科学院研究生院硕士学位论文 .
李双成，王珏，朱文博，等 . 2014. 基于空间与区域视角的生态系统服务地理学框架［J］. 地理学报，69（11）：1628-1639.
李文华，刘某承 . 2010. 关于中国生态补偿机制建设的几点思考［J］. 资源科学，32（5）：791-796.
李晓光，苗鸿，郑华，等 . 2009. 生态补偿标准确定的主要方法及其应用［J］. 生态学报，29（8）：4431-4440.
李晓赛 . 2015. 县域尺度生态系统服务价值动态评估研究——以青龙满族自治县为例［D］. 保定：河北农业大学硕士学位论文 .
李琰，李双成，高阳，等 . 2013. 连接多层次人类福祉的生态系统服务分类框架［J］. 地理学报，68（8）：1038-1047.
李屹峰，罗跃初，刘纲，等 . 2013. 土地利用变化对生态系统服务功能的影响——以密云水库流域为例［J］. 生态学报，33（3）：726-736.
梁杰 . 2010. 基于生态系统服务的贡格尔草地生态补偿研究［D］. 北京：中央民族大学硕士学位论文 .

梁丽娟，葛颜祥，傅奇蕾 . 2006. 流域生态补偿选择性激励机制——从博弈论视角的分析 [J]. 农业科技管理，25（4）：49-52.
廖志娟，傅春，胡小飞 . 2016. 基于生态系统服务功能的江西省生态补偿空间选择研究 [J]. 生态经济，32（8）：175-179.
林媚珍，陈志云，蔡砥，等 . 2010. 梅州市森林生态系统服务功能价值动态评估 [J]. 中南林业科技大学学报，30（11）：54-59，64.
林秀珠，李小斌，李家兵，等 . 2017. 基于机会成本和生态系统服务价值的闽江流域生态补偿标准研究 [J]. 水土保持研究，24（2）：314-319.
刘璨，吴水荣，赵云朝 . 2002. 森林资源与环境经济学研究的几个问题（续）[J]. 林业经济，(2)：32-35.
刘春腊，刘卫东，陆大道 . 2014. 生态补偿的地理学特征及内涵研究 [J]. 地理研究，33（5）：803-816.
刘春腊，刘卫东，陆大道，等 . 2015. 2004—2011 年中国省域生态补偿差异分析 [J]. 地理学报，70（12）：1897-1910.
刘广明 . 2017. 协同发展视域下京津冀区际生态补偿制度构建 [J]. 哈尔滨工业大学学报（社会科学版），19（4）：36-43.
刘广明，尤晓娜 . 2017. 京津冀区际生态补偿制度构建 [M]. 北京：法律出版社 .
刘广明，曹焕忠，李靖 . 2007. 区际生态补偿法律机制研究——兼及构建京津冀区际生态补偿机制 [J]. 天津行政学院学报，9（4）：53-57.
刘桂环，张惠远，万军，等 . 2006. 京津冀北流域生态补偿机制初探 [J]. 中国人口 · 资源与环境，16（4）：120-124.
刘桂环，文一惠，张惠远 . 2010a. 基于生态系统服务的官厅水库流域生态补偿机制研究 [J]. 资源科学，32（5）：856-863.
刘桂环，文一惠，张惠远 . 2010b. 中国流域生态补偿地方实践解析 [J]. 环境保护，（23）：26-29.
刘桂环，张彦敏，石英华 . 2015. 建设生态文明背景下完善生态保护补偿机制的建议 [J]. 环境保护，43（11）：34-38.
刘慧敏，刘绿怡，任嘉衍，等 . 2017. 生态系统服务流定量化研究进展 [J]. 应用生态学报，28（8）：2723-2730.
刘金龙 . 2013. 生态系统服务的模拟与时空权衡——以京津冀地区为例 [D]. 北京：北京大学硕士学位论文 .
刘金雅，汪东川，张利辉，等 . 2018. 基于多边界改进的京津冀城市群生态系统服务价值估算 [J]. 生态学报，38（12）：4192-4204.
刘娟，刘守义 . 2015. 京津冀区域生态补偿模式及制度框架研究 [J]. 改革与战略，31（2）：108-111，167.
刘俊鑫，王奇 . 2017. 基于生态服务供给成本的三江源区生态补偿标准核算方法研究 [J]. 环境科学研究，30（1）：82-90.
刘丽 . 2010. 我国国家生态补偿机制研究 [D]. 青岛：青岛大学博士学位论文 .

刘灵芝，刘冬古，郭媛媛. 2011. 森林生态补偿方式运行实践探讨［J］. 林业经济问题，31（4）：310-313.
刘梦圆，曾思育，孙傅，等. 2016. 京津冀地区水生态系统服务演变规律及其驱动力分析［J］. 环境影响评价，38（6）：36-40.
刘某承，孙雪萍，林惠凤，等. 2015. 基于生态系统服务消费的京承生态补偿基金构建方式［J］. 资源科学，37（8）：1536-1542.
刘青. 2007. 江河源区生态系统服务价值与生态补偿机制研究——以江西东江源区为例［D］. 南昌：南昌大学博士学位论文.
刘瑞程，沈春竹，贾振毅，等. 2019. 道路景观胁迫下沿海滩涂地区生态网络构建与优化——以盐城市大丰区为例［J］. 生态学杂志，38（3）：828-837.
刘同海，吴新宏. 2012. 河北沽源草地生态系统服务功能价值分析［J］. 河南科技大学学报（自然科学版），33（2）：52-56，7-8.
刘薇. 2015. 京津冀大气污染市场化生态补偿模式建立研究［J］. 管理现代化，35（2）：64-65，120.
刘兴元. 2011. 藏北高寒草地生态系统服务功能及其价值评估与生态补偿机制研究［D］. 兰州：兰州大学博士学位论文.
刘阳. 2013. 西部欠发达地区县域城镇化研究——以贵州省绥阳县为例［D］. 广州：华南理工大学硕士学位论文.
刘宇晨，张心灵. 2018. 不同地区牧民对草原生态补偿方式的选择研究［J］. 生态经济，34（1）：197-201.
刘玉海，叶一剑，李博. 2012. 困境——京津冀调查实录［M］. 北京：社会科学文献出版社.
刘玉龙，阮本清，张春玲，等. 2006. 从生态补偿到流域生态共建共享——兼以新安江流域为例的机制探讨［J］. 中国水利，（10）：4-8.
柳长顺，刘卓. 2009. 国内外生态补偿机制建设现状及其借鉴与启示［J］. 水利发展研究，9（6）：1-4，55.
路森. 2016. 京津冀生态环境支撑区建设的机制与路径研究［J］. 河北企业，（7）：65-67.
吕国旭. 2017. 京津冀水源涵养功能时空格局与辐射效应研究［D］. 石家庄：河北师范大学硕士学位论文.
罗振洲，赵英博. 2016. 河北省建设京津冀生态环境支撑区研究——基于京津冀协同发展视角［J］. 经济论坛，（2）：16-19.
马程，李双成，刘金龙，等. 2013. 基于 SOFM 网络的京津冀地区生态系统服务分区［J］. 地理科学进展，32（9）：1383-1393.
马存利，陈海宏. 2009. 区域生态补偿的法理基础与制度构建［J］. 太原师范学院学报（社会科学版），8（3）：72-74.
马琳，刘浩，彭建，等. 2017. 生态系统服务供给和需求研究进展［J］. 地理学报，72（7）：1277-1289.
马庆华，杜鹏飞. 2015. 新安江流域生态补偿政策效果评价研究［J］. 中国环境管理，7（3）：63-70.

毛汉英 . 2017. 京津冀协同发展的机制创新与区域政策研究 [J]. 地理科学进展, 36 (1): 2-14.

毛显强, 钟瑜, 张胜 . 2002. 生态补偿的理论探讨 [J]. 中国人口 · 资源与环境, 12 (4): 38-41.

毛占锋, 王亚平 . 2008. 跨流域调水水源地生态补偿定量标准研究 [J]. 湖南工程学院学报 (社会科学版), 18 (2): 15-18.

蒙吉军, 朱利凯, 杨倩, 等 . 2012. 鄂尔多斯市土地利用生态安全格局构建 [J]. 生态学报, 32 (21): 6755-6766.

孟范平, 李睿倩 . 2011. 基于能值分析的滨海湿地生态系统服务价值定量化研究进展 [J]. 长江流域资源与环境, 20 (S1): 74-80.

孟雅丽, 苏志珠, 马杰, 等 . 2017. 基于生态系统服务价值的汾河流域生态补偿研究 [J]. 干旱区资源与环境, 31 (8): 76-81.

闵庆文, 刘寿东, 杨霞 . 2004. 内蒙古典型草原生态系统服务功能价值评估研究 [J]. 草地学报, 12 (3): 165-169, 175.

牟永福 . 2014. 京津冀政府购买生态服务合作与区域经济协同发展 [C]. 第九届河北省社会科学学术年会论文集 . https://cpfd. cnki. com. cn/Area/CPFDCONFArticleList- HBSL201411001. htm [2020-05-13].

年蔚, 陈艳梅, 高吉喜, 等 . 2017. 京津冀固碳释氧生态服务供-受关系分析 [J]. 生态与农村环境学报, 33 (9): 783-791.

牛晓叶, 王必锋, 曹志文 . 2018. 京津冀大气污染市场化生态补偿模式研究 [J]. 会计师, (1): 61-62.

欧阳志云, 王如松 . 2000. 生态系统服务功能、生态价值与可持续发展 [J]. 世界科技研究与发展, 22 (5): 45-50.

欧阳志云, 郑华 . 2009. 生态系统服务的生态学机制研究进展 [J]. 生态学报, 29 (11): 6183-6188.

欧阳志云, 王如松, 赵景柱 . 1999a. 生态系统服务功能及其生态经济价值评价 [J]. 应用生态学报, 10 (5): 636-640.

欧阳志云, 王效科, 苗鸿 . 1999b. 中国陆地生态系统服务功能及其生态经济价值的初步研究 [J]. 生态学报, 19 (5): 607-613.

欧阳志云, 郑华, 岳平 . 2013. 建立我国生态补偿机制的思路与措施 [J]. 生态学报, 33 (3): 686-692.

潘佳, 王社坤 . 2015. 论矿产开发生态补偿主体及其权利义务关系——基于山西省煤矿生态环境恢复补偿试点的分析 [J]. 南京工业大学学报 (社会科学版), 14 (2): 33-39.

彭建, 胡晓旭, 赵明月, 等 . 2017a. 生态系统服务权衡研究进展: 从认知到决策 [J]. 地理学报, 72 (6): 960-973.

彭建, 杨旸, 谢盼, 等 . 2017b. 基于生态系统服务供需的广东省绿地生态网络建设分区 [J]. 生态学报, 37 (13): 4562-4572.

彭晓春, 刘强, 周丽旋, 等 . 2010. 基于利益相关方意愿调查的东江流域生态补偿机制探讨［J］. 生态环境学报，19（7）：1605-1610.
普思斯 . 2019. 中国公众对大气污染的风险感知和支付意愿空间分布研究［D］. 南京：南京大学硕士学位论文 .
乔旭宁，杨永菊，杨德刚 . 2011. 生态服务功能价值空间转移评价——以渭干河流域为例［J］. 中国沙漠，31（4）：1008-1014.
乔旭宁，张婷，杨永菊，等 . 2017. 渭干河流域生态系统服务的空间溢出及对居民福祉的影响［J］. 资源科学，39（3）：533-544.
秦艳红，康慕谊 . 2007. 国内外生态补偿现状及其完善措施［J］. 自然资源学报，22（4）：557-567.
任世丹，杜群 . 2009. 国外生态补偿制度的实践［J］. 环境经济，（11）：34-39.
尚宗波，高琼 . 2001. 流域生态学——生态学研究的一个新领域［J］. 生态学报，21（3）：468-473.
沈玲，王娟 . 2015. 论京津冀区际生态补偿的项目融资模式［J］. 现代商业，（28）：49-50.
沈满洪，陆菁 . 2004. 论生态保护补偿机制［J］. 浙江学刊，（4）：217-220.
石培礼，李文华，何维明，等 . 2002. 川西天然林生态服务功能的经济价值［J］. 山地学报，20（1）：75-79.
隋磊，赵智杰，金羽，等 . 2012. 海南岛自然生态系统服务价值动态评估［J］. 资源科学，34（3）：572-580.
孙宝娣，崔丽娟，李伟，等 . 2018. 湿地生态系统服务价值评估的空间尺度转换研究进展［J］. 生态学报，38（8）：2607-2615.
孙刚，盛连喜，冯江 . 2000. 生态系统服务的功能分类与价值分类［J］. 环境科学动态，（1）：19-22.
孙景亮 . 2010. 京津冀北地区建立常规型生态补偿机制的探讨［J］. 南水北调与水利科技，8（2）：150-152.
孙丽文，李跃 . 2017. 京津冀区域创新生态系统生态位适宜度评价［J］. 科技进步与对策，34（4）：47-53.
孙丕苓 . 2017. 生态安全视角下的环京津贫困带土地利用冲突时空演变研究［D］. 北京：中国农业大学博士学位论文 .
孙文博，苗泽华，孙文哲 . 2015. 京津冀地区生态系统服务价值变化及其与经济增长的关系［J］. 生态经济，31（8）：59-62.
孙艺杰，任志远，赵胜男，等 . 2017. 陕西河谷盆地生态系统服务协同与权衡时空差异分析［J］. 地理学报，72（3）：521-532.
佟丹丹 . 2017. 京津冀生态共享与区域生态补偿机制研究——以河北张家口为例［J］. 宏观经济管理，（S1）：42-43.
王聪，刘建林，王静，等 . 2016. 跨流域调水工程水源区生态补偿标准及补偿方式研究［J］. 甘肃水利水电技术，52（10）：28-31.
王芳芳 . 2012. 浅析京津冀地区资源生态补偿实践探索［J］. 法制与经济，（10）：95.
王飞，高建恩，邵辉，等 . 2013. 基于 GIS 的黄土高原生态系统服务价值对土地利用变化的响应及生态补偿［J］. 中国水土保持科学，11（1）：25-31.
王凤春，郑华，王效科，等 . 2017. 生态补偿区域选择方法研究进展［J］. 生态环境学报，26（1）：176-182.
王国华 . 2008. 森林资源生态补偿资金来源及补偿方式［J］. 林业勘查设计，（1）：37.
王金南 . 2006. 生态补偿机制与政策设计［M］. 北京：中国环境科学出版社.
王金南，万军，张惠远 . 2006. 关于我国生态补偿机制与政策的几点认识［J］. 环境保护，（19）：24-28.
王金南，许开鹏，蒋洪强，等 . 2015. 环境功能区战略：以环境空间管控优化发展格局——基于生态环境资源红线的京津冀生态环境共同体发展路径［J］. 环境保护，43（23）：21-25.
王景升，王文波，闫平 . 2007. 西藏森林生态系统服务价值与生态补偿［J］. 中国林业经济，（6）：17-20.
王娟娟，杜敏，周丽璇，等 . 2015. 我国地方层面生态补偿实践经验与借鉴［J］. 环境保护科学，41（3）：132-138.
王军，李逸波，何玲 . 2009. 基于生态补偿机制的京津冀农业合作模式的探讨［C］. 京津冀区域协调发展学术研讨会 . https://cpfd. cnki. com. cn/Area/CPFDCONFArticleList-BJSL200910001. htm［2020-05-13］.
王军锋，侯超波，闫勇 . 2011. 政府主导型流域生态补偿机制研究——对子牙河流域生态补偿机制的思考［J］. 中国人口·资源与环境，21（7）：101-106.
王玲，何青 . 2015. 基于能值理论的生态系统价值研究综述［J］. 生态经济，31（4）：133-136,155.
王女杰 . 2011. 基于生态服务和生态消费的区域生态补偿研究［D］. 济南：山东大学硕士学位论文 .
王鹏涛，张立伟，李英杰，等 . 2017. 汉江上游生态系统服务权衡与协同关系时空特征［J］. 地理学报，72（11）：2064-2078.
王青瑶，马永双 . 2014. 湿地生态补偿方式探讨［J］. 林业资源管理，（3）：27-32.
王少剑，方创琳，王洋 . 2015. 京津冀地区城市化与生态环境交互耦合关系定量测度［J］. 生态学报，35（7）：2244-2254.
王万中，焦菊英，郝小品，等 . 1995. 中国降雨侵蚀力 *R* 值的计算与分布（Ⅰ）［J］. 水土保持学报，9（4）：5-18.
王文美，吴璇，李洪远 . 2013. 滨海新区生态系统服务功能供需量化研究［J］. 生态科学，32（3）：379-385.
王晓玥，李双成，高阳 . 2016. 基于生态系统服务的稻改旱工程多层次补偿标准［J］. 环境科学研究，29（11）：1709-1717.
王晓贞，王炎如 . 2018. 京津冀跨区域调水生态补偿标准与方式研究［J］. 海河水利，（4）：13-15.
王新生 . 1994. 浅谈风玫瑰图在城市规划中的应用［J］. 武测科技，（3）：35-38.
王雅敬，谢炳庚，李晓青，等 . 2016. 公益林保护区生态补偿标准与补偿方式［J］. 应用生态学报，27（6）：1893-1900.

王彦芳 . 2018. 河北坝上地区生态补偿方案研究 [J]. 经济论坛，(10)：23-27，153.
王昱 . 2009. 区域生态补偿的基础理论与实践问题研究 [D]. 长春：东北师范大学博士学位论文.
王振波，于杰，刘晓雯 . 2009. 生态系统服务功能与生态补偿关系的研究 [J]. 中国人口·资源与环境，19 (6)：17-22.
王重玲，朱志玲，王梅梅，等 . 2014. 基于生态服务价值的宁夏隆德县生态补偿研究 [J]. 水土保持研究，21 (1)：208-212，218.
韦妮妮 . 2014. 城市湿地生态系统服务的空间流转过程研究——以泉州湾河口湿地为例 [D]. 泉州：华侨大学硕士学位论文 .
文一惠，刘桂环，谢婧，等 . 2015. 京津冀地区生态补偿框架研究 [J]. 环境保护科学，41 (5)：82-85，136.
吴爱林，陈燕，燕彩霞，等 . 2017. 长江三角洲生态系统服务价值分析及趋势预测 [J]. 水土保持通报，37 (4)：254-259，265.
吴丽娟 . 2018. 森林生态系统服务功能价值评估研究进展与趋势 [J]. 佳木斯职业学院学报，(1)：445，447.
吴蒙 . 2017. 长三角地区土地利用变化的生态系统服务响应与可持续性情景模拟研究 [D]. 上海：华东师范大学博士学位论文 .
武文欢，彭建，刘焱序，等 . 2017. 鄂尔多斯市生态系统服务权衡与协同分析 [J]. 地理科学进展，36 (12)：1571-1581.
肖寒，欧阳志云，赵景柱，等 . 2000. 森林生态系统服务功能及其生态经济价值评估初探——以海南岛尖峰岭热带森林为例 [J]. 应用生态学报，11 (4)：481-484.
肖金成 . 2014. 京津冀一体化与空间布局优化研究 [J]. 天津师范大学学报（社会科学版），(5)：5-10.
肖玉，谢高地，鲁春霞，等 . 2016. 基于供需关系的生态系统服务空间流动研究进展 [J]. 生态学报，36 (10)：3096-3102.
谢高地，鲁春霞，成升魁 . 2001a. 全球生态系统服务价值评估研究进展 [J]. 资源科学，23 (6)：5-9.
谢高地，张钇锂，鲁春霞，等 . 2001b. 中国自然草地生态系统服务价值 [J]. 自然资源学报，16 (1)：47-53.
谢高地，鲁春霞，冷允法，等 . 2003. 青藏高原生态资产的价值评估 [J]. 自然资源学报，18 (2)：189-196.
谢高地，肖玉，鲁春霞 . 2006. 生态系统服务研究：进展、局限和基本范式 [J]. 植物生态学报，30 (2)：191-199.
谢高地，甄霖，鲁春霞，等 . 2008. 生态系统服务的供给、消费和价值化 [J]. 资源科学，30 (1)：93-99.
谢高地，张彩霞，张昌顺，等 . 2015. 中国生态系统服务的价值 [J]. 资源科学，37 (9)：1740-1746.
熊鹰，王克林，蓝万炼，等 . 2004. 洞庭湖区湿地恢复的生态补偿效应评估 [J]. 地理学报，

59 (5)：772-780.

徐琳瑜，杨志峰，帅磊，等. 2006. 基于生态服务功能价值的水库工程生态补偿研究 [J]. 中国人口·资源与环境，16 (4)：125-128.

徐嵩龄. 2001. 生物多样性价值的经济学处理：一些理论障碍及其克服 [J]. 生物多样性，9 (3)：310-318.

徐筱越. 2017. 主体功能区生态补偿转移支付政策效应研究——以广西为例 [D]. 南宁：广西大学硕士学位论文.

徐瑶，何政伟. 2014. 基于 RS 和 GIS 的藏北申扎县生态资产供需平衡分析 [J]. 物探化探计算技术，36 (3)：375-379.

徐永田. 2011. 水源保护中生态补偿方式研究 [J]. 中国水利，(8)：28-30.

许吉辰. 2016. 基于成本核算的京津冀大气污染区域生态补偿研究 [D]. 天津：南开大学硕士学位论文.

许丽丽，李宝林，袁烨城，等. 2016. 基于生态系统服务价值评估的我国集中连片重点贫困区生态补偿研究 [J]. 地球信息科学学报，18 (3)：286-297.

薛达元. 1997. 生物多样性经济价值评估——长白山自然保护区案例研究 [M]. 北京：中国环境科学出版社.

薛达元，包浩生，李文华. 1999. 长白山自然保护区森林生态系统间接经济价值评估 [J]. 中国环境科学，(3)：247-252.

闫丰，王洋，杜哲，等. 2018. 基于 IPCC 排放因子法估算碳足迹的京津冀生态补偿量化 [J]. 农业工程学报，34 (4)：15-20.

杨光梅，闵庆文，李文华，等. 2007. 我国生态补偿研究中的科学问题 [J]. 生态学报，27 (10)：4289-4300.

杨莉，甄霖，潘影，等. 2012. 生态系统服务供给-消费研究：黄河流域案例 [J]. 干旱区资源与环境，26 (3)：131-138.

杨丽. 2017. 不同土地利用情景下赣南森林生态系统服务价值的时空动态评估 [D]. 南昌：南昌大学博士学位论文.

杨晓楠，李晶，秦克玉，等. 2015. 关中—天水经济区生态系统服务的权衡关系 [J]. 地理学报，70 (11)：1762-1773.

杨欣，蔡银莺. 2012. 基于农户受偿意愿的武汉市农田生态补偿标准估算 [J]. 水土保持通报，32 (1)：212-216.

杨志新，郑大玮，文化. 2005. 北京郊区农田生态系统服务功能价值的评估研究 [J]. 自然资源学报，20 (4)：564-571.

姚婧，何兴元，陈玮. 2018. 生态系统服务流研究方法最新进展 [J]. 应用生态学报，29 (1)：335-342.

叶文虎，魏斌，仝川. 1998. 城市生态补偿能力衡量和应用 [J]. 中国环境科学，18 (4)：298-301.

怡凯，王诗阳，王雪，等. 2015. 基于 RUSLE 模型的土壤侵蚀时空分异特征分析——以辽宁省朝阳市为例 [J]. 地理科学，35 (3)：365-372.

于格 . 2006. 青藏高原草地生态系统服务功能及其价值评估研究 [D]. 北京：中国科学院地理科学与资源研究所博士学位论文 .
于维洋，许良 . 2008. 京津冀区域生态环境质量综合评价研究 [J]. 干旱区资源与环境，22 (9)：20-24.
于彦梅，耿保江 . 2012. 论京津冀区际生态补偿制度的构建 [J]. 河北科技大学学报（社会科学版），12 (4)：43-49.
余新晓，秦永胜，陈丽华，等 . 2002. 北京山地森林生态系统服务功能及其价值初步研究 [J]. 生态学报，22 (5)：783-786.
俞布，贺晓冬，危良华，等 . 2018. 杭州城市多级通风廊道体系构建初探 [J]. 气象科学，38 (5)：625-636.
俞海，任勇 . 2007. 流域生态补偿机制的关键问题分析——以南水北调中线水源涵养区为例 [J]. 资源科学，29 (2)：28-33.
虞锡君 . 2007. 构建太湖流域水生态补偿机制探讨 [J]. 农业经济问题，(9)：56-59.
岳书平，张树文，闫业超 . 2007. 东北样带土地利用变化对生态服务价值的影响 [J]. 地理学报，62 (8)：879-886.
翟月鹏，陈艳梅，高吉喜，等 . 2019. 京津冀水源涵养生态服务供体区与受体区范围的划分 [J]. 环境科学研究，32 (7)：1009-1107.
张彪 . 2009. 基于功能分区的森林生态系统服务评估及其在生态补偿中的应用——以北京市为例 [D]. 北京：中国科学院地理科学与资源研究所博士学位论文 .
张彪，谢高地，肖玉，等 . 2010. 基于人类需求的生态系统服务分类 [J]. 中国人口 · 资源与环境，20 (6)：64-67.
张朝晖 . 2007. 桑沟湾海洋生态系统服务价值评估 [D]. 青岛：中国海洋大学博士学位论文 .
张方圆，赵雪雁 . 2014. 基于农户感知的生态补偿效应分析——以黑河中游张掖市为例 [J]. 中国生态农业学报，22 (3)：349-355.
张贵，齐晓梦 . 2016. 京津冀协同发展中的生态补偿核算与机制设计 [J]. 河北大学学报（哲学社会科学版），41 (1)：56-65.
张惠远，刘桂环 . 2006. 我国流域生态补偿机制设计 [J]. 环境保护，(19)：49-54.
张嘉宾 . 1982. 关于估价森林多种功能系统的基本原理和技术方法的探讨 [J]. 南京林业大学学报（自然科学版），6 (3)：5-18.
张竞，杜东，白耀楠，等 . 2018. 基于 DEM 的京津冀地区地形起伏度分析 [J]. 中国水土保持，(9)：33-37.
张君，张中旺，李长安 . 2013. 跨流域调水核心水源区生态补偿标准研究 [J]. 南水北调与水利科技，11 (6)：153-156.
张来章，党维勤，郑好，等 . 2010. 黄河流域水土保持生态补偿机制及实施效果评价 [J]. 水土保持通报，30 (3)：176-181.
张立伟，傅伯杰 . 2014. 生态系统服务制图研究进展 [J]. 生态学报，34 (2)：316-325.
张路阁，赵海燕 . 2017. 京津冀协同发展中承德的生态补偿机制研究 [J]. 产业与科技论坛，16 (10)：22-23.

张落成，李青，武清华 . 2011. 天目湖流域生态补偿标准核算探讨［J］. 自然资源学报，26（3）：412-418.

张淼 . 2018. 跨区域水生态补偿机制研究［D］. 上海：上海师范大学硕士学位论文 .

张涛 . 2003. 森林生态效益补偿机制研究［D］. 北京：中国林业科学研究院博士学位论文 .

张伟，蒋洪强，王金南 . 2017. 京津冀协同发展的生态环境保护战略研究［J］. 中国环境管理，9（3）：41-45.

张新华 . 2016. 新疆草原生态补偿政策实施成效分析［J］. 实事求是，（5）：63-68.

张彦波，佟林杰，孟卫东 . 2015. 政府协同视角下京津冀区域生态治理问题研究［J］. 经济与管理，29（3）：23-26.

张瑜，赵晓丽，左丽君，等 . 2018. 黄土高原生态系统服务价值动态评估与分析［J］. 水土保持研究，25（3）：170-176.

张振明，刘俊国，申碧峰，等 . 2011. 永定河（北京段）河流生态系统服务价值评估［J］. 环境科学学报，31（9）：1851-1857.

张治江 . 2014. 生态建设：京津冀协同发展亟须突破的瓶颈［J］. 中国党政干部论坛，（11）：69-71.

赵金龙，王泺鑫，韩海荣，等 . 2013. 森林生态系统服务功能价值评估研究进展与趋势［J］. 生态学杂志，32（8）：2229-2237.

赵景柱，肖寒，吴刚 . 2000. 生态系统服务的物质量与价值量评价方法的比较分析［J］. 应用生态学报，11（2）：290-292.

赵景柱，段光明，任子平，等 . 2004. 生态环境对经济系统贡献的相对价值评估研究［J］. 环境科学，25（5）：1-4.

赵萌莉，韩冰，红梅，等 . 2009. 内蒙古草地生态系统服务功能与生态补偿［J］. 中国草地学报，31（2）：10-13.

赵庆建，温作民，张敏新 . 2014. 识别森林生态系统服务的供应与需求——基于生态系统服务流的视角［J］. 林业经济，36（10）：3-7.

赵同谦 . 2004. 中国陆地生态服务功能及其价值评价研究［D］. 北京：中国科学院生态环境研究中心博士学位论文 .

赵同谦，欧阳志云，王效科，等 . 2003. 中国陆地地表水生态系统服务功能及其生态经济价值评价［J］. 自然资源学报，18（4）：443-452.

赵同谦，欧阳志云，郑华，等 . 2004. 中国森林生态系统服务功能及其价值评价［J］. 自然资源学报，19（4）：480-491.

赵雪雁 . 2012. 生态补偿效率研究综述［J］. 生态学报，32（6）：1960-1969.

赵雪雁，董霞，范君君，等 . 2010. 甘南黄河水源补给区生态补偿方式的选择［J］. 冰川冻土，32（1）：204-210.

赵雪雁，张丽，江进德，等 . 2013. 生态补偿对农户生计的影响——以甘南黄河水源补给区为例［J］. 地理研究，32（3）：531-542.

甄霖，刘雪林，魏云洁 . 2008. 生态系统服务消费模式、计量及其管理框架构建［J］. 资源科学，（1）：100-106.

郑海霞，张陆彪，封志明 . 2006. 金华江流域生态服务补偿机制及其政策建议 [J]. 资源科学，28（5）：30-35.
郑季良，孙极 . 2017. 城市水源保护区生态补偿效应后评估——基于昆明市的调查分析 [J]. 未来与发展，41（12）：27-34.
郑江坤，余新晓，贾国栋，等 . 2010. 密云水库集水区基于 LUCC 的生态服务价值动态演变 [J]. 农业工程学报，26（9）：315-320.
郑悦 . 2017. 北京市典型休闲农业园生态系统服务评估及供需分析 [D]. 北京：中国地质大学（北京）硕士学位论文 .
中国生态补偿机制与政策研究课题组 . 2007. 中国生态补偿机制与政策研究 [M]. 北京：科学出版社 .
中国生物多样性国情研究报告编写组 . 1998. 中国生物多样性国情研究报告 [M]. 北京：中国环境科学出版社 .
中国植被编辑委员会 . 1980. 中国植被 [M]. 北京：科学出版社 .
中华人民共和国环境保护部 . 2017. 生态保护红线划定指南 [S]. http：//www. mee. gov. cn/gkml/hbb/bgt/201707/W020170728397753220005 [2019-09-28].
中华人民共和国林业局 . 2008. 森林生态系统服务功能评估规范 [S]. https：//wenku. baidu. com/view/89c5c4ecdc3383c4bb4cf7ec4afe04a1b071b0b8. html [2019-9-28].
仲俊涛，米文宝 . 2013. 基于生态系统服务价值的宁夏区域生态补偿研究 [J]. 干旱区资源与环境，27（10）：19-24.
周晨，李国平 . 2015. 流域生态补偿的支付意愿及影响因素——以南水北调中线工程受水区郑州市为例 [J]. 经济地理，35（6）：38-46.
周晨，丁晓辉，李国平，等 . 2015. 流域生态补偿中的农户受偿意愿研究——以南水北调中线工程陕南水源区为例 [J]. 中国土地科学，29（8）：63-72.
周晓峰 . 1998. 黑龙江省森林公益效能经济评价的研究 [J]. 林业勘查设计，（2）：48-51.
周晓峰，蒋敏元 . 1999. 黑龙江省森林效益的计量、评价及补偿 [J]. 林业科学，35（3）：97-102.
朱振亚，陈丽华，姜德文，等 . 2017. 京津冀地区生态服务价值与社会经济重心演变特征及耦合关系 [J]. 林业科学，53（6）：118-126.
朱智杰 . 2009. 民勤生态补偿方式选择分析 [D]. 兰州：兰州大学硕士学位论文 .
祝尔娟，潘鹏 . 2018. 对完善京津冀生态补偿机制的理论思考与政策建议——政府补偿与市场补偿有机结合 [J]. 改革与战略，34（2）：117-122.
Adrienne G R，Susanne K. 2007. Integrating the valuation of ecosystem services into the input-output economics of an Alpine region [J]. Ecological Economics，63（4）：786-798.
Alison J，Duffield S J，van Noordwijk C G E，et al. 2016. Spatial targeting of habitat creation has the potential to improve agri-environment scheme outcomes for macro-moths [J]. Journal of Applied Ecology，53（6）：1814-1822.
Alix-Garcia J，Wolff H. 2014. Payment for ecosystem services from forests [J]. Annual Review of Resource Economics，6（1）：361-380.

Alix-Garcia J M, Sims K R, Yañez-Pagans P. 2015. Only one tree from each seed? Environmental effectiveness and poverty alleviation in Mexico's Payments for Ecosystem Services program [J]. American Economic Journal: Economic Policy, 7 (4): 1-40.

Asquitha N M, Vargasa M T, Wunderb S. 2008. Selling two environmental services: in-kind payments for bird habitat and watershed protection in Los Negros, Bolivia [J]. Ecological Economics, 65 (4): 675-684.

Bagstad K J, Johnson G W, Voigt B, et al. 2013. Spatial dynamics of ecosystem service flows: a comprehensive approach to quantifying actual services [J]. Ecosystem Services, 4: 117-125.

Bai Y, Zhuang C W, Ouyang Z Y, et al. 2011. Spatial characteristics between biodiversity and ecosystem services in a human dominated watershed [J]. Ecological Complexity, 8 (2): 177-183.

Bekele E G, Nicklow J W. 2005. Multiobjective management of ecosystem services by integrative watershed modeling and evolutionary algorithms [J]. Water Resources Research, 41 (10): 61.

Bennett E M, Peterson G D, Gordon L J. 2009. Understanding relationships among multiple ecosystem services [J]. Ecology Letters, 12 (12): 1394-1404.

Beymer-Farris B A, Bassett T J. 2012. The REDD menace: resurgent protectionism in Tanzania's mangrove forests [J]. Global Environmental Change, 22 (2): 332-341.

Bottazzi P, Crespo D, Soria H, et al. 2014. Carbon sequestration in community forests: trade-offs, multiple outcomes and institutional diversity in the Bolivian Amazon [J]. Development and Change, 45 (1): 105-131.

Boyd J, Banzhaf S. 2007. What are ecosystem services? The need for standardized environmental accounting units [J]. Ecological Economics, 63 (2): 616-626.

Bradford J B, d'Amato A W. 2012. Recognizing trade-offs in multi-objective land management [J]. Frontiers in Ecology and the Environment, 10 (4): 210-216.

Bremer L L, Farley K A, Lopez-Carr D. 2014. What factors influence participation in payment for ecosystem services programs? An evaluation of Ecuador's SocioPáramo program [J]. Land Use Policy, 36: 122-133.

Brouwer R, Tesfaye A, Pauw P. 2011. Meta-analysis of institutional-economic factors explaining the environmental performance of payments for watershed services [J]. Environmental Conservation, 38 (4):380-392.

Butler J R A, Wong G Y, Metcalfe D J, et al. 2013. An analysis of trade-offs between multiple ecosystem services and stakeholders linked to land use and water quality management in the Great Barrier Reef, Australia [J]. Agriculture, Ecosystems and Environment, 180: 176-191.

Börner J, Baylis K, Corbera E, et al. 2017. The effectiveness of payments for environmental services [J]. World Development, 96: 359-374.

Castro A J, Verburg P H, Martín-López B, et al. 2014. Ecosystem service trade-offs from supply to social demand: a landscape-scale spatial analysis [J]. Landscape and Urban Planning, 132: 102-110.

Chopra K. 1993. The value of non-timber forest products: an estimation for tropical deciduous forests in India [J]. Economic Botany, 47 (3): 251-257.

Claassen R, Cattaneo A, Johansson R. 2008. Cost- effective design of agri- environmental payment programs: U. S. experience in theory and practice [J]. Ecological Economics, 65 (4): 737-752.

Corbera E, Brown K, Adger W N. 2007. The equity and legitimacy of markets for ecosystem services [J]. Development and Change, 38 (4): 589-613.

Corbera E, Soberanis C G, Brown K. 2008. Institutional dimensions of payments for ecosystem services: an analysis of Mexico's carbon forestry programme [J]. Ecological Economics, 68 (3): 743-761.

Costanza R. 2008. Ecosystem services: multiple classification systems are needed [J]. Biological Conservation, 141 (2): 350-352.

Costanza R, d'Arge R, de Groot R, et al. 1997. The value of the world's ecosystem services and natural capital [J]. Nature, 387: 253 - 260.

Daily G C. 1997. Nature's Service: Societal Dependence on Natural Ecosystems [M]. Washington D. C. : Island Press.

de Groot R S, Wilson M A, Boumans R M J. 2002. A typology for the classification, description and valuation of ecosystem functions, goods and services [J]. Ecological Economics, 41 (3): 393-408.

Dimas L, Kadel S, Barry D, et al. 2004. Compensation for environmental services and rural communities: lessons from the Americas [J]. International Forestry Review, 6 (2): 187-194.

Dougill A J, Stringer L C, Leventon J, et al. 2012. Lessons from community- based payment for ecosystem service schemes: from forests to rangelands [J]. Philosophical Transactions of the Royal Society B: Biological Sciences, 367 (1606): 3178-3190.

Dougill A J, Stringer L C, Leventon J. 2014. Linking forest tenure reform, environmental compliance, and incentives: lessons from REDD plus initiatives in the Brazilian Amazon [J]. World Development, 55: 53-67.

Ehrlich P R, Ehrlich A H. 1981. Extinction: The Cause and Consequences of the Disappearance of Species [M]. New York: Random House.

Engel S, Pagiola S, Wunder S. 2008. Designing payments for environmental services in theory and practice: an overview of the issues [J]. Ecological Economics, 65 (4): 663-674.

Farley J, Costanza R. 2010. Payments for ecosystem services: from local to global [J]. Ecological Economics, 69 (11): 2060-2068.

Ferraro P J. 2008. Asymmetric information and contract design for payments for environmental services [J]. Ecological Economics, 65: 810-821.

Ferraro P J, Pressey R L. 2015. Measuring the difference made by conservation initiatives: protected areas and their environmental and social impacts [J]. Philosophical Transactions of the Royal Society of London. Series B, Biological Sciences, 370 (1681) .

Ferraro P J, Hanauer M M, Miteva D A, et al. 2015. Estimating the impacts of conservation on ecosystem services and poverty by integrating modeling and evaluation [J]. Proceedings of the National Academy of Sciences, 112 (24): 7420-7425.

Fisher B, Turner R K. 2008. Ecosystem services: classification for valuation [J]. Biological Conservation, 141 (5): 1167-1169.

Fisher B, Turner R K, Morling P. 2009. Defining and classifying ecosystem services for decision making [J]. Ecological Economics, 68 (3): 643-653.

Fisher J. 2012. No pay, no care? A case study exploring motivations for participation in payments for ecosystem services in Uganda [J]. Oryx, 46 (1): 45-54.

García-Amado L R, Pérez M R, Escutia F R, et al. 2011. Efficiency of Payments for Environmental Services: equity and additionality in a case study from a Biosphere Reserve in Chiapas, Mexico [J]. Ecological Economics, 70 (12): 2361-2368.

García-Amado L R, Pérez M R, García S B. 2013. Motivation for conservation: assessing integrated conservation and development projects and payments for environmental services in La Sepultura Biosphere Reserve, Chiapas, Mexico [J]. Ecological Economics, 89: 92-100.

Goldman-Benner R L, Benitez S, Boucher T, et al. 2012. Water funds and payments for ecosystem services: practice learns from theory and theory can learn from practice [J]. Oryx, 46 (1): 55-63.

Gren I M, Groth K H, Sylven M. 1995. Economic values of danube flood plains [J]. Journal of Environmental Management, 45: 333-345.

Gross-Camp N D, Martin A, McGuire S, et al. 2012. Payments for ecosystem services in an African protected area: exploring issues of legitimacy, fairness, equity and effectiveness [J]. Oryx, 46 (1): 24-33.

Grêt-Regamey A, Kytzia S. 2007. Integrating the valuation of ecosystem services into the input-output economics of an Alpine region [J]. Ecological Economics, 63 (4): 786-798.

Haines-Young R, Potschin M. 2010. Proposal for a Common International Classification of Ecosystem Goods and Services (CICES) for Integrated Environmental and Economic Accounting [R]. New York: European Environment Agency.

Han P, Huang H Q, Zhen L, et al. 2011. The Effects of eco-compensation in the farming-pastoral transitional zone of Inner Mongolia, China. Journal of Resources and Ecology, 2 (2): 141-150.

Heilmayr R, Lambin E F. 2016. Impacts of nonstate, market-driven governance on Chilean forests [J]. Proceedings of the National Academy of Sciences of the United States of America, 113 (11): 2910-2915.

Hein L, van Koppen K, de Groot R S, et al. 2006. Spatial scales, stakeholders and the valuation of ecosystem services [J]. Ecological Economics, 57 (2): 209-228.

Holdren J P, Ehrlich P R. 1974. Human population and the global environment: population growth, rising per capita material consumption, and disruptive technologies have made civilization a global ecological force [J]. American Scientist, 62 (3): 282-292.

Hu H T, Fu B J, Lu Y H, et al. 2015. SAORES: a spatially explicit assessment and optimization tool for regional ecosystem services [J]. Landscape Ecology, 30 (3): 1-14.

Huettner M. 2012. Risks and opportunities of REDD+ implementation for environmental integrity and socio-economic compatibility [J]. Environmental Science and Policy, 15 (1): 4-12.

Ibarra J T, Barreau A, Campo C D, et al. 2011. When formal and market-based conservation mechanisms disrupt food sovereignty: impacts of community conservation and payments for environmental services on an indigenous community of Oaxaca, Mexico [J]. International Forestry Review, 13 (3): 318-337.

Ingram J C, Wilkie D, Clements T, et al. 2014. Evidence of Payments for Ecosystem Services as a mechanism for supporting biodiversity conservation and rural livelihoods [J]. Ecosystem Services, 7: 10-21.

Ing-Marie G, Klaus-Henning G, Magnus S. 1995. Economic values of Danube Floodplains [J]. Journal of Environmental Management, 45 (4): 333-345.

Jayachandran S, de Laat J, Lambin E F, et al. 2017. Cash for carbon: a randomized trial of payments for ecosystem services to reduce deforestation [J]. Science, 357 (6348): 267-273.

Jindal R, Kerr J M, Carter S. 2012. Reducing poverty through carbon forestry? Impacts of the N'hambita Community Carbon Project in Mozambique [J]. World Development, 40 (10): 2123-2135.

Johst K, Drechsler M, Wätzold F. 2002. An ecological-economic modelling procedure to design compensation payments for the efficient spatio-temporal allocation of species protection measures [J]. Ecological Economics, 41 (1): 37-49.

Jorda-Capdevila D, Rodríguez-Labajos B, Bardina M. 2016. An integrative modelling approach for linking environmental flow management, ecosystem service provision and inter-stakeholder conflict [J]. Environmental Modelling and Software, 79: 22-34.

Kerr J. 2002. Watershed development, environmental services, and poverty alleviation in India [J]. World Development, 30 (8): 1387-1400.

Kinzig A P, Perrings C, Chapin F S, et al. 2010. Paying for ecosystem services-promise and peril [J]. Science, 34 (6056): 603-604.

Kosoy N, Corbera E. 2010. Payments for ecosystem services as commodity fetishism [J]. Ecological Economics, 69 (6): 1228-1236.

Kosoy N, Martinez-Tuna M, Muradian R, et al. 2007. Payments for environmental services in watersheds: insights from a comparative study of three cases in Central America [J]. Ecological Economics, 61 (2): 446-455.

Kozak J, Lant C, Shaikh S, et al. 2011. The geography of ecosystem service value: the case of the Des Plaines and Cache River Wetlands, Illinois [J]. Applied Geography, 31 (1): 303-311.

Kroeger T. 2013. The quest for the "optimal" payment for environmental services program: ambition meets reality, with useful lessons [J]. Forest Policy and Economics, 37: 65-74.

Kroll F, Müller F, Haase D, et al. 2012. Rural-urban gradient analysis of ecosystem services supply and demand dynamics [J]. Land Use Policy, 29 (3): 521-535.

Kumar P . 2012. The Economics of Ecosystems and Biodiversity: Ecological and Economic Foundations [M]. London, New York: Routledge.

Lal P. 2003. Economic valuation of mangroves and decision- making in the Pacific [J]. Ocean and Coastal Management, 46 (9): 823-844.

Lambin E F, Meyfroidt P, Rueda X, et al. 2014. Effectiveness and synergies of policy instruments for land use governance in tropical regions [J]. Global Environmental Change, 28: 129-140.

Langemeyer J, Gómez-Baggethun E, Haase D, et al. 2016. Bridging the gap between ecosystem service assessments and land-use planning through Multi-Criteria Decision Analysis (MCDA) [J]. Environmental Science and Policy, 62: 45-56.

Leimona B, van Noordwijk M, de Groot R, et al. 2015. Fairly efficient, efficiently fair: lessons from designing and testing payment schemes for ecosystem services in Asia [J]. Ecosystem Services, 12: 16-28.

Locatelli B, Imbach P, Vignola R, et al. 2011. Ecosystem services and hydroelectricity in Central America: modelling service flows with fuzzy logic and expert knowledge [J]. Regional Environmental Change, 11 (2): 393-404.

Maron M, Gordon A, Mackey B G, et al. 2015. Conservation: stop misuse of biodiversity offsets [J]. Nature, 523 (7561): 401-403.

Martin A, Gross-Camp N, Kebede B, et al. 2014. Measuring effectiveness, efficiency and equity in an experimental Payments for Ecosystem Services trial [J]. Global Environmental Change, 28 (1): 216-226.

McDermott M, Mahanty S, Schreckenberg K. 2013. Examining equity: a multidimensional framework for assessing equity in payments for ecosystem services [J]. Environmental Science and Policy, 33: 416-427.

Meehan T D, Gratton C, Diehl E, et al. 2013. Ecosystem-service trade offs associated with switching from annual to perennial energy crops in riparian zones of the US Midwest [EB/OL]. https://journals.plos.org/plosone/article?id=10.1371/journal.pone.0080093 [2020-07-08].

Meijer K S. 2008. Ecosystems and Human Well- Being: Our Human Planet: Summary for Decision Makers (Millennium Ecosystem Assessment Series) [J]. Journal of Chromatography A, 1180 (1-2): 66-72.

Milder J C, Scherr S J, Bracer C. 2010. Trends and future potential of payment for ecosystem services to alleviate rural poverty in developing countries [J]. Ecology and Society, 15 (2): 59-77.

Millennium Ecosystem Assessment. 2005. Ecosystems and Human Well- being: Biodiversity Synthesis [Z]. Washington D. C.: World Resources Institute.

Miteva D A, Pattanayak S K, Ferraro P J. 2012. Evaluation of biodiversity policy instruments: what works and what doesn't? [J]. Oxford Review of Economic Policy, 28 (1): 69-92.

Muradian R, Corbera E, Pascual U, et al. 2010. Reconciling theory and practice: an alternative conceptual framework for understanding payments for environmental services [J]. Ecological Economics, 69 (6): 1202-1208.

Muñoz-Piña C, Guevara A, Torres J M, et al. 2007. Paying for the hydrological services of Mexico's forests: analysis, negotiations and results [J]. Ecological Economics, 65 (4): 725-736.

Naidoo R, Balmford A, Costanza R, et al. 2008. Global mapping of ecosystem services and conservation priorities [J]. Proceedings of the National Academy of Sciences of the United States of America, 105 (28): 9495-9500.

Namirembe S, Leimona B, van Noordwijk M, et al. 2014. Co-investment paradigms as alternatives to payments for tree-based ecosystem services in Africa [J]. Current Opinion in Environmental Sustainability, 6 (1): 89-97.

Newton P, Nichols E S, Endo W, et al. 2012. Consequences of actor level livelihood heterogeneity for additionality in a tropical forest payment for environmental services programme with an undifferentiated reward structure [J]. Global Environmental Change, 22 (1): 127-136.

Norgaard R B, Jin L. 2008. Trade and governance of ecosystem services [J]. Ecological Economics, 66 (4): 638-652.

Odum E P. 1969. The strategy of ecosystem development [J]. Science, 164 (3877): 262-270.

Odum H T. 1989. Ecological engineering and self-organization [M] //Mitsch W J, Jørgensen S E. Ecological Engineering. Hoboken: John Wiley & Sons.

Odum H T, Odum E P. 2000. The energetic basis for valuation of ecosystem services [J]. Ecosystems, 3 (1): 21-23.

Pagiola S, Platais G. 2007. Payments for Environmental Services: From Theory to Practice [R]. Washington D. C. : World Bank.

Pagiola S, Rios A R, Arcenas A. 2008. Can the poor participate in payments for environmental services? Lessons from the Silvopastoral Project in Nicaragua [J]. Environment and Development Economics, 13 (3): 299-325.

Pascual U, Muradian R, Rodríguez L C, et al. 2010. Exploring the links between equity and efficiency in payments for environmental services: a conceptual approach [J]. Ecological Economics, 69 (6): 1237-1244.

Pascual U, Phelps J, Garmendia E, et al. 2014. Social equity matters in payments for ecosystem services [J]. BioScience, 64 (11): 1027-1036.

Pattanayak S K. 2004. Valuing watershed services: concepts and empirics from southeast Asia [J]. Agriculture, Ecosystems and Environment, 104 (1): 171-184.

Pattanayak S K, Wunder S, Ferraro P J. 2010. Show me the money: do payments supply environmental services in developing countries? [J]. Review of Environmental Economics and Policy, 4 (2): 254-274.

Pearce D W, Moran D. 1994. The Economic Value of Biodiversity [M]. Cambridge: Earth Scan Publications.

Pearson C. 2012. The economics of ecosystems and biodiversity: ecological and economic foundations [J]. Australasian Journal of Environmental Management, 19 (1): 68-69.

Petheram L, Campbell B M. 2010. Listening to locals on payments for environmental services [J].

Journal of Environmental Management, 91 (5): 1139-1149.

Poudel M, Twaites R, Race D, et al. 2015. Social equity and livelihood implications of REDD+ in rural communities – a case study from Nepal [J]. International Journal of the Commons, 9 (1): 177-208.

Powell G V N, Barborak J, Rodriguez S M. 2000. Assessing representativeness of protected natural areas in Costa Rica for conserving biodiversity – a preliminary gap analysis [J]. Biological Conservation, 93 (1): 35-41.

Ruhl J B, Salzman J. 2006. The effects of wetland mitigation banking on people [J]. National Wetlands Newsletter, 28 (2): 1-6.

Salzman J, Bennett G, Carroll N, et al. 2018. The global status and trends of Payments for Ecosystem Services [J]. Nature Sustainability, 1 (3): 136-144.

Samii C, Lisiecki M, Kulkarni P, et al. 2014. Effects of Payment for Environmental Services (PES) on Deforestation and Poverty in Low and Middle Income Countries: A Systematic Review [J]. Campbell Systematic Reviews, 10 (1): 1-95.

Schomers S, Matzdorf B. 2013. Payments for ecosystem services: a review and comparison of developing and industrialized countries [J]. Ecosystem Services, 6: 16-30.

Segura M, Maroto C, Belton V, et al. 2015. A new collaborative methodology for assessment and management of ecosystem services [J]. Forests, 6 (5): 1696-1720.

Serna-Chavez H M, Schulp C J E, van Bodegom P M, et al. 2014. A quantitative framework for assessing spatial flows of ecosystem services [J]. Ecological Indicators, 39: 24-33.

Sims K R E, Alix-Garcia J M. 2016. Parks versus PES: evaluating direct and incentive-based land conservation in Mexico [J]. Journal of Environmental Economics and Management, 86: 8-28.

Snchez-Azofeifa G A, Pfaff A, Robalino J A, et al. 2007. Costa Rica's payment for environmental services program: intention, implementation, and impact [J]. Conservation Biology, 21 (5): 1165-1173.

Sommerville M, Jones J P G, Rahajaharison M, et al. 2010. The role of fairness and benefit distribution in community-based Payment for Environmental Services interventions: a case study from Menabe, Madagascar [J]. Ecological Economics, 69 (6): 1262-1271.

Sutton P C, Constanza R. 2002. Global estimates of market and non-market values derived from nighttime satellite imagery, land cover, and ecosystem service valuation [J]. Ecological Economics, 41 (3): 509-527.

Tacconi L. 2012. Redefining payments for environmental services [J]. Ecological Economics, 73 (15): 29-36.

Tobias D, Mendelsohn R. 1991. Valuing ecotourism in a tropical rain-forest reserve [J]. Ambio, 20 (2): 91-93.

van Hecken G, Bastiaensen J. 2010. Payments for Ecosystem Services in Nicaragua: do market-based approaches work? [J]. Development and Change, 41 (3): 421-444.

Vatn A. 2010. An institutional analysis of payments for environmental services [J]. Ecological

Economics, 69 (6): 1245-1252.

Vigl L E, Depellegrin D, Pereira P, et al. 2017. Mapping the ecosystem service delivery chain: capacity, flow, and demand pertaining to aesthetic experiences in mountain landscapes [J]. Science of the Total Environment, 574: 422-436.

Vrebos D, Staes J, Vandenbroucke T, et al. 2015. Mapping ecosystem service flows with land cover scoring maps for data-scarce regions [J]. Ecosystem Services, 13: 28-40.

Wallace K J. 2007. Classification of ecosystem services: problems and solutions [J]. Biological Conservation, 139 (3-4): 235-246.

Wallace K J. 2008. Ecosystem services: multiple classifications or confusion? [J]. Biological Conservation, 141 (2): 353-354.

Wegner G I. 2016. Payments for ecosystem services (PES): a flexible, participatory, and integrated approach for improved conservation and equity outcomes [J]. Environment, Development and Sustainability, 18 (3): 617-644.

Westman W E. 1977. How much are nature's services worth? [J]. Science, 197 (4307): 960-964.

Wieringa J. 1977. Wind representativity increase due to an exposure correction obtainable from past analog station wind records [J]. WMO-Rep, 480: 39-44.

Wunder S. 2005. Payments for Environmental Services: Some Nuts and Bolts [EB/OL]. CIFOR Occasional Paper. https://www.researchgate.net/publication/285741037_Payments_for_Environmental_Services_Some_Nuts_and_Bolts_CIFOR_Occasional_Paper. [2019-12-11].

Wunder S. 2015. Revisiting the concept of payments for environmental services [J]. Ecological Economics, 117: 234-243.

Wünscher T, Engel S. 2012. International payments for biodiversity services: review and evaluation of conservation targeting approaches [J]. Biological Conservation, 152: 222-230.

Wünscher T, Engel S, Wunder S. 2008. Spatial targeting of payments for environmental services: a tool for boosting conservation benefits [J]. Ecological Economics, 65 (4): 822-833.

Xu L F, Xu X G, Meng X W. 2013. Risk assessment of soil erosion in different rainfall scenarios by RUSLE model coupled with Information Diffusion Model: a case study of Bohai Rim, China [J]. Catena, 100: 74-82.

Yoo J, Simonit S, Connors J P, et al. 2014. The valuation of off-site ecosystem service flows: deforestation, erosion and the amenity value of lakes in Prescott, Arizona [J]. Ecological Economics, 97 (1): 74-83.

Zank B, Bagstad K J, Voigt B, et al. 2016. Modeling the effects of urban expansion on natural capital stocks and ecosystem service flows: a case study in the Puget Sound, Washington, USA [J]. Landscape and Urban Planning, 149: 31-42.

Bioenergy, [illegible]: 1085-1099.

[illegible] 2017. Mapping the ecosystem service delivery chain: [illegible] and demand pattern [illegible][J]. Science of the Total Environment, 574: 422-436.

[illegible] 2015. Mapping ecosystem services [illegible] scoring matrix [illegible][J]. Ecosystem Services, [illegible]: 22-30.

Wallace K J. 2007. Classification of ecosystem services: problems and solutions[J]. Biological Conservation, 139 (3-4): 235-246.

Wallace K J. 2008. Ecosystem services: multiple classifications or confusion?[J]. Biological Conservation, 141 (2): 353-354.

[illegible] 2018. [illegible] payments for ecosystem services (PES) [illegible]: participatory and integrated approach [illegible][J]. Journal of Environmental Management, [illegible]

Westman W E. 1977. How much are nature's services worth?[J]. Science, 197 (4307): 960-964.

[illegible]

Wunder S. 2005. Payments for Environmental Services: Some Nuts and Bolts[R]. CIFOR Occasional Paper, [illegible]

Wunder S. 2015. Revisiting the concept of payments for environmental services[J]. Ecological Economics, 117: 234-243.

[illegible] Environmental payments [illegible] evaluation [illegible][J]. Ecological Economics, [illegible]

Wünscher T, Engel S, Wunder S. 2008. Spatial targeting of payments for environmental services: a tool for boosting conservation benefits[J]. Ecological Economics, 65 (4): 822-833.

[illegible] 2018. Risk assessment of soil erosion in different rainfall scenarios by RUSLE model coupled with Information Diffusion Model: a case study of Bohai Rim, China[J]. Catena, [illegible]

[illegible] 2018. The valuation of [illegible] ecosystem services [illegible][J]. Ecological Indicators, [illegible]

[illegible] 2016. Modeling the effects [illegible][J]. Landscape and Urban Planning, [illegible]